भारत में वृद्धों की समस्याएँ

भारत में वृद्धों की समस्याएँ

डॉ. कमलेश भारद्वाज
डॉ. सुभाष चन्द्र गुप्ता

अर्जुन पब्लिशिंग हाउस

भारत में वृद्धों की समस्याएँ

प्रथम संस्करण : 2026

ISBN 978-81-8330-679-9

प्रकाशक:

अर्जुन पब्लिशिंग हाऊस

4831/24, गोविन्द लेन

अन्सारी रोड, दरिया गंज,

नई दिल्ली-110002

फोन : 23272541, 23242541

ई-मेल : arjunbooks2001@gmail.com

टाइपसैटर:

सान्या कम्प्यूटर्स, दिल्ली-110053

प्रिन्टर्स:

डिवाईन डिजीटल प्रेस

दिल्ली

आमुख

पाश्चात्य प्रभाव आधुनिकीकरण की चकाचौंध ने भारतीय मूल्यों पर कुठाराघात किया है। युगों-युगों से भारतीय समाज की स्थिति प्रदान करने वाली संस्थाएं आज लड़खड़ा रही हैं। परिवार को ही ले लीजिए जो कभी बच्चों की लोरी, तरुणों की अंगड़ाई और वृद्धजनों की शान्ति के केन्द्र थे। क्या वर्तमान समय में अपने दायित्व को पूरा कर पा रहे हैं? सारा का सारा समाज समस्याओं के 'वातचक्र' में फिर गया है, इस 'वात चक्र' में सर्वाधिक असहाय बनाया है–वृद्धजनों को, उनके सम्मान, उनके गौरव और उनके संरक्षण की किसे चिन्ता है? जीवनभर परिवार के लिए मरने-खपने वाले स्वजन आज अपने को बेसहारा पा रहे हैं। उनकी स्थिति ठीक उस दीपक के समान है, जिन्होंने जीवन भर दूसरों को प्रकाश दिया है और आज उसकी बुझती शिखा (बत्ती) को कोई स्नेह (तेल) देने वाला भी नहीं है। कैसी विडम्बना है भारतीय समाज की।

परिवार आज अपने वृद्धों को आदरणीय प्राणी नहीं अपितु बोझ मान रहा है। वृद्धजनों की यह दयनीय स्थिति और समस्यायें किसी भी सहृदय के अन्तर्मन को झकझोर सकती हैं एक वृद्ध महाशय जो कभी फेरी लगाकर कपड़े बेचा करते थे आज वृद्ध होने पर भी अपने परिवार द्वारा फेरी लगाने के लिए विवश किये जा रहे हैं। जबकि उनकी शारीरिक-मानसिक स्वास्थ्य इस योग्य नहीं रहा है। उनकी करुण स्थिति देखकर मेरा मन अन्तर की गहराइयों तक द्रवित हो उठा।

विषय-सूची

	आमुख	*(v)*
अध्याय		*पृष्ठ संख्या*
1.	प्रस्तावना	1
2.	साहित्य का पुनरावलोकन	18
3.	शोध अभिकल्प एवं पद्धति शास्त्र	33
4.	वृद्धों की स्थिति की पृष्ठभूमि	84
5.	वृद्धों की समस्याएँ एवं उनके विभिन्न स्वरूप	109
6.	वृद्धजनों की समस्याओं के कारण	130
7.	वृद्धों की उपेक्षा एवं शोषण	140
8.	वृद्धों का परिवार के सदस्यों के साथ कुसामंजस्य या टकराव के कारण	147
9.	समस्याओं के समाधान हेतु प्रयास	170
10.	निष्कर्ष एवं सुझाव	191
	सन्दर्भ-सूची	209

1 प्रस्तावना

मनुष्य बुढ़ापे की देहलीज पर कदम रखते ही मानसिकता के गणित में उलझ जाता है, वृद्ध शिक्षित हो या अशिक्षित गृहस्थी की गाड़ी चरमाने लगती है इस अवस्था में उसके सामने अनेक समस्यायें खड़ी होती हैं। सामान्य होने के कारण वृद्ध मनुष्य, भविष्योनुखी युवाओं से तालमेल नहीं बैठा पाता, परिणामस्वरूप कई बार पारिवारिक कलह पनप जाता है जिससे उपरोक्त समस्याओं में वृद्धि करता है।

वृद्धावस्था में व्यक्ति की सारी क्षमताएँ कम होने लगती हैं कई बार वह कमजोर, असहाय एक फालतू चीज बन कर रह जाता है। जिससे वृद्धावस्था में आये परिवर्तनों को नियंत्रित कर स्थिति से बचा जा सकता है। जवानी एक रवानी का नाम है-बहती धारा का नाम है और बुढ़ापा धीरे-धीरे ठहराव की ओर बढ़ने का नाम है। यह प्रकृति का अटल नियम है कि आज जो कली है वह कल फूल होगी और परसों मुरझाकर गिर जाएगी लेकिन आज की सामाजिक स्थिति में यही वृद्धावस्था एक समस्या बन गयी है। जिसके द्वारा समस्याएं पैदा की जाती हैं और कुछ स्वभावत: बड़ी होती हैं।

विश्व में समाज का एक बहुत बड़ा हिस्सा ऐसा है जहाँ वृद्ध अब भी सामाजिक एवं आर्थिक असुरक्षा के कष्ट झेलते हैं। निष्क्रियता, भावात्मक, विलगाव, प्रताड़ना और मानसिक बोझ तले दबे बूढ़े जल्दी मर जाते हैं युवावर्ग वृद्धों की उपयोगिता समाप्त कर देता है जो मानव विरोधी दृष्टिकोण है।

इन वृद्धों एवं महापुरुषों का वर्णन करना सहज कार्य नहीं है यद्यपि वृद्ध के परिवार में उनसे किसी प्रकार की ऊपरी सहायता मिलना भी असम्भव होता है पर हमारे लिए उचित है कि उनसे डरें, उनकी सहायता करें, उनका सम्मान करें और उनके थोड़े बचे जीवन को अहमयित दें क्योंकि उन्होंने अपने बाल्यकाल में विधा के नाते चाहे निरक्षर हों, युवावस्था में चाहे एक पैसा भी

न कमाया हो, परन्तु संसार के ऊँच-नीच का उन्हें हमारी अपेक्षा बहुत अधिक अनुभव होता है।

प्रारम्भ से ही वृद्धों की उपयोगिता को ध्यान में रखकर समाज में उन्हें बोझ स्वरूप न मानकर मार्गदर्शक माना गया एवं सम्मानित किया गया। प्राचीन समय से वर्तमान तक अनेक समाजों में वृद्धों को जहाँ परिवार के मुखिया के रूप में सम्मानित स्थान प्राप्त था, वहाँ रामायण काल एवं महाभारत काल में लक्ष्मण-परशुराम संवाद तथा अर्जुन-भीष्म पितामह युद्ध, वृद्धों के प्रति युवाओं का आक्रोश प्रतीत होता है।

विषय का परिचय

भारतीय समाज में बड़े-बूढ़ों का महत्वपूर्ण स्थान रहा है। भारतीय संस्कृति की यह मान्यता रही है कि आने वाली पीढ़ियां उनके परिपक्व अनुभव से बहुत लाभ उठा सकती हैं उन्हें अपने बड़े-बूढ़ों द्वारा दिये सामाजिक मूल्यों को अपने आचरण में उतार लेना चाहिए। इसलिए वृद्धावस्था में सम्मान से देखा जाता है।

भारतीय समाज में आज भी वृद्धजनों को सम्मान की दृष्टि से देखा जाता है लेकिन जैसे-जैसे संयुक्त परिवार प्रणाली का विघटन होता जा रहा है, वैसे-वैसे हमारे वृद्धजन भी उपेक्षा का शिकार होते जा रहे हैं। आर्थिक एवं सामाजिक बदलाव के कारण वृद्धों की स्थिति पहले की अपेक्षा खराब ही हुई है। वे अपनी ही समस्याओं में घिर गये हैं जो सामाजिक, आर्थिक, मानसिक शारीरिक तथा भावनात्मक हैं। नई परिस्थितियों में पुरानी मान्यताओं का महत्व पूर्णत: धूमिल होता जा रहा है और वृद्ध व्यक्ति परिवार के लिए बोझ और समस्या बनते जा रहे हैं। शहरों में इस समस्या की व्यापकता अधिक है। बूढ़ों की संख्या में निरन्तर वृद्धि और व्यक्तिगत व पारिवारिक स्तर पर बढ़ती हुई अपेक्षा के कारण बड़े-बूढ़ों की देखभाल अब सामाजिक चिन्ता का केन्द्र बन रही है।

वृद्धजनों की समस्यायें अगले दस वर्षो में भयंकर रूप धारण कर सकती हैं। राष्ट्र के लिए आने वाले वर्षो में इस समस्या को संभालने के लिए बहुत कठिनाइयों का सामना करना पड़ सकता है। पिछले कुछ दशकों में समूचे विश्व में कुछ ऐसे नये तत्व उभरे हैं जिनके कारण वृद्धवस्था न केवल समाजशास्त्रियों और मनोवैज्ञानियों बल्कि सरकारों के ध्यान का भी विषय बनती जा रही है।

इस समय विकसित तथा विकासशील दोनों प्रकार के देशों में वृद्धावस्था की समस्या व्यक्तिगत चिन्ता के दायरे से बाहर निकलकर सामाजिक समस्या का रूप ले चुकी है। वृद्धों की समस्यायें बहुआयामी हैं इसके अनेक पहलू हैं-स्वास्थ्य सम्बन्धी, आर्थिक, सामाजिक, भावनात्मक एवं मनोवैज्ञानिक इन्हीं आयामों में वृद्धजनों की समस्या समझी जायेगी।

सामाजिक संगठन एवं वर्ण व्यवस्था में वृद्धों की प्रस्थिति

प्राचीन समय में भारत में वर्णाश्रम व्यवस्था हिन्दू सामाजिक संगठन की एक धुरी थी। व्यक्तित्व का सम्पूर्ण विकास इस आश्रम व्यवस्था के द्वारा ही होता था। वानप्रस्थ आश्रम, वृद्धावस्था के लिए एक महत्वपूर्ण स्थल था। मनु के अनुसार व्यक्ति जब यह देख लें कि शरीर की त्वचा ढीली पड़ गई है; सिर के बाल सफेद हो गये हैं सन्तान के सन्तान हो गई है तब उसे घरबार का मोह त्याग कर जंगल की ओर चला जाना चाहिए। वान प्रस्थियों के जंगल के आश्रमों को गुरुकुल कहा जाता था। जहाँ समाज के विभिन्न वर्णों के बच्चे शिक्षा ग्रहण करने जाया करते थे। इन गुरुकुलों की सारी व्यवस्था गृहस्थाश्रम पर थी। गुरुकुलों की समाप्ति के पश्चात् धीरे-धीरे वृद्धों की सुरक्षा की जिम्मेदारी संयुक्त परिवार प्रणाली पर आ गई तथा संयुक्त परिवार को वृद्धों की सुरक्षा का महत्वपूर्ण स्थान माना जाने लगा। आज भी ग्रामीण क्षेत्रों में जहाँ संयुक्त परिवार प्रणाली जीवान्त तथा जिंदा है. वहाँ यह सुरक्षा का कार्य किया जा रहा है। परन्तु वर्तमान समय में अनेक परिवर्तनकारी शक्तियों ने संयुक्त परिवार प्रणाली के स्वरूप में परिवर्तन कर इसको एकाकी बना दिया है जिसके कारण आज वृद्ध व्यक्ति अपने को असुरक्षित महसूस करने लगा है। पश्चिमी शिक्षा, औद्योगीकरण, नगरीकरण तथा व्यक्तिवादिता की भावना के कारण वृद्ध अपने को असुरक्षित व असहाय पाते हैं। भारतीय संयुक्त परिवार में वृद्धों के आदर एवं सम्मान की परम्परा रही है लेकिन यह दुर्भाग्य ही है कि आज भारत में यह परम्परा तेजी के साथ टूटती जा रही है। संयुक्त परिवार के नई पीढ़ी के व्यक्तित्व को विघटित कर पुरानी तथा नयी पीढ़ी दोनों ने बहुत कुछ खोया है। समाज के परिवर्तनशील मूल्य हमारी परम्परा को नष्ट करने के साथ-साथ हमारी संस्कृति की धरोहर को भी नष्ट कर रहे हैं। आज इस आधुनिकतावादी संस्कृति ने वृद्धावस्था में व्यक्ति को पृथकीकरण की समस्या से ग्रसित कर दिया है। आज नई पीढ़ी के लोगों के पास अपने बुजुर्गों, वृद्धजनों से विचार-विमर्श करने, सलाह लेने तथा उनकी इच्छाओं तक को जानने का समय नहीं है। ऐसी स्थिति में उस व्यक्ति की

मन:स्थिति की कल्पना सहज ही की जा सकती है जो अपने सारे जीवन की पूंजी को उन नई पीढ़ी के व्यक्तित्व को विघटित कर देता है। प्राय: यह कहा जाता है कि वृद्ध व्यक्ति नई पीढ़ी के साथ समयोजित नहीं कर पाते जिसके कारण उनको अनेक सामाजिक-व्यवहारिक समस्याओं का सामना करना पड़ता है। जबकि वास्तविकता कुछ और तथा कुछ भिन्न है। मेरी दृष्टि में नई पीढ़ी यदि थोड़ा आदर व सम्मान वृद्धों को दे तो यह समायोजन करने की स्थिति पैदा ही नहीं होती। पृथकीकरण की समस्या भी इसी कारण से हमें नगरीय परिवेश की तुलना में ग्रामीण अंचलों में ज्यादा देखने को मिलती है।

भारत में वृद्धावरथा में सेवानिवृत्त व्यक्तियों को अन्य व्यक्तियों की तुलना में अनेक समस्याओं का सामना करना पड़ता है। सेवानिवृत्त वृद्ध उस समय अपने को अधिक परेशान तथा असुरक्षित पाता है जब उनकी आर्थिक रूप से सहायता देने वाला कोई न हो। निसंतान, अविवाहित एवं परित्यक्त व जीर्ण रोगों के कारण भी वृद्ध अपने को असुरक्षित पाते हैं। सेवानिवृत्त वृद्धों की एक प्रमुख समस्या उनके खाली समय के उपयोग की भी है सुखी जीवन के लिए जीवन की अनवरतता तथा समुदाय के साथ अंत:क्रिया दोनों अनिवार्य हैं। इसलिए वृद्धों की सक्रियता तथा उपयोगिता की भावना को बनाए रखने के लिए समाज को उनकी दक्षता बौद्धिकता तथा सम्पूर्ण जीवन के अनुभव रूपी ज्ञान के भण्डार से लाभ उठाने के लिए प्रयास किये जाने चाहिए।

यह वास्तविकता हर व्यक्ति को स्वीकार करनी चाहिए कि बुढ़ापा जीवन की अनिवार्यता है अर्थात् बुढ़ापा सबको अनिवार्यत: आना ही है। जीवन के प्रति व्यक्ति को सही दृष्टिकोण अपनाते हुए इस बात का ध्यान रखना चाहिए कि वह समय रहते अपने जीवन की योजना बना ले ताकि सेवा निवृत्ति के पश्चात् उसको मानसिक और आर्थिक कष्टों का सामना न करना पड़े। वृद्धों की समस्यायें एक मानवीय समस्या है इसलिए इसके समाधान के लिए मानवीय दृष्टिकोण अपनाया जाना चाहिए।

भारतीय समाज में आश्रम-व्यवस्था समाज के नियमन एवं व्यक्ति के सर्वांगीण विकास की वृद्धि से एक वैज्ञानिक कार्यक्रम था। आज भी इसकी उपयोगिता कम नहीं है। परिस्थितियां बदली हैं इसलिए इस व्यवस्था में भी परिवर्तन किया जा सकता है। वानप्रस्थाश्रम व्यवस्था को नए रूप में और आधुनिक समाज की इच्छाओं व आकांक्षाओं के अनुरूप बनाना होगा। वृद्धों की समस्या जोकि प्रमुख रूप में सुरक्षा स्वास्थ्य समायोजन व पृथकीकरण की है

के निराकरण के लिए अन्य देशों की योजनाओं के पीछे भागने के बजाय वानप्रस्थाश्रम व्यवस्था को नवीन वातावरण के अनुकूल बनाना चाहिए और इसके लिए समाज के समाज सुधारकों, प्रशासकों, उद्योगपतियों, बुद्धिजीवियों को मिलकर सोचना होगा और मनन करना होगा ताकि इसे अधिकतम सामाजिक हित की दृष्टि से आधुनिक परिस्थितियों के अनुकूल बनाया जा सके। वास्तव में भारत के लिए वानप्रस्थाश्रम व्यवस्था नवीन परिस्थितियों में वृद्धावस्था के लिए पर्याप्त उपयोगी शक्ति हो सकती है। इस व्यवस्था से जहाँ समाज की स्वयं स्वार्थ सिद्धि होगी, वहाँ वृद्धों के लिए वे परमार्थ प्राप्ति के केन्द्र होंगे। अर्थात् इस व्यवस्था के द्वारा स्वार्थ एवं परमार्थ का मधुर समन्वय हो सकता है। क्योंकि विशेष रूप से उल्लेखनीय है कि–

वृद्धावस्था मानव जीवन की एक गम्भीर, जटिल एवं सार्वभौमिक समस्या है। तीव्र परिवर्तनों के वर्तमान दौर में परिवार संरचना एवं प्रकार्यों में हो रहे परिवर्तनों के फलस्वरूप परिवार अनाथों, विधवाओं, विधुरों तथा वृद्धों की सहायता एवं सुरक्षा देने का कार्य पूर्व की भाँति नहीं कर पा रहा है। यही कारण है कि आज वृद्धों और परिवार के बीच सफल समायोजन नहीं हो पा रहा है और वृद्धों का पारिवारिक जीवन समस्याग्रस्त हो रहा है।

वृद्धावस्था एक स्वाभाविक एवं प्राकृतिक स्थिति है। अतः वृद्धावस्था एवं इसकी समस्याएं इस संसार में मानव जीवन एवं सभ्यता के प्रारम्भिक काल से ही अस्तित्व में रही हैं। वास्तव में वृद्धावस्था मानव जीवन की गम्भीर एवं जटिल समस्या है जो अपने पहलू में अनेकानेक समस्याएं समेटे रहती है। बेन्जामिल श्लॉस ने वृद्धावस्था की बहुमुखी समस्याओं के सम्बन्ध में लिखा है कि वृद्धावस्था एक विशिष्ट बीमारी के समान है। यह वह बीमारी है जो प्रत्येक व्यक्ति को लगती है वह व्यक्ति जो जीवित रहता है अन्य सब बीमारियाँ इस बीमारी को निरपवाद रूप से जकड़ लेती है। वृद्धावस्था में शारीरिक एवं मानसिक दुर्बलता के साथ–साथ व्यक्ति को परिवार एवं सामुदायिक समायोजन, एकाकीपन एवं अलगाव खाली समय का सृजनात्मक उपयोग न होना तथा स्वयं एवं आश्रितों के पोषण हेतु अपर्याप्त आय आदि अनेकानेक समस्याएं घेरे रहती हैं।

सुस्पष्ट है कि पहले समाज में बुजुर्गों को जो मान–सम्मान और दर्जा हासिल था, अब वो बात धीरे–धीरे खत्म होने लगी है। एकल परिवार की बढ़ती प्राथमिकता से पारिवारिक दायरे में बुजुर्ग धीरे–धीरे उपेक्षित होते जा रहे हैं।

उनकी सुख-सुविधाओं का ख्याल तो दूर की बात है लोगों के लिए वे भार सरीखे लगने लगे हैं। बुजुर्गों के प्रति यह उपेक्षात्मक रवैया क्या परिवार और समाज के लिए उचित है? बुजुर्गों की उपेक्षा से उपजी त्रासदी पर एक दृष्टि–

उगते सूर्य की पूजा और डूबते सूरज की उपेक्षा की परम्परा के चलते विस्तार लेती वृद्धजनों की दुनिया में छाए संकट के बादल के लिए कौन जिम्मेदार हैं? स्वयं बुजुर्ग, (वृद्धजन) परिजन, समाज, सरकार, पश्चिमी प्रभाव या बदलती परिस्थितियां? नैतिक अवमूल्यन व मानव मूल्यों के संकट काल में जहां जनसामान्य को अनेक प्रकार के अवरोधों का सामना करना पड़ रहा है। वहीं जीवन के अंतिम पड़ाव के लोगों का विभिन्न समस्याओं से जूझना भी स्वाभाविक है।

"वर्तमान समय में भारत में वृद्धजन प्रमुख समस्या के रूप में सामने आ रहे हैं। भारत में वृद्धों की सही स्थिति हमें सन् 1978 के समाजकल्याण में स्वामीनाथन सरोजा के प्रकाशित शोध लेख (पृ. 30) से होती है। आपके अनुसार वृद्धों की जिन्दगी और समय और भी दुखमय कष्टमय हो जाते हैं; जब दुर्भाग्यवश उनमें चलने-फिरने की शक्ति न रहे या बिस्तर पकड़ लें; या उनका देखना, सुनना कम हो जाये और उनकी स्मरण शक्ति (याददाश्त) भी कमजोर पड़ जाये। उस समय तो बुढ़ापे का अभिशाप दुगुना हो जाता है; जब बुढ़ापे में शारीरिक अशक्ति (अक्षमता) और निर्धनता साथ-साथ आ जाये।"

प्राचीन समय में भारत में वर्णाश्रम व्यवस्था हिन्दू सामाजिक संगठन की एक धुरी थी। व्यक्तित्व का सम्पूर्ण विकास इस आश्रम व्यवस्था के द्वारा ही होता था। वानप्रस्थ आश्रम, वृद्धावस्था के लिए एक महत्वपूर्ण स्थल था। मनु के अनुसार व्यक्ति जब यह देख ले कि शरीर की त्वचा ढीली पड़ गयी है; सिर के बाल सफेद हो गये हैं, सन्तान को सन्तान हो गयी है तब उसे घरबार का मोह त्याग कर जंगल की ओर चला जाना चाहिए। वानप्रस्थियों के जंगल के आश्रमों को गुरुकुल कहा जाता था। वहाँ समाज के विभिन्न वर्णों के बच्चे शिक्षा अध्ययन करने के लिए जाया करते थे। इन गुरुकुलों की सारी व्यवस्था गृहस्थाश्रम में हुआ करती थी। गुरुकुलों की समाप्ति के पश्चात् धीरे-धीरे वृद्धों की सुरक्षा की जिम्मेदारी संयुक्त परिवार प्रणाली पर आ गयी तथा संयुक्त परिवार को वृद्धों की सुरक्षा का महत्वपूर्ण स्थान माना जाने लगा। आज भी ग्रामीण क्षेत्रों में जहाँ संयुक्त परिवार प्रणाली जिंदा है वहाँ यह सुरक्षा का कार्य किया जा रहा है। परन्तु वर्तमान समय में अनेक परिवर्तनकारी शक्तियों ने संयुक्त परिवार

प्रणाली के स्वरूप व प्रकार्यों में परिवर्तन कर इसे एकाकी बना दिया है जिसके कारण आज वृद्धजन अपने को असुरक्षित महसूस करने लगे हैं। पाश्चात्य शिक्षा, औद्योगीकरण, नगरीकरण एवं व्यक्तिवादिता की भावना के कारण वृद्धजन अपने को असुरक्षित, असहाय तथा उपेक्षित पाते हैं।

भारतीय संयुक्त परिवार में वृद्धों के आदर एवं सम्मान की परम्परा रही है लेकिन यह दुर्भाग्य है कि आज भारत में यह परम्परा हटती जा रही है; परिवार विघटित होते चले जा रहे हैं। समाज के परिवर्तनशील मूल्य हमारी परम्परा को नष्ट करने के साथ-साथ हमारी संस्कृति की धरोहर को भी नष्ट कर रही है। आज इस आधुनिकता व भौतिकतावादी संस्कृति ने वृद्धावस्था में व्यक्ति को पृथकीकरण की समस्या से ग्रसित कर दिया है। आज नई पीढ़ी के लोगों के पास अपने बुजुर्गों वृद्धजनों से विचार-विमर्श करने, सलाह लेने तथा उनकी इच्छाओं तक को जानने तक का समय नहीं है। ऐसी स्थिति में उस व्यक्ति की सोच तथा मन:स्थिति की कल्पना सहज ही की जा सकती है। जो अपने सारे जीवन की पूंजी को देना चाहता है। प्राय: यह कह दिया जाता है कि वृद्धजन नयी पीढ़ी के साथ समयोजन नहीं कर पाते जिसके कारण उन्हें अनेक समस्याओं का सामना करना पड़ता है; जब कि वास्तविकता कुछ भिन्न है। इसी बिन्दु का निष्कर्ष वैज्ञानिक तौर पर प्राप्त करना प्रस्तुत अध्याय की विषयवस्तु है।

"निस्सन्देह; तीव्र परिवर्तनों के दौर में परिवार की संरचना तथा उसके प्रकार्यों में हो रहे परिवर्तनों के फलस्वरूप परिवार अनाथों, विधवाओं, विधुरों तथा वृद्धों की सुरक्षा आदरभाव, सम्मान एवं सहायता का कार्य पूर्व की भाँति नहीं कर पा रहे हैं। यही कारण है कि आज वृद्धों और परिवारीजनों के मध्य पारिवारिक प्रकार्यों के धरातल पर सफल समायोजन नहीं हो पा रहा है, और वृद्धों का पारिवारिक जीवन दिन प्रतिदिन समस्याग्रस्त होता चला जा रहा है। अन्य कारण यह भी है कि आज वृद्धों को फालतू समझने की प्रवृत्ति भी बढ़ती जा रही है। इसलिए वृद्ध वृद्धावस्था से घबराने तथा चिन्तित होने लगे हैं।"

अध्ययन का उद्देश्य

इस अध्ययन के दौरान वृद्धजनों की समस्याओं को जानने तथा उनका निवारण करने का प्रयास किया है। वृद्धावस्था मानव जीवन की एक सामान्य स्थिति है जिसे प्रत्येक व्यक्ति को स्वीकार करना पड़ता है। जिन्दगी की सभी अवस्थाओं

में अपनी अलग-अलग अवस्थाएँ समस्यायें होती हैं। जिन्दगी बिना समस्या के नहीं जी सकते। वृद्धावस्था की समस्याओं की जिन्दगी को एक अवस्था की तरह सुलझाना चाहिए। कुछ वृद्ध स्वयं की समस्याओं में भयभीत होकर सामना करने में असमर्थ रहते हैं तो कुछ स्वयं की समस्याओं को सुलझाने को तत्पर रहते हैं। भारतीय समाज में वृद्ध लोगों की कोई निश्चित समस्यायें नहीं हैं वर्तमान अध्ययन इसी दिशा में किया गया है कि निश्चित रूप से वृद्ध लोगों के बारे में जो सेवानिवृत्त हो चुके हैं अथवा सामान्य वृद्ध हैं उनकी वृद्ध जिन्दगी का किस प्रकार समायोजन किया जाये।

सेवानिवृत्ति अधिक कठिन स्थिति होती है एक व्यस्त व्यक्ति अचानक अपनी व्यस्तता को समाप्त कर देता है। सेवानिवृत्ति के समय वह बहुत सी समस्याओं से घिरा होता है जैसे–निठल्ला होने के कारण आय का श्रोत रुकना, समाज में परिचय का अभाव, परिवार के लोगों की हीन भावना का शिकार आदि। नई स्थिति और कठिनाई के साथ सामंजस्य करना, इसके लिए तरीके निकालना। सेवानिवृत्ति के बाद कई प्रकार की समस्याओं का सामना करना पड़ता है। जैसे-आर्थिक समस्या, सामाजिक समस्या, पारिवारिक समस्यायें सामंजस्य कैसे बनाये रखें। हर वृद्ध अपने परिवारीजनों से सम्मान की अपेक्षा करता है आयु के साथ अहम् भी विकसित होता है।

शोधकर्त्ता के विषय का गम्भीर अध्ययन वर्तमान समाज के लिए आवश्यक है। क्योंकि आधुनिक परिवार भारतीय सभ्यता के खण्डहर मात्र रह गये हैं। आध्यात्मिक विकास हमारा लक्ष्य था, त्याग में हमें सुख मिलता था, परन्तु यह परम्परा शनै-शनैः कम होती गयी। ज्यों-ज्यों मनुष्य की बुद्धि का विकास हुआ, मनुष्य स्वार्थी बनता गया। इस स्वार्थ से उसे अपनों से ही दूर होना पड़ा।

निम्न विचारणीय प्रश्नों के उत्तर प्राप्त करना ही शोधकर्त्ता के अध्ययन का मुख्य उद्देश्य है :

विचारणीय प्रश्न

1. वृद्धावस्था अपने आप में समस्या क्यों है?
2. बूढ़ी पीढ़ी उपेक्षा का शिकार क्यों है?
3. बूढ़ी पीढ़ी में उपेक्षित होने का भाव क्यों आ रहा है?

4. बूढ़े लोग क्या परिवार में बोझ समझे जा रहे है?

5. यह हीन भावना उनमें क्यों घर करती जा रही है?

6. समाज से बड़े बूढ़े क्या अपेक्षा रखते है?

सामान्य उद्देश्य

1. वृद्धों के बारे में सामान्य जानकारी प्राप्त करना।

2. वृद्धजनों के परिवार की सामाजिक व आर्थिक स्थिति के बारे में जानकारी प्राप्त करना।

3. वृद्धों की आदतों विचारों व्यवहारों के बारे में पता लगाना।

4. वृद्धों की समस्याओं के बारे में जानकारी प्राप्त करना कि उनकी समस्यायें किस प्रकार की हैं।

5. समस्याओं के कारण जानना।

6. समस्याओं के निवारण के सरकारी प्रयास और गैर सरकारी प्रयासों का मूल्यांकन करना।

7. समस्याओं के निदान के लिए सुझाव प्रस्तुत करना आदि प्रमुख हैं।

शोधकर्त्ता ने इन उद्देश्यों को ध्यान में रखकर अध्ययन किया है।

सामान्य अनुसन्धान हेतु निर्मित उद्देश्यों की पूर्ति हेतु शोधकर्त्ता कुछ शोध-प्रश्नों अथवा परिक्षणार्थ परिकल्पनायें निर्मित करनी होती हैं। अध्ययन के अन्तिम सोपान में इन परिकल्पनाओं की सत्यता तथा सार्थकता का परीक्षण करके निष्कर्ष उद्घाटित स्थापित किए जाते हैं, जिसे सिद्धान्तीकरण कहते हैं। शोधकर्त्ता ने भी कतिपय परिकल्पनाएँ निर्मित की हैं। अनुसन्धान कार्य हेतु यह परमावश्यक होता है कि सर्वप्रथम 'परिकल्पना' शब्द की आवधारणा स्पष्ट कर ली जाये। सामान्य शाब्दिक अर्थ की दृष्टि से परिकल्पना (परि+कल्पना) दो शब्दों का योग है जिनके अर्थ क्रमशः 'चारों' ओर तथा 'विचार या चिन्तन करना' है अर्थात् अध्ययन समस्या के सन्दर्भ में एक सामान्य अनुमान के आधार पर विचार करना। इस प्रकार शोधकर्त्ता अनुसन्धान कार्य आरम्भ करने के पूर्व ही अध्ययन की समस्या के विभिन्न पक्षों तथा उद्देश्यों से सम्बन्धित कुछ अनुमान लगा लेता है, जिसका उद्देश्य अध्ययन के लिए एक निश्चित दिशा निर्धारित

करना होता है ताकि अध्ययनकर्ता इधर-उधर निरर्थक न भटक कर सुनिश्चित आधार पर सम्बन्धित आंकड़े एकत्रित करता है। इस प्रकार परिकल्पनाएँ अध्ययनकर्ता को उचित दिशा प्रदान करते हुए मार्गदर्शक बनकर उसे गन्तव्य तक पहुँचाती हैं। इसी प्रसंग में सर्वश्री गुडे एण्ड हाट (1960 : 57) ने लिखा है कि–"परिकल्पना सिद्धान्त और शोध के बीच की एक आवश्यक कड़ी होती है जो नवीन तथ्यों के सम्बन्ध में अतिरिक्त ज्ञान की खोज करने में सहायक होती हैं।" स्पष्टत: परिकल्पनाएँ अनुसन्धान के लिए एक ऐसा आवश्यक आधार प्रस्तुत करती है; जिसकी सहायता से नवीन तथ्यों को खोजा जाता है। निष्कर्षत: यह कहा जा सकता है कि–

1. परिकल्पनाएँ अध्ययन की दिशा को निर्धारित करती हैं; और दिग्भ्रम दूर करती हैं।
2. परिकल्पनाएँ अध्ययन पत्र को सीमित करने में सहायक होती हैं तथा अध्ययनकर्ता को भटकाने से बचाकर उसे गन्तव्य तक पहुँचती हैं।
3. परिकल्पनाएँ अध्ययन समाज के सम्बन्ध में प्राप्त प्राथमिक तथा द्वैतीयक तथ्यों के संकलन कराने में मार्गदर्शक के रूप में सहायता प्रदान करती हैं।
4. परीक्षण में सत्य व सार्थक पायी गयी कल्पनाएँ कार्य-कारण सम्बन्धों के स्पष्टीकरण पर बल देती हैं एवं तथ्यों के निष्कर्ष प्रदान करती हैं।
5. सत्य तथा सार्थक पायी गयी परिकल्पनाएँ सिद्धान्तों का निर्माण करने तथा सामान्यीकरण करने में सहयोग प्रदान करती हैं।
6. इस प्रकार वैज्ञानिक रूप में अध्ययनकर्ता परिकल्पनाओं का निर्माण नवीन ज्ञान की खोज करने में सहायक होता है।

इतना ही नहीं, एक अध्ययनकर्ता अध्ययन-समस्या के लिए निर्मित उद्देश्यों की पूर्ति एवं प्राप्ति हेतु परिकल्पनाओं का विनाश करके उनकी सत्यता व सार्थकता का परीक्षण करता है। इस प्रकार परिकल्पनाएँ अनुसन्धान के लिए एक काम चलाऊ सामान्यीकरण होती है जो अध्ययन समस्या के सन्दर्भ में पूर्वगामी विचार होते हैं, जिनकी सत्यता तथा सार्थकता का परीक्षण करना अनुसन्धान के दौरान अवशेष रहता है। इस सन्दर्भ में **सर्वश्री गुडे एण्ड स्केट्स (1960 : 57)** ने लिखा है कि–"एक परिकल्पना, अवलोकित तथ्यों को समझने और

अध्ययन को आगे मार्गदर्शित करने के निमित्त अस्थायी रूप से ग्रहण की गयी एक बुद्धिमतापूर्ण निष्कर्ष होती है।" **प्रो. जॉन गालडुंग (1967 : 310)** के अनुसार–"अध्ययन की जाने वाली कुछ इकाइयों के सम्बन्ध में अनुसन्धान कार्य कितने और किन चरों से सम्बन्धित है, के सन्दर्भ में किए जाने वाले परीक्षण व मूल्य होते हैं।" इस प्रकार आपने परिकल्पना को अधिक विस्तृत और गणितीय आधार पर समझाया है कि प्रत्येक अनुसन्धान में इकाई, चर तथा मूल्य तीन तत्व होते हैं; जिनमें शोध की दृष्टि से अन्तर्सम्बन्ध स्थापित किये जाते हैं। **सर्वश्री यंग (1960 : 96)** के अनुसार–"एक अस्थायी, लेकिन केन्द्रीय महत्व के वे विचार होते हैं; जो अध्ययन के दौरान शोध का उपयोगी आधार बन जाते हैं। स्पष्ट है कि परिकल्पना का महत्व अनुसन्धान के आरम्भ में ही नहीं होता, अपितु अनुसन्धान के सभी स्तरों पर परिकल्पनाएँ किसी न किसी रूप में आद्योपान्त अध्ययन का नितान्त आवश्यक और अनिवार्य अंग बनी रहती हैं।" शोधकर्त्ता ने 'वृद्धजनों की समस्याएं' अध्ययन के उद्देश्यों की पूर्ति एवं सामान्यीकरण करने की दृष्टि से परीक्षण हेतु निम्न परिकल्पनाएँ भी निर्मित की हैं–

परिक्षणार्थ उपकल्पनाएँ परिकल्पना

प्रस्तुत अनुसन्धान के उद्देश्यों की पूर्ति एवं प्राप्ति हेतु निम्नांकित उपकल्पनाएँ भी निर्मित की गयी हैं ताकि अनुसंधान के दौरान उपकल्पनाओं की सत्यता एवं सार्थकता का परीक्षण करके शोधपरक तथा वैज्ञानिक निष्कर्ष प्रस्तुत किये जा सकें–

1. पैसा वृद्धजनों की उपेक्षा का एक बड़ा कारण है।
2. वृद्धों की समस्यायें अधिकतर उनका स्वाभिमान आहत होने से पैदा होती हैं।
3. आधुनिक सभ्यता और संस्कृति की टकराहट संयुक्त परिवार के विघटन के लिए उत्तरदायी है। संयुक्त परिवार का विघटन ही वृद्धों की समस्याओं का एक कारण है।
4. आधुनिक परिवर्तनों के कारण वृद्धजनों में परिवार के साथ सामंजस्य करने का नितांत अभाव पाया जाता है।
5. वृद्धावस्था में चिड़चिड़ापन, आलस्य, एकांतप्रियता तथा निराशा आ जाती है।

6. वृद्धजनों को परिजन भार समझकर उनके साथ उपेक्षापूर्ण व्यवहार करते हैं तथा उनसे छुटकारा पाना चाहते हैं।
7. मनुष्य में वृद्धावस्था में शारीरिक तथा मानसिक परिवर्तन होने से उसके मन में चिंता का सिलसिला शुरू हो जाता है।
8. परिजन अपने वृद्धजनों के लम्बे अनुभवों का लाभ लेना नहीं चाहते।
9. अधिक उम्र के वृद्धजन सामाजिक जीवन में दबाव एवं स्वयं को उपेक्षित अनुभव करते हैं।
10. आधुनिक भौतिकतावादी संस्कृति तथा तीव्रगति से बदलता सामाजिक पर्यावरण वृद्धजनों के लिए समस्यायें उत्पन्न कर रहे हैं।
11. बढ़ती हुई सामाजिक गतिशीलता वृद्धजनों के लिए सबसे बड़ी समस्या है।
12. वृद्ध महिलाएँ अपना समय हमेशा की तरह घर में व्यस्त रहकर काट लेती है जबकि वृद्ध पुरुष चिंतित व बेचैन रहते हैं।
13. वृद्धावस्था में व्यक्ति प्रायः निराशावादी प्रवृत्ति का हो जाता है।

विषय का महत्त्व

विभिन्न विद्वानों द्वारा समय-समय पर उक्त विषय के सन्दर्भ में अध्ययन हुए हैं वे समस्या के एक पक्ष को ही स्पष्ट करते हैं जिससे कि समस्या का वास्तविक अर्थ प्रकट नहीं होता जबकि प्रस्तावित अध्ययन में वृद्धजनों की समस्याओं की गहराई तक पहुँचने का प्रयास किया जायेगा। यह इसलिए भी आवश्यक है कि वर्तमान दौर में वृद्धजन उपेक्षा के शिकार हो रहे हैं। उनके अन्दर हीन भावना घर करती जा रही है। वृद्धजन समाज से क्या अपेक्षा रखते हैं। प्रस्तावित सर्वेक्षण इसी लक्ष्य की पूर्ति करेगा। **वृद्धों की समस्या का मुख्य कारण है पारिवारिक विघटन।** अपने विषय के अध्ययन में महत्व को प्रकट करने से पूर्व यह जानना नितान्त आवश्यक कि आधुनिक परिवारों के कारण वृद्धजन किन-किन प्रभावों से प्रभावित हैं। शोधकर्त्ता के विषय का गम्भीर अध्ययन वर्तमान समय के लिए आवश्यक है।

विज्ञान की प्रगति से भी वृद्धों की समस्यायें बढ़ी हैं। भौतिकवादी प्रगति से व्यक्ति ईर्ष्यालु और स्वार्थी बन गया है। विकास के इस युग में व्यक्ति केवल

अपनी ही सभ्यता से प्रभावित नहीं हुआ, बल्कि वह पाश्चात्य सभ्यता से प्रभावित हुआ। लड़ झगड़ कर अपने अधिकारों की प्राप्ति पाश्चात्य सभ्यता की ही देन है। पाश्चात्य देश की शिक्षा ने घर में विघटन और वृद्धों की समस्याओं को उत्पन्न किया है। औद्योगीकरण से आज के परिवारों का ढंग ही बदल गया है। कुछ व्यक्ति इससे सुविधा सम्पन्न हो गये तो कुछ व्यक्ति कठिन परिश्रम करके भी परिवार की आजीविका चलाने में असमर्थ रहते हैं इसे परिवार का विघटन और विघटन से वृद्धों की समस्यायें पनपती हैं।

सर्वेक्षिका के विषय का सामाजिक, आर्थिक व पारिवारिक महत्व अधिक है। साधारण दृष्टिकोण से तो यह वृद्धों की समस्यायें दैनिक विषय प्रतीत होता है परन्तु उसे दैनिक विषय न कहकर प्रत्येक वृद्ध व्यक्ति का विषय कहा जाए तो इसका महत्व वचत: ही स्पष्ट हो जाता है। शोधकर्त्ती ने पारिवारिक वातावरण का अध्ययन करते समय यह अनुभव किया कि प्रत्येक वृद्ध की समस्या होती है। कोई भी वृद्ध पूर्णतया सुखी एवं संतुष्ट नहीं है। मुख्य रूप से सैद्धान्तिक व व्यावहारिक महत्व अधिक है।

सैद्धान्तिक महत्व

वृद्धों की समस्याओं के बारे में शोधकर्त्ती बिल्कल अनभिज्ञ थी। वैज्ञानिक पद्धति के द्वारा उनकी समस्याओं व उनके बारे में जानकारी या ज्ञान हासिल किया। शोधकर्त्ती ने विभिन्न पद्धतियों, प्रविधियों व उपकरणों की सहयता से वृद्ध स्त्री-पुरुषों की समस्याओं को जानने का प्रयास किया है।

व्यावहारिक महत्व

वृद्धों की समस्याओं के बारे में ज्ञान हो जाने के बाद उसे व्यावहारिक रूप देते हुये शोधकर्त्ती ने वृद्धों की समस्याओं को दूर करने के लिये सुझाव प्रस्तुत किये। जिन सुझावों पर अमल करके सरकारी एवं गैर सरकारी संगठन अमल में ला सकते हैं।

विषय की अवधारणा

आज का युग समस्याओं का युग है। समस्याओं ने संघर्ष को जन्म दिया है। आज हर क्षेत्र में संघर्ष विद्‌यमान है। इन समस्याओं का प्रतिबिम्ब मानव जीवन के आन्तरिक, घरेलू व व्यक्तिगत जीवन में स्पष्ट रूप में परिलक्षित होता है। शोधकर्त्ती के अध्ययन का विषय वृद्धों की समस्यायें हैं। अपने सर्वेक्षण कार्य में

ये अनुभव किया कि आज प्राय: हमारे समाज में ऐसा कोई परिवार नहीं है जिनमें वृद्धों की समस्यायें न हों। फर्क इतना है कि कहीं कम कहीं ज्यादा समस्यायें होती हैं।

वृद्ध की अवधारणा

वृद्ध की अवधारणा को स्पष्ट करते हुए लिखा है–

1. जो 60 वर्ष की उम्र पार कर चुके हैं वे वृद्ध माने जाते हैं और जो सेवानिवृत्त हो चुके हैं वे भी वृद्ध कहे जाते हैं।
2. जब आंखों से कम दिखने लगे, कानों से ऊँचा सुनाई देने लगे, दाँत गिर जायें, चेहरे व शरीर पर झुर्रियां पड़ जायें तब यह कहा जा सकता है कि व्यक्ति बूढ़ा हो गया।
3. जिसका शरीर रोगों से ग्रस्त हो जाये, हाथ पैर काम न करें और चारपाई पकड़ लें तो वे वृद्ध कहलाते हैं।

डॉ शिवराज शास्त्र (1962) ने वृद्धों की अवधारणा को स्पष्ट करते हुये लिखा है कि–"ऋग्वेद के साक्ष्य से प्रतीत होता है कि वृद्धावस्था में शक्ति क्षीण हो जाने पर पिता के अधिकारों का ह्रास हो जाता है और कदाचित क्रूर सन्तानों द्वारा पिता का परासन भी कर दिया जाता था।"

डॉ कैलाश चन्द्र जैन (1971) ने लिखा है कि–"मनुस्मृति के अनुसार जब गृहस्थ अपने शरीर पर झुर्रियाँ देखें, उनके बाल पक जायें एवं उनके पुत्रों के पुत्र हो जायें तो उसे वन की राह लेनी चाहिए।"

वृद्धावस्था साधारणतया तब होती है जब दूसरे यह निश्चित कर लें कि वे दूसरों पर बोझ हैं और उसे कोसने लगें, तब यह निश्चित समझ लीजिए कि वह वृद्ध हैं।

सफेद बाल, अनगिनत चिंताओं की वजह से सिकुड़ा माथा, शून्य में भटकती निस्तेज आँखें, दन्त विहीन पोपला मुंह, झुर्रियों वाला चेहरा, यही तो है वृद्धावस्था की परिभाषा।

इस प्रकार उम्र के साथ बूढ़ा होना हमारी शारीरिक रचना की स्वाभाविक क्रिया है। वृद्धावस्था ही जीवन का अंतिम पड़ाव है।

वृद्धावस्था की अवधारणा

सामान्य रूप से वृद्धावस्था उस समय कार्यकलापों में भाग लेने योग्य नहीं रहता है, जो एक औसत वयस्क के लिए विशिष्ट होती है। प्रायः शारीरिक एवं मानसिक क्षमताओं में ह्रास तथा सामाजिक कार्यकलापों से विलगता की भावना वृद्धावस्था का एक महत्वपूर्ण लक्षण है। शरीर में परिवर्तन आना एक स्वाभाविक जैवकीय प्रक्रिया है तथा इसी प्रक्रिया में मनुष्य में कुछ जैवकीय परिवर्तन घटित होते हैं, जिनके लक्षण मनुष्य के शरीर में भी दिखाई देने लगते हैं। प्रायः लोगों की यह धारणा है कि 'बुढापा' जीवन के उत्तरार्द्ध की गति होता है, लेकिन यह धारणा गलत है क्योंकि 'वृद्धावस्था' किसी भी प्रकार से जीवन के उत्तरार्द्ध की गति नहीं है। हालांकि यह सही है कि वृद्धावस्था में शारीरिक शक्ति में अवश्य कमी आ जाती है लेकिन अनेक वृद्ध अपनी इस शारीरिक कमी को अपनी दक्षता, योग्यता एवं बौद्धिकता के द्वारा पूरा कर लेते हैं। वृद्धावस्था में जीवन की सफलता प्रमुख रूप से इस बात पर निर्भर करती है कि व्यक्ति ने अपनी प्रौढ़ावस्था में जीवन की वास्तविकता के प्रति अपने को किस प्रकार से तैयार किया है। मानसिक विघटन, व्यक्ति को लापरवाह, किसी बात का ध्यान न रखने वाला, आत्मकेन्द्रित एवं समाज से सही समायोजन न होने वाला बना सकता है। इसके बावजूद सबसे महत्वपूर्ण व्यक्ति अपने सम्बन्ध में या दूसरों के सम्बन्ध में तथा अपने शेष जीवन के प्रति उपेक्षित दृष्टिकोण विकसित कर लेता है तो यह स्थिति किसी भी व्यक्ति को शीघ्र ही अक्षम बना सकती है। जो व्यक्ति प्रौढ़ावस्था में अपने जीवन के प्रति रुचि को खोते जाते हैं सम्प्रति वे शीघ्र ही विघटित व दबा हुआ महसूस करने लगते हैं।

वृद्धावस्था को निर्धारित करने वाले तत्व	उम्र शारीरिक स्थिति/परिवर्तन चिकित्सीय जाँच/अक्षम

वृद्धावस्था को निर्धारित करने वाले कारक

वृद्धावस्था, सामान्यतः 50 वर्ष के बाद की आयु सम्बन्धी अवस्था को माना जाता है किन्तु विद्वानों के अनुसार वृद्धावस्था को निर्धारित करने वाले कारकों में उम्र, शारीरिक स्थिति तथा चिकित्सकीय परक्षिण/जाँच को प्रमुखता प्रदान की जाती है। आशय यह है कि इस अवस्था को निम्न कारकों द्वारा निर्धारित किया जा सकता है :

1. **उम्र**—जन्म से मृत्यु तक की अवस्था को वैज्ञानिकों ने कई अन्य अवस्थाओं में विभक्त किया है जिसमें वृद्धावस्था सबसे अन्तिम अवस्था है। यह अवस्था 50 वर्ष से 60 वर्ष के मध्य मानी जाती है किन्तु 60 वर्ष से अधिक वर्ष के व्यक्ति भी इसी अवस्था के अन्तर्गत आते हैं जब तक कि उनकी मृत्यु न हो।

2. **शारीरिक स्थिति**—उम्र बढ़ने के साथ-साथ शारीरिक परिवर्तन तथा बदलाव होना स्वाभाविक ही है। बाल सफेद हो जाते हैं त्वचा शिथिल/ढीली पड़ जाती है, झुर्रियाँ पड़ जाती हैं, दांत गिर जाते हैं, सामाजिक अनुभवों का ज्ञान बढ़ता जाता है, चलने फिरने पर शीघ्र थकान आ जाती है, श्रवण शक्ति क्षीण हो जाती है तो कुछ सुन ही नहीं पाते। अतः वृद्ध अवस्था में इन्सान शारीरिक रूप से कमजोर, जर्जर तथा असहाय हो जाता है। इन समस्त शारीरिक लक्षणों से वृद्धावस्था को निर्धारित किया जा सकता है।

3. **चिकित्सीय परीक्षण/जांच**—वृद्धावस्था में व्यक्ति/इन्सान कमजोर हो जाता है; शारीरिक तथा मानसिक दोनों ही तरह की अवस्था में कई रोग व बीमारियां एक साथ घर कर जाती हैं। चिकित्सीय परीक्षण सम्बन्धी अनुभविक अध्ययनों में पाया गया है कि अधिकांशतः प्रकरणों में ब्लड प्रेशर, हड्डियों जोड़ों में दर्द, गठिया, लकवा, दिल का दौरा, सुगर की बीमारी आदि बीमारियों में से कोई न कोई बीमारी अवश्य हो जाती है। इन शारीरिक लक्षणों से कह दिया जाता है कि व्यक्ति वृद्ध हो चला है। इस वृद्धावस्था में व्यक्ति विभिन्न मनोविकारों से ग्रस्त हो जाता है जिसके फलस्वरूप उत्सुकता में कमी, निराशा, आलस्य प्रमाद, चिड़चिड़ापन, एकान्तप्रियता इत्यादि लक्षण भी दृष्टिगत होने लगते हैं। अतः इन समस्त लक्षणों व कारकों से पता लगाया जा सकता है कि वृद्धावस्था में ही व्यक्ति पदार्पण कर जीवनयापन कर रहा है। इस अवस्था में चिन्ता करने का सिलसिला जबरदस्त रूप से शुरू हो जाता है।

वृद्धावस्था के अन्य प्रमुख लक्षण

वृद्ध अवस्था (50+ वर्ष) में व्यक्ति में स्नायु दुर्बलता, आत्मकेन्द्रित, सम्वेदनशील, निराशावादी, दुखी, विषादमय एवं भविष्य के प्रति चिन्तित व उलझे हुए रहते

हैं जिसके फलस्वरूप सामर्थ्य के अनुसार कार्य करने के योग्य हो जाते हैं जिसके परिणामस्वरूप व्यक्ति अपना जीवन व्यवस्थित व सन्तुलित नहीं रख पाते हैं क्योंकि उन्हें चल-अचल सम्पत्ति के रख रखाव की चिन्ता भी सालती है; साथ ही मरने तक अपने पास धन सुरक्षित रखने की गुप्त बातें तथा मृत्यु हो जाने पर परिवार का क्या होगा? इत्यादि बातें भी निराशावादी प्रवृत्ति को प्रोत्साहित करती रहती हैं।

1. वृद्धावस्था एक मानवीय सामाजिक समस्या है।
2. वृद्धावस्था एक अनिवार्य दशा तथा सबसे समक्ष आने वाली एक स्वाभाविक जैविकीय प्रक्रिया है।
3. सामाजिक कार्यकलापों से बिलगता की भावना वृद्धावस्था का एक महत्वपूर्ण लक्षण है।
4. वृद्धावस्था, मानव जीवन के उत्तरार्द्ध की गति होती है जो उनके सारे जीवन की पूंजी 'ज्ञान के भण्डार' से परिपूर्ण होती है।

2 साहित्य का पुनरावलोकन

निस्सन्देह, सामाजिक अनुसन्धान के परिप्रेक्ष्य में सामाजिक शोध के प्रमुख सोपानों के अन्तर्गत "साहित्य का पुनरावलोकन" तथा पूर्व अध्ययनों की समीक्षा करना अनुसंधान का एक महत्वपूर्ण सोपान होता है। क्योंकि अनुसन्धान कार्य से सम्बन्धित साहित्य के पुनरावलोकन तथा पूर्व अध्ययनों को समीक्षा किए बिना; एक अध्ययनकर्ता को अनुसन्धान कार्य के सुचारू संचालन हेतु सही दिशा प्राप्त करना नितान्त असम्भव होता है। यदि साहित्य का पुनरावलोकन तथा पूर्व अध्ययनों की समीक्षाएं कर ली जायें तो अनुसन्धित्सु यह जान लेता है कि प्रस्तुत अनुसन्धान से सम्बन्धित किन-किन पहलुओं, शीर्षकों, उपशीर्षकों पर अनुसन्धान-कार्य आनुभविक रूप में सम्पादित किए जा चुके हैं; तथा कौन-कौन सी अध्ययन पद्धतियां व प्रविधियां उनमें प्रयोग की गयी, और किस अनुसंधान-अभिकल्प को अपनाया गया; साथ ही तत्सम्बन्धित प्रमुख-प्रमुख निष्कर्ष तथा समस्याएँ क्या-क्या रही हैं? यह निर्विवाद सत्य है कि प्रत्येक सामाजिक समस्या का देश, काल एवं परिस्थितियों से घनिष्ठ तथा प्रत्यक्ष सम्बन्ध होता है, अत: इस दृष्टि से भी पूर्व-अध्ययनों से सम्बन्धित साहित्य की समीक्षा करना अनुसन्धान के लिए महत्वपूर्ण ही नहीं होता; अपितु शोध की अनिवार्य आवश्यकता होती है। परिवर्ती परिवेश में अपने अनुसंधान कार्य में क्या-क्या समस्याएं जनित हो सकती हैं? किन पद्धतियों व प्रविधियों से अध्ययन करना उपयुक्त रहेगा? किन-किन पहलुओं, आयामों तथा कारकों का अध्ययन; पूर्व (अतीत) में हो चुका है? और किन पहलुओं का नहीं; तथा किस दृष्टिकोण से अध्ययन करना अवशेष है? अध्ययन किस भांति (कैसे) किया जाये; कि अनुसंधान-कार्य सरलता, सहजता तथा सुगमता से वस्तुनिष्ठ तथा वैज्ञानिक रूप में पूर्ण हो जाये तथा अनुसन्धित्सु को समय, धन तथा श्रम भी कम अपव्यय करना पड़े; इत्यादि; यह सब कुछ एक अध्ययनकर्ता को साहित्य के पुनरावलोकन तथा पूर्व अध्ययनों की समीक्षा कर लेने से स्पष्ट हो जाता है। इस

प्रसंग में **प्रो. बेसिन** का कथन विशेष रूप से उल्लेखनीय है। **बेसिन एफ.एच.**[1] **(1962 : 40)** के अनुसार : प्रत्येक अनुसन्धान कार्य में ''सम्बन्धित साहित्य एवं पूर्व अध्ययनों की समीक्षा'' अनुसन्धान योजना का सर्वाधिक महत्वपूर्ण सोपान हुआ करता है क्योंकि प्रत्येक अनुसन्धान कार्य, आरम्भ में अस्पष्ट होने के कारण दुरूह एवं जटिल प्रतीत होता है। सम्बन्धित साहित्य के पुनरावलोकन से अनुसन्धान की जटिलता एवं अस्पष्टता दोनों ही समस्याएं (बाधाएँ) लगभग समाप्त हो जाती हैं। इसका कारण यह है कि साहित्य के पुनरावलोकन से यह स्पष्ट हो जाता है कि शोध अध्ययन के लिए विश्वसनीय, तथा वस्तुनिष्ठ अध्ययन-सामग्री, किस भांति तथा कैसे प्राप्त हो सकती है? साहित्य के पुनरावलोकन तथा समीक्षा करने के कुछ प्रमुख लाभ इस प्रकार हैं–

1. अध्ययनकर्ता को शोध-समस्या के सन्दर्भ में सामान्य ज्ञान विकसित हो जाता है।

2. अनुसन्धान कार्य हेतु अनुसन्धान प्रारूप एवं उपयोगी पद्धतियां तथा प्रविधियां शोधार्थी को स्पष्ट हो जाती हैं कि अध्ययन कैसे सम्पादित करना है।

3. साहित्य के पुनरावलोकन से शोधार्थी को अनुसन्धान सम्बन्धी भ्रमात्मक तथा सन्देहात्मक स्थितियां सुस्पष्ट हो जाती हैं; सम्प्रति अनुसन्धान कार्य के सम्बन्ध में अनुसन्धानकर्ता की सोच स्पष्ट हो जाने की बजह से अध्ययन करने में सरलता हो जाती है। इस प्रकार साहित्य के पुनरावलोकन तथा पूर्व अध्ययनों की समीक्षा कर लेने से अध्ययनकर्ता को अनुसन्धान हेतु शोध-प्रारूप अध्ययन-पद्धतियां तथा प्रविधियों के ज्ञान के अतिरिक्त, दिशा बोध हो जाता है क्योंकि ऐसा करने से अनुसन्धित्सु में अभिज्ञान तथा अन्तर्दृष्टि विकसित हो जाती है।

प्रोफेसर बोर्ग जी.पी.[2] **(1963 : 48) के शब्दों में–**"सम्बन्धित साहित्य का पुनरावलोकन किसी भी अनुसन्धानकर्ता को इस योग्य बना देता है कि वह पूर्व में किये हुए अनुसन्धान कार्यों का पता लगा सके, और उनका अध्ययन करके तत्सम्बन्धित समीक्षा कर सके। ऐसा करने से अध्ययनकर्ता अपने अनुसन्धान कार्य के लिए उपयुक्त उपकरणों तथा पद्धतियों इत्यादि का उचित चयन करके अतिरिक्त ज्ञानार्जन के आधार पर अनुसन्धान हेतु स्पष्ट दिशा प्राप्त कर लेता है।"

सर्वश्री पुरुषोतम[3] **(1991: 990) के अनुसार**–"सामान्यत: मानव-ज्ञान के तीन पक्ष–(1) ज्ञान को एकत्रित करना, (2) एक दूसरे तक पहुँचाना, (3) अतिरिक्त ज्ञान में वृद्धि करना; होते है। ये तीनों ही मूलभूत तत्व अनुसन्धानों में विशेष रूप से महत्वपूर्ण होते हैं, जो कि वास्तविकता के समीप/निकट आने के लिए निरन्तर प्रयासरत रहते हैं। अतिरिक्त ज्ञान के अर्जन तथा विस्तृत ज्ञान-भण्डार में इनका योगदान, प्रत्येक क्षेत्र में मानव द्वारा किये गये निरन्तर प्रयासों की सफलता को सम्भव बनाता है। उसी भांति अनुसन्धान-प्रक्रिया में 'साहित्य का पुनरावलोकन', अनुसन्धान उपक्रम का एक ऐसा महत्वपूर्ण वैज्ञानिक सोपान होता है; जो कि वर्तमान के गर्त में निहित होता है अर्थात् मनुष्य; अपने अतीत में संचारित एवं आलेखित ज्ञान के आधार पर अनुसन्धान कार्य के माध्यम से नवीन ज्ञान का सृजन करता है।

सर्वश्री सिंह एस.पी.[4] **(1975 : 14) के अनुसार**–किसी भी शोध-समस्या का चयन कर लेने के पश्चात्, यह आवश्यक ही नहीं; अपितु शोध की अनिवार्य आवश्यकता होती है कि उस अनुसन्धान-विषय से सम्बन्धित उपलब्ध साहित्य का पुनरावलोकन कर तत्सम्बन्धित विषयगत समीक्षाएं कर ली जायें क्योंकि ऐसा करने से–

1. शोधार्थी के मन: पटल में अध्ययन-समस्या के सन्दर्भ में एक स्पष्ट अन्तर्दृष्टि तथा ज्ञान बोध विकसित हो जाता है।
2. शोधार्थी को अनुसन्धान कार्य हेतु उपयुक्त पद्धतियों तथा प्रविधियों का आभास तथा समुचित ज्ञान हो जाता है।
3. साहित्य की समीक्षा; अध्ययनार्थ निर्मित परिकल्पनाओं/शोध-प्रश्नों के निर्माण में सहायक होती है।
4. विभिन्न शोध-अध्येताओं द्वारा एक ही अनुसन्धान कार्य को फिर से दोहराने की गलती नहीं हो पाती और अध्ययन-समस्या से सम्बन्धित उन आयामों (पहलुओं) पर, जिन पर अन्य शोध-अध्येताओं ने ध्यान नहीं दिया अथवा अछूते रह गए; या फिर अज्ञानतावश छूट गए; शोधार्थी को उन समस्त अछूते आयामों का भी आभास हो जाता है।

सर्वश्री स्टॉउफर सेम्युअल[5] **(1962 : 73)** का कहना है कि सम्बन्धित साहित्य के गहन अध्ययन एवं उसकी समीक्षा के अभाव में कोई भी अन्वेषण कार्य करना 'अन्धे के तीर' के तुल्य होता है। साहित्य समीक्षा के

अभाव में कोई भी अनुसन्धान कार्य एक कदम भी प्रगति पथ पर अग्रसर नहीं हो सकता; जब तक कि अनुसन्धानकर्ता को इस बात का ज्ञान तथा जानकारी नहीं है कि प्रस्तुत अनुसन्धान के क्षेत्र में किन-किन पक्षों पर कितना कार्य हो चुका है। कौन-कौन से स्रोत प्राप्त हैं। तब तक वह अध्ययनकर्ता न तो अध्ययन-समस्या का चयन कर सकता है, और न ही उसकी रूपरेखा तैयार कर; अनुसन्धान कार्य को गति प्रदान कर सकता है। इसका मौलिक कारण यह है कि प्रत्येक अनुसन्धान कार्य का प्रमुख उद्देश्य; किसी समस्या विशेष पर नीवन दृष्टिकोण से चिन्तन तथा विचार करके उसमें नवीनता लाना अथवा समस्या की नवीन ढंग से तार्किक व्याख्या प्रस्तुत करना होता है। उपरोक्त समस्त प्रतिनिधि बिन्दुओं को दृष्टिपथ में रखकर शोधार्थी ने अपने अनुसन्धान कार्य के सुचारू संचालन तथा सफलता हेतु अध्ययन करने से पूर्व सम्बन्धित साहित्य का पुनरावलोकन तथा पूर्व अध्ययनों की समीक्षा करने का प्रयास किया है ताकि प्रस्तुत अध्ययन को उचित दिशा एवं वैज्ञानिक स्वरूप प्राप्त हो सके।

भारत में यद्यपि वृद्धों के सम्बन्ध में अनुसन्धानकार्य अत्यन्त ही अल्प हुये हैं। इस अवस्था की उम्र-निर्धारण के सम्बन्ध में विद्वान एक मत भी नहीं है कोई विद्वान इस अवस्था को 55+ वर्ष से मानता है, तो कुछ विद्वान 60+ आयुवर्ग (वर्ष) से; तो कुछ रोजगार विरत होने से इसको जोड़ते हैं। लेकिन तथ्यात्मक रूप में जनगणना विभाग 1991, भारतीय संदर्भ में वृद्धावस्था से 60+ आयु वर्ग तथा इससे अधिक उम्र को वृद्ध मानता है। निम्न तालिका 2.1 भारत में इस अवस्था के व्यक्तियों के सम्बन्ध में संख्या, प्रतिशतता तथा दशक वृद्धि (सन् 1951 से सन् 1991 तक) भारत में वृद्धजन व्यक्तियों की संख्या, जनसंख्या के साथ प्रतिशतता तथा होने वाली दशक वृद्धि पर संक्षिप्त प्रकाश डालती है।[6]

भारतीय राष्ट्रीय निदर्शन सर्वेक्षण संगठन[7] (N.S.so.) के 42वें चक्र-1989 के आंकड़ों के अनुसार वृद्धावस्था के ग्रामीण तथा नगरीय तथ्यों पर निम्न तालिका 2.2 संक्षिप्त प्रकाश डालती है–

प्रस्तुत तथ्य वृद्धजनों की समस्या के सम्बन्ध में विस्तृत सूचनायें दर्शाते हैं।

प्रो. पचौरी जे.पी.[8] (वृद्धावस्था एक सामाजिक विवेचन, समाजकल्याण, अंक 7, 1992-20 के अनुसार भारत में वृद्धावस्था एक प्रमुख समस्या के रूप में उभर कर सामने आ रही है, जो एक स्वाभाविक जैविकीय प्रक्रिया है, जिसमें

Table 2.1

Population Persons 60+ in India
Population Persons 60+ (In India) in Millions

Year	*No. of Persons*	*% of the Population*	*Total Decadal Increasein Population 60+*	*Growth-rate(%)*
1951	20.190	5.66	—	—
1961	24.712	5.63	4.522	22.40
1971	32.700	5.97	7.988	32.31
1981	42.172(a)*	6.49	10.472	32.02
1991	54.685(b)*	6.54	11.513	26.67
2000	75.696(b)*	7.63	29.011	38.42

*(a) Excludiing Assam

*(b) Projected

Table 2.2

Facts About the Aged Persons of India (Rural/Urban)
Facts about the Aged (Males and Females)

S.No.	*Classification of Aged Persons*	*Rural*	*Urban*
1.	Persons in Lakhs	394.51%	87.35%
2.	Sex Ratio (No. of Females per 1000 Males)	675.00%	697.00%
3.	Economically Independent	34.02%	28.94%
4.	Gainfully employed	40.55%	26.76%
5.	Living alone	7.99%	5.94%
6.	Willing to shilt to the home for the aged	19.10%	17.60%
7.	Having Chronic disease	45.00%	44.80%
8.	Physically Immobile	5.40%	5.50%

मनुष्य में शारीरिक लक्षण उभरने लगते हैं; जो मानव के जीवन चक्र की उत्तरार्द्ध की गति होती है, जिसे 'बुढ़ापा' कहते हैं; यह अवस्था एक वास्तविकता एवं अनिवार्यता है, जो अक्षमता की दशा होती है। इसमें व्यक्ति स्वयं को उपेक्षित अनुभव करता है। इस प्रकार वृद्धावस्था एक मानवीय समस्या है। इसके समाधान

के लिए मानवीय दृष्टिकोण अपनाया जाना चाहिए। क्योंकि इस अवस्था की विभिन्न समस्यायें होती हैं; जो प्राय: शारीरिक, मानसिक, मनोसामाजिक, पारिवारिक, आर्थिक एवं समायोजन सम्बन्धी होती हैं।

सिंह एस.डी.[9] **(वृद्धजन-साधारण एवं सेवानिवृत्त : एक विश्लेषण, 1995 : 7) के अनुसार** भारत में वृद्धों की समस्या पर विचार करने के लिए सम्पूर्ण वृद्धों को दो भागों में वर्गीकृत किया जा सकता है–प्रथम: वे वृद्ध जो सरकारी एवं गैर सरकारी सेवाओं से निवृत्त है, द्वितीय: वे जो जीवनभर कार्य करते हैं किन्तु कभी सेवानिवृत्त नहीं होते। वृद्धावस्था में सेवानिवृत्त व्यक्तियों को, अन्य व्यक्तियों की तुलना में अनेक समस्याओं का सामना करना पड़ता है। वे उस समय अपने को अधिक परेशान तथा असुरक्षित महसूस करते हैं जब उनकी आर्थिक सहायता करने वाला कोई न हो। नि:सन्तान, अविवाहित एवं परित्यक्त व जीर्णशीर्ण शारीरिक अक्षमता तथा रोग ग्रस्तता के कारण भी अपने को असहाय पाते हैं। सेवानिवृत्त वृद्धों की एक प्रमुख सगस्या उनके खाली समय के उपयोग की भी है। सुखी जीवन के लिए जीवन की अनवरतता तथा समुदाय के साथ अन्त:क्रिया दोनों अनिवार्य है। इसलिए वृद्धों की सक्रियता तथा उपयोगिता की भावना को बनाए रखने के लिए समाज को उनकी दक्षता, बौद्धिकता तथा सम्पूर्ण जीवन के ज्ञान भण्डार से लाभ उठाने के लिए प्रयास किये जाने चाहिए।

प्रो. सिलावट सुधा एस.[10] **(वृद्ध अवस्था की समस्यायें-सामाजिक सहयोग 1995 : 99) के अनुसार** वृद्धावस्था को उम्र, शारीरिक स्थिति तथा मानसिक दशायें; कारक निर्धारित करते हैं। इस अवस्था में व्यक्ति में उत्सुकता में कभी, निराशा, आलस्य, अक्षमता, चिड़-चिड़ापन, एकाग्रप्रियता, सामंजस्य का अभाव, उपदेश देना आदि प्रमुख है, जो कि शारीरिक तथा मानसिक लक्षण हैं। ऐसे व्यक्ति आत्म-केन्द्रित, संवेदनशील, निराशावादी, दुखी, विशाद्मय एवं भविष्य के प्रति चिन्तित रहते हैं। इसलिए अपना जीवन व्यवस्थित तथा सन्तुलित नहीं कर पाते हैं। इनकी प्रमुख समस्याओं में समय व्यतीत करने तथा मनोरंजन की समस्या, आवास की समस्या, सामाजिक-सामंजस्य, आर्थिक तथा पूंजी की देखभाल समस्यायें प्रमुख होती हैं।

प्रो. सुनील गोयल[11] **(प्रॉब्लम्बस ऑफ दि ट्राइबल ऐज्ड : नीड टू इण्टिग्रेट दैम इन्टू दि फैमिली, 1997 : 40-45) के अनुसार** वृद्धावस्था कोई बीमारी नहीं है बल्कि (1) मानव के जीवनचक्र की अन्तिमदशा है (2) स्वाभाविक जैविकीय प्रक्रिया है तथा (3) प्रत्येक मानव के लिए एक

अनिवार्यता है; इसमें अन्योन्याश्रित तथा भांति-भांति की समस्यायें-शारीरिक, मानसिक, पारिवारिक तथा आर्थिक जनित होती है। इनके जीवन के अनुभवों का लाभ लेने के लिए इन्हें समाज तथा परिवार में एकीकृत तथा सामंजस्य करने के प्रयास किये जाने चाहिए ताकि वृद्धजनों की समस्याओं का समाधान सम्भव हो सके।

सुश्री रानी वन्दना[12] (वृद्धों की पारिवारिक स्थिति : 1999 : 67) ने अपने आनुभविक अध्ययन में पाया है कि–

1. ग्रामीण क्षेत्रों एवं नगरीय क्षेत्रों में वृद्धों के परिवारों के स्वरूपों की संरचना में भिन्नता स्पष्ट दिखायी देती है।

2. ग्रामीण अंचलों में नगरीय की तुलना में वृद्धजनों को कुछ अवसर, पर अपेक्षाकृत अधिक सम्मान व आदर दिया जाता है साथ ही कार्यों के सम्बन्ध में उनसे पूछकर सलाह मशबिरा भी लिया जाता है किन्तु अध्ययन में मात्र 48 प्रतिशत परिवारों में ऐसा पाया गया है।

3. परम्परागत भारतीय संयुक्त परिवार व्यवस्था के अन्तर्गत परिवार की सत्ता; परिवार के वयोवृद्ध (40%) के परिवारों में ही पायी गयी है लेकिन वृद्धजनों की स्थिति पर भौतिकतावादी एवं व्यक्तिवादी मूल्यों के फलस्वरूप परिवर्तन दृष्टिगत हुए हैं।

4. परिवारों की सत्ता वृद्धों के हाथ से युवाओं; तो कुछ परिवारों में युवा महिलाओं के हाथ में जो परिवार की उत्पादन प्रणाली में सक्रिय भूमिका निभाते हैं; के हाथों में हस्तान्तरित हो रही है।

5. मात्र 17.5 प्रतिशत परिवारों में परिवार की समस्त सामाजिक-आर्थिक गतिविधियों पर वृद्ध कर्ता/मुखियाओं का प्रभाव निर्णायक पाया गया है। शेष 82.5 प्रतिशत परिवारों में परिवार के अन्य सदस्यों का वर्चस्व देखने में आया है।

6. वृद्धजनों द्वारा परिवार के अन्य सदस्यों के साथ अन्त:क्रियाओं के सन्दर्भ में पाया गया कि वृद्धों की वृद्धावस्था के फलस्वरूप इनकी कमाऊ भूमिका में परिवर्तन हो जाने के कारण उनके परिवार के सदस्यों ने उनके साथ अपनी अन्त:क्रियाओं में परिवर्तन कर लिया है।

7. अध्ययन के दौरान पारिवारिक गतिविधियों का गहन अध्ययन करने पर विदित हुआ है कि 67.60 प्रतिशत सर्वेक्षित परिवारों में वृद्धजनों का लगाव परिजनों से यथावत/पूर्ववत है जबकि 32.40 प्रतिशत परिवारों में यह परिजन सम्बन्धी लगाव पूर्ववत नहीं पाया गया है तथा पारिवारिक गतिविधियों में भी ये वृद्धजन कम रुचि लेते पाए गये हैं।

इन्स्टीट्यूट ऑफ सोशल वर्क दिल्ली[13] **(1977 : 124)** द्वारा नई दिल्ली के परिवारों में वृद्धजनों की स्थिति पर एक सर्वेक्षण दल द्वारा एक अध्ययन किया गया जिससे प्राप्त आनुभविक निष्कर्ष निम्न प्रकार हैं–

1. 37 प्रतिशत परिवारों में वृद्धजनों के प्रति परिजनों के दृष्टिकोण उपेक्षात्मक पाए गए हैं।
2. सर्वेक्षित वृद्ध निर्देशितों में से 49.3 प्रतिशत वृद्धों की अपनी कोई निजी (वैयक्तिक) आय नहीं थी। इसलिए अपनी आवश्यकताओं के लिए वे परिजनों पर आश्रित पाए गए। ये समस्त वृद्धजन मन से दुखी तथा बोझिल पाए गए हैं।
3. 42.5 प्रतिशत सर्वेक्षित वृद्धजन सेवानिवृत्त पेंशन प्राप्तकर्ता पाए गए जो अपनी-अपनी अनिवार्य आवश्यकताओं की पूर्ति स्वयं ही कर लेते हैं। इनका परिवार में महत्व तथा सम्मान भी अपेक्षाकृत अधिक पाया गया।
4. अध्ययन में 36.5 प्रतिशत वृद्धजनों की दिनचर्या सामान्य पायी गयी। इन सूचनादाता ने बताया कि वे घर के कामकाजों में अपनी सामर्थ्य के अनुसार हाथ भी बंटाते हैं।
5. पेंशनभोगी सूचनादाताओं ने यह स्पष्टत: स्वीकार किया कि पेंशन मिलने के एक सप्ताह पूर्व से उनकी देखरेख व पूछ अच्छी की जाती है और पेंशन के पैसे परिजनों की आवश्यकताओं के लिए देते रहने तक उनकी खुशामद अच्छी की जाती है किन्तु तदोपरान्त उनके साथ अति उपेक्षापूर्ण तथा उदासीन व्यवहार किया जाता है। इससे वृद्धजन उपेक्षा की अनुभूति का अनुभव करते पाए गए हैं।
6. वृद्धा निदर्शितों ने स्पष्ट तौर पर बताया कि वे नाती-पोते खिलाती रहती हैं अत: मन बहलाव होता रहता है; 70.67% प्रतिशत निदर्शितों ने बताया कि उनका जीवन नीरस है; परिजनों का व्यवहार उनके प्रति

उदासीन व उपेक्षापूर्ण रहता है क्योंकि उनका कोई आय का स्रोत व साध्य नहीं है, वे पूर्णतः परिजनों व बहू बेटों पर आश्रित हैं।

अग्रवाल दामोदर[14] (1999 : 93) के कथनानुसार अच्छा तो यही होगा कि वृद्धजन अपना अधिकांश समय दूरदर्शन पर विभिन्न कार्यक्रम तथा सीरियल देखकर मनोरंजन करके तनाव रहित जीवनयापन करें ताकि उन्हें यह अहसास न हो कि वे अब बेकार हैं, उनके सामने दिक्कतें हैं। सबसे गम्भीर चिन्ता तो उनकी मनोदशा सम्बन्धी होती है, इसलिए ऐसे क्षणों में उन्हें घरेलू कार्यों में व्यस्त रहना चाहिए। ऐसा न करने वाले वृद्धजन उपेक्षित और अलग-थलग अनुभव करने लगते हैं जो नैराश्य के कारण कुण्ठाग्रस्त हो जाते हैं। उन्हें अकेलेपन से बचाइए, उन्हें सदैव स्मरण करते रहिए कि आपको उनकी बहुत जरूरत है, यह मानकर चाहिए कि वे हमेशा हमारे सिर पर बोझ बने बैठे नहीं रहेंगे। उनकी गलतियों के लिए उन्हें कोसिए मत और न ही बात-बात पर उन पर झल्लाइए। वृद्धजनों की दिक्कतें तभी दूर होंगी जब उनको परिवार उन्हें पूरे मान-सम्मान के साथ दर्जा मिलता रहेगा।

प्रोफेसर भट्टाचार्य बी.एन.[15] (वृद्धों के प्रति : 1992 : 34) ने लिखा है कि अब समय आ गया है कि हमारी सरकार को वृद्ध नागरिकों (सीनियर सिटीजन) के कल्याण एवं देखभाल के लिए राष्ट्रीय योजना बनानी होगी क्योंकि-(1) सन् 1971 की जनगणना के अनुसार भारत में 60^+ वर्ष के 34 लाख पुरुष तथा 14 लाख महिलाएँ ऐसी थी जिनके पास आमदनी का कोई स्रोत-साधन नहीं था; उन्हें परिवार तथा समाज में उपेक्षित करके कष्टप्रद अन्त के लिए छोड़ दिया था (2) विभिन्न वर्षों में भिन्न-भिन्न संस्थाओं द्वारा सर्वेक्षण कार्य कराये गये यथा (क) सन् 1977 में समाज कार्य विद्यालय दिल्ली द्वारा कराए गए अध्ययन के अनुसार 49.3 प्रतिशत वृद्धों की अपनी कोई आय नहीं थी (ख) सन् 1982 में मद्रास समाज कार्य संस्थान द्वारा कराए गए अध्ययन के अनुसार 51.8 प्रतिशत वृद्धों की आय का कोई स्रोत नहीं था (ग) सन् 1976 में लखनऊ विश्वविद्यालय, लखनऊ के समाजकार्य विभाग द्वारा किए गए अध्ययन से पता चला कि 51.9 प्रतिशत बुजुर्गों की स्वयं की कोई आय नहीं है (घ) समाज कार्य संस्थान, दिल्ली के सन् 1977 के आनुभविक अध्ययन से यह भी पता चलता है कि 50 प्रतिशत वृद्धों की तन्दुरूस्ती अच्छी है परन्तु वे लाभदायक कार्यों में संलग्न नहीं हैं। इससे स्पष्ट है कि अवकाश प्राप्त सेवारत सक्रिय वृद्धों के लिए विभिन्न कार्यक्रम बनाने की परमावश्यकता है।

समाजकल्याण विभाग, केन्द्रीय समाज कल्याण बोर्ड नई दिल्ली[16] **(1982 : 11)** द्वारा प्रायोजित दो दिवसीय विचारगोष्ठी में वृद्धजनों की समस्याओं के समाधान के सम्बन्ध में स्वैच्छिक संगठनों और सरकारी प्रयासों व भूमिकाओं के बीच समन्वय पर चर्चा हुई जिसके तदनन्तर प्रस्तुत की गयी सिफारिशें निम्नवत् हैं–

- वृद्धों की देखभाल एवं कल्याण के लिए राष्ट्रीय स्तर पर एक योजना बनायी जाये।
- वृद्धों के लिए गावों और शहरों में होस्टल तथा अवकाश सदनों की व्यवस्था की जाये।
- केन्द्रीय समाज कल्याण बोर्ड तथा स्वैच्छिक संगठनों तथा अभिकरणों द्वारा संचालित विभिन्न कार्यक्रमों में वृद्धों की सेवाओं का भरपूर उपयोग किया जाये।
- वृद्धों के प्रति सामाजिक एवं पारिवारिक दायित्व की भावना को महत्व प्रदान करने के लिए जन जागरण अभियानों के द्वारा जन चेतना तथा जागरूकता उत्पन्न करनी चाहिए।

इन समस्त उक्त सिफारिशों के संदर्भ में आम राय यह थी कि इन्हें अकेले सरकार लागू नहीं कर सकती क्योंकि एक ओर तो समस्याएं अत्यन्त विषम और जटिल हैं और दसरी ओर वृद्धजनों के प्रति हमारे कुछ सामाजिक दायित्व भी हैं। इन दोनों के बीच और अधिक समन्वय स्थापित करके केन्द्रीय समाज कल्याण बोर्ड दिल्ली द्वारा अपनी परम्परागत भूमिका को प्रभावशाली ढंग से निभाने पर बल दिया गया। सभी इस बारे में एक मत थे कि समाजकल्याण विभाग सामाजिक परिवर्तन में उत्प्रेरक की भूमिका निभाये। यह भी स्वीकार किया गया कि स्वैच्छिक संस्थाओं में विकास कार्यक्रमों के क्रियान्वयन के लिए जन सहयोग और लोगों की सहभागिता/भागीदारी प्राप्त करने की क्षमता है। इस प्रकार स्वैच्छिक समाज कार्य के लिए एक प्रबल आन्दोलन की उन्नति उन सभी पर निर्भर करती है जो हमारे विकास कार्यक्रमों के सफल क्रियान्वयन में अधिक रुचि रखते हैं।

सर्वश्री सुरभि दाभाड़े[17] **(शिक्षित सेवानिवृत्त महिलाएँ एक सर्वेक्षण; 1997 : 9)** ने अपने आनुभविक अध्ययन के आधार पर पाया कि–

- सेवानिवृत्त हो जाने पर महिलाएँ विशेषत: वृद्ध; परिवारों में सामंजस्य एवं समन्वय स्थापित करने में असफल महसूस करती हैं क्योंकि वे स्वैच्छाचारी जीवनयापन में अधिक विश्वास करती हैं; बहुओं तथा बेटों के बन्धन में रहना नहीं चाहती हैं।
- पेंशन के अतिरिक्त आमदनी का कोई अन्य स्रोत नहीं पाया गया है; तथा अध्ययन की गयी 71.15% निदर्शित सूचनादाताएँ पेंशन से ही गुजर बसर करती हैं।
- घरेलू तनावों से बचने के लिए वे स्वतंत्र रूप से घूमने-फिरने एवं तीर्थ करने में विश्वास करती हैं, ग्रीष्मावकाश के दिनों में वे प्राय: बाहर भ्रमण करने चली जाती हैं।
- अधिकांशत: वृद्धाएँ अपनी पेंशन को परिवार पर व्यय न करके अपने ऊपर ही व्यय करती हैं अत: इनके 48 प्रतिशत परिवारों में छोटी-छोटी बातों पर पारिवारिक तनाव देखने को मिले हैं।
- भले ही सेवानिवृत्त वृद्धाएँ स्वयं अनुशासित रहकर, परिजनों को अपने अनुशासन में रखना पसन्द करती हैं जिसमें 90.5 प्रतिशत निदर्शित असफल पायी गयी हैं।
- सेवानिवृत्त महिलाएँ; घर गृहस्थी से बाहरी सामाजिक कार्यों में अपेक्षाकृत अधिक रुचि लेती हैं घरेलू कार्यों में नहीं।
- सर्वेक्षितों में से 80% ने स्वीकार किया कि वे घर के रखरखाव व साज सज्जा में अत्यन्त अधिक रुचि लेती हैं परिजनों द्वारा उनके अनुरूप कार्य न करने, उनकी बातें न मानने पर झुंझलाहट व तनावयुक्त पायी गयी हैं।

इन समस्त आनुभविक तथ्यों के प्रकाश में यह कहा जा सकता है कि शिक्षित सेवानिवृत्त महिलाएं पारिवारिक सामंजस्य व समायोजन तथा समन्वय करने में असफल रहती हैं क्योंकि वे स्वभावत: चिड़चिड़ी हो जाती हैं तथा अपने अनुरूप ही कार्य कराना पसन्द करती हैं जो वर्तमान परिप्रेक्ष्यों में कम सम्भव है या फिर सम्भव नहीं है।

Professor Goel S.K. and Karole O.P..[18] (The Problems of Aging: 1997 : 41) has stated that the age is an important factor that determines the dependency of a person. Though life expectancy has gone above 55 years in India; in rural areas, this is the ate form where the aged reel neglected and uncured for. More than half of the senior citizens where the study was conducted, was above 60 years of age, and of this a majority were females. The problems faced by the aging be indicated as below :

PROBLEMS	→ Economic	→ Income deficieny and loss of employment
	→ Physical & Physiological	Failing health Nutrisitional deficiencies Housing Problems
	→ Psycho-social & Environmental	Feeling of Neglect and loss of importance in the family Loneliness and feeling of unwantedness Feeling of in adequach and obsolescence of skills, education and expertise

In view of the increase in the population of the aged and mounting expenditure on their welfare; it is all the more necessary that the aged involve themselves in voluntary services for the development of the nation. It would be in the interest of the aged themselves to involve them in a voluntary service mode to fill their time gainfully and arrest writing off of their skills, capacities and experience. To put in a nutshell there is a need to integrate the aged into their family; and to make them wanted and accepted in the family and in the society as well.

सर्वश्री राजौरिया सीमा[19] **(वृद्धजनों की स्वस्थ्य समस्याएं-1998 : 107)** ने अनुसूचित जातियों की वृद्ध स्व महिलाओं का सर्वेक्षण करके उनकी स्वास्थ्य समस्याओं पर आनुभविक अध्ययनोपरान्त संक्षिप्त प्रकाश डालते हुए लिखा है कि–(1) अनुसूचित जातियों की शतप्रतिशत वयोवृद्धाएँ अशिक्षित हैं अतः वे अपने स्वास्थ्यों तथा रखरखाव के प्रति अत्यन्त उदासीन पायी गयी हैं (2) 90.5% सर्वेक्षित वयोवृद्धाओं के स्वास्थ्य उम्र के साथ-साथ खराब होने के कारण विभिन्न रोगों/बीमारियों (यथाः क्षयरोग, दमा रोग, दृष्टिहीनता, लिकूरिया, कमर झुकना, चर्म रोगों, जोड़ों व हड्डियों में दर्द, गठिया, लकवा, सुगर की

बीमारी आदि) की शिकार पायी गयी हैं (3) बीमार होने पर भी वे परहेज नहीं करती अपितु उदासीनता बरतती हैं तथा कहती हैं कि हमें अब क्या करना (4) 48% सर्वेक्षित स्वास्थ्य के प्रति घोर लापरवाह पायी गयी हैं जो खाने में अच्छा लगता है खा लेती हैं (5) प्राय: वयोवृद्धाएँ कहती पायी गयी हैं कि–"सब कुछ देख लिया; भगवान, अब तो उठा ले।" अर्थात् वे अब कष्टमय जीवन व्यतीत करना नहीं चाहती।

इन उपरोक्त समस्त विभिन्न प्रकरणों पर किये गए सर्वेक्षणों तथा आनुभविक सूक्ष्म अध्ययनों; तथा तत्सम्बन्धित समीक्षाओं से वृद्धावस्था की अवधारणा, वृद्धजनों के अनुभवों तथा वृद्धजनों की समस्याएं स्पष्ट हुई हैं। साथ ही :

1. शोध समस्या के सम्बन्ध में शोधार्थी में अतिरिक्त ज्ञानार्जन एवं सामान्य ज्ञान विकसित हुआ है जो इस शोधकार्य में सहायक सिद्ध हुआ है।
2. वृद्धजनों की समस्याओं के समाधान के प्रति शासकीय तथा स्वैच्छिक संगठनों तथा अभिकरणों की भांति-भांति भूमिकाओं की जानकारी तथा वृद्धजनों के लिए क्रियान्वित योजनाओं के प्रति संज्ञान विकसित हुआ है।
3. वर्तमान तक (उक्त शोध प्रकरण से) अछूते बिन्दुओं/प्रकरणों की जानकारी भी शोधकर्त्ता को हुई है जिनको प्रस्तुत शोध-अध्ययन में महत्व प्रदान करते हुए अध्ययन किया जायेगा।

संदर्भ-सूची

1. **बेसिन एच.एफ;** व्यवहारिक विज्ञानों में साहित्य समीक्षाएं, मैकमिलन कम्पनी (प्रा. लिमि.) मद्रास, 1962, पृ. 40
2. **बोर्ग जी.पी;** सामाजिक विज्ञानों के अनुसन्धानों में साहित्य का सिंहावलोकन, जैन ब्रादर्स एण्ड सन्स पब्लिसर्स एण्ड डिस्ट्रीब्यूटर्स, बॉम्बे 1993, पृ. 48
3. **सिंह पुरुषोत्तम राय;** सामाजिक अनुसन्धान के मूल तत्व, सरस्वती प्रकाशन दरभंगा (बिहार), वर्ष 1991, पृ. 110
4. **सिंह एसपी.;** इण्टररिलेसन्स इन ऐन ऑर्गनाइजेशन, आलोक प्रकाशन (प्रा. लिमि.) जयपुर, (राजस्थान), 1975, पृ. 15
5. **स्टाउफर सेम्युअल;** ए मेजर स्टैप आफ इनवेस्टीगेशन इन सोसल साइन्सेज, अमेरिकन सोसियोलॉजिकल रिव्यू, अंक-23, वर्ष 1962, पृ. 73

6. 'योजना' : योजना भवन, भारत सरकार, नई दिल्ली, अंक 9, दिसम्बर, 1998 पृ. 2

7. नेशनल सेम्पिल सर्वे ऑर्गनाइजेशन (भारतीय राष्ट्रीय निदर्शन सर्वेक्षण संगठन प्रतिवेदन 1989 के आकड़ों पर आधारित, नई दिल्ली-1990

8. **पचौरी जे.पी.**; वृद्धावस्था : एक सामाजिक विवेचन, समाज कल्याण पत्रिका, केन्द्रीय समाज कल्याण बोर्ड, नई दिल्ली, अंक-7, फरवरी 1992, पृ. 20-37

9. **सिंह एस.डी.**; वृद्धजन : सामान्य एवं सेवानिवृत्त-एक सामाजशास्त्रीय विश्लेषण 'जन सहयोग' शोध-पत्रिका, पंजाब विश्वविद्यालय, चण्डीगढ़, 1995, पृ. 7-10

10. **सिलावट सुधा एस**; वृद्धावस्था की समस्याएं, सामाजिक सहायोग त्रैमासिक शोध पत्रिका, वर्ष-4, अंक 14, श्री कृष्ण शोध संस्थान उज्जैन (म.प्र.), 1995, पृ. 11

11. **Goyal Sunill;** The problems of the Tribal Aged; Need to Integrate them into the family; SAMAJIC SAHAYOG, Quarterly Research Journal **UJJAIN** (M.P.) 1997, pp. 40-45, Vol. 6(21).

12. **रानी वन्दना**; वृद्धों की पारिवारिक स्थिति, 'राधाकमल मुकर्जी चिन्तन परम्परा' सामाजिक विज्ञानों की शोध-पत्रिका, समाज विज्ञान विकास संस्थान चान्दपुर, बिजनौर (उ.प्र.) वर्ष-1, अंक 1, जनवरी-जून; 1999, पृ. 67

13. ....; इन्स्टीट्यूट ऑफ सोशल वर्क, नई दिल्ली, सर्वेक्षण (प्रतिवेदन) : वृद्धजनों की समस्याएं, 1977, पृ. 124

14. **अग्रवाल दामोदर**; वृद्धजनों के मनोरंजन में दूरदर्शन की भूमिका, प्रकाशित शोध-पत्र, राष्ट्रीय शोध संगोष्ठी, सेमीनार अंक, आदर्श कृष्ण महाविद्यालय शिकोहाबाद, जनवरी-1998, पृ. 13

15. **भट्टाचार्य बी.एन.**; वृद्धों के प्रति दृष्टिकोण; 'समाज कल्याण' पत्रिका, केन्द्रीय समाज कल्याण बोर्ड, नई दिल्ली-अगस्त, 1982, पृ. 34

16. ....; वृद्धजन : सरकारी प्रयास एवं स्वैच्छिक संगठनों की भूमिकाएँ; (विचारगोष्ठी) 'समाज कल्याण', केन्द्रीय समाज कल्याण बोर्ड, नई दिल्ली, 1982, पृ. 19

17. **सुरभि दाभाड़े**; शिक्षित सेवानिवृत्त महिलाएँ : एक अध्ययन; समाज विज्ञान संकाय वार्षिक पत्रिका, औरंगाबाद विश्वविद्यालय, औरंगाबाद द्वारा प्रकाशित, 1997, पृ. 9

18. **Goyal S.K.** and **Karole O.P.;** The Problems of Aging; A Social Survey : "Samajic Sahyog" National Quarterly Research Journal, Published by Research Management Syndicate S.K.S. Sansthan, Ujjain (M.P.), Vol. 6(21), 1997, p. 43.

19. **राजौरिया सीमा;** 'वृद्धजनों की स्वास्थ्य समस्याएँ–एक अध्ययन' प्रकाशित शोध-प्रबन्ध, दयालबाग डीम्ड विश्वविद्यालय दयालबाग प्रकाशन आगरा (उ.प्र.) 1998, पृ. 107

3 शोध अभिकल्प एवं पद्धति शास्त्र

1. "किसी भी अध्ययन–विषय का विकास, उसकी उचित अध्ययन पद्धतियों के विकास पर निर्भर करता है, न कि विषय–सामग्री पर।"

   * करलिंगर एफ.एन., दि फाउन्डेसन्स ऑफ बिहेवियरल रिसर्च, रिनेहार्ट एण्ड बिन्सटन प्रेस हाल्ट, न्यूयार्क, 1964, पृ. 4

2. "A research design is the logical systematic planning and directing of a piece of research."

   * Young P.V.; Scientific Social Surveys and Research, Prentice Hall of India (Pvt. Ltd.), New Delhi, 1960, p. 131.

मानव विश्व का सर्वाधिक बौद्धिक, चिन्तनशील एवं जिज्ञासु प्राणी है। उसकी जिज्ञासु प्रवृत्ति का कारण वह समाज में व्याप्त सामाजिक समस्याओं एवं उनके निराकरण के लिए सजग प्रहरी बनकर समाधान खोजने के लिए निरन्तर प्रयत्नशील रहता है। यहाँ तक कि समस्या से सम्बन्धित ज्ञान का स्पष्टीकरण करना, नवीन ज्ञान की खोज तथा उसका सत्यापन करना, उसके लिए एक जटिल समस्या होती है। समस्या पक्षों के विषय में यथार्थ ज्ञान किन–किन तरीकों तथा प्रविधियों का किया जाये, ताकि अनुभवसिद्ध तथ्यों को ज्ञात करके निरीक्षण परीक्षण तथा सत्यापन के आधार पर मानव व्यवहार से सम्बन्धित क्रियाशील अन्तर्निहित प्रक्रियाओं की जानकारी हासिल की जा सके एवं विभिन्न सामाजिक प्रघटनाओं और नवीन तथ्यों के बीच पाये जाने वाले प्रकार्यात्मक सम्बन्धों की खोज की जा सके। इसके लिए उसे यह सोचना पड़ता है कि ऐसा

करने के लिए शोध अध्ययन किस प्रकार किया जाये? ताकि संग्रहीत सूचनाएं विश्वसनीय, तर्कसंगत तथा वस्तुनिष्ठ रूप में प्राप्त हो सकें। सामाजिक अनुसंधानों की अनुसंधान पद्धतियों का उल्लेख करते हुए सर्वश्री सैलटिज, जहोदा तथा कुक ने 'बौद्धिक' (नोरमेटिव) तथा 'व्यवहारिक' (ऐप्लाइड) दो भागों में वर्गीकृत किया है। सामान्य शब्दों में बौद्धिक उद्देश्य को सैद्धान्ति ज्ञान और व्यवहारिक उद्देश्य को उपयोगितावादी कहा जा सकता है। इनका स्पष्टीकरण करते हुए इसी सन्दर्भ में **प्रो. कपिल** ने लिखा है कि–बौद्धिक शोध के अन्तर्गत सामाजिक जीवन, सामाजिक समस्याओं तथा प्रघटनों के सन्दर्भ में मौलिक सिद्धान्तों व नियमों की गवेषणा की जाती है; जो इस ओर इंगित करती है कि एक अनुसन्धानकर्ता को क्या करना चाहिए? जबकि व्यवहारिक शोध के अन्तर्गत मानव-व्यवहार से सम्बन्धित समस्या का गहन अध्ययन करके उसका समाधान प्रस्तुत किया जाता है, जिसमें व्यवहारिक सुझाव दिये जाते हैं। "स्पष्टतः व्यवहारिक शोध के अन्तर्गत किसी/किन्हीं उद्देश्यों की पूर्ति के लिए अतिरिक्त (नवीन) ज्ञान की प्राप्ति जाती है।" परन्तु सर्वश्री करलिंगर (1964 : 27) के अनुसार अनुसन्धान कार्य प्रायः निम्नांकित तीन श्रेणियों में विभक्त किये जा सकते हैं–

(क) विशुद्ध (मौलिक) अनुसन्धान

(ख) क्रियात्मक अनुसन्धान

(ग) व्यवहारिक अनुसन्धान

उपरोक्त में से प्रस्तुत अनुसन्धान कार्य की प्रकृति व्यवहारिक है; क्योंकि इसका उद्देश्य उपयोगितावादी एवं समाज की व्यवहारगत तात्कालिक सामाजिक समस्याओं के कारणों को खोज करना एवं समाज पर पड़ने वाले प्रभावों को जानना है।

शोध-प्ररचना (अभिकल्प/प्रारूप)

सामान्यत, सामाजिक अनुसन्धान एक अत्यन्त जटिल प्रक्रिया होती है जिसमें किसी अध्ययन को सुव्यवस्थित रूप देने और उसे सही दिशा प्रदान करने के लिए अध्ययनकर्ता को एक व्यवस्थित प्रारूप का निर्माण करना होता है जो शोध सम्बन्धित समस्या की प्रकृति, उद्देश्यों एवं परिकल्पनाओं के अनुरूप करना होता है। संक्षेप में शोध के आरम्भिक स्तर पर बनायी गयी रूपरेखा को शोध प्ररचना

प्रारूप या अभिकल्प कहते हैं। इस प्रकार शोध-अभिकल्प अनुसन्धान के विषय में बनाई गयी एक ऐसी प्रचना अथवा रूपरेखा होती है, जो न केवल अध्ययन को व्यवस्थित बनाकर उसे सही दिशा प्रदान करती है, बल्कि अध्ययन से सम्बन्धित विवादास्पद दशाओं पर भी नियन्त्रण लगाये रखने में भी सहायता देती है। स्पष्टत: शोध-अभिकल्प, अनुसंधान के सैद्धान्तिक तथा व्यवहारिक दोनों पहलुओं में समन्वय स्थापित करने का कार्य करती है; जिसमें अहम् भूमिका का निर्वाह; अध्ययन-पद्धतियाँ एवं प्रविधियाँ करती हैं।

इस प्रकार सुस्पष्ट है कि शोध प्रचना का मुख्य कार्य अध्ययन को व्यवस्थित करते हुए अनुसन्धान को निश्चित दिशा प्रदान करना होता है। परिणामत: शोध-प्रचना शोध-कार्य आरम्भ करने से पूर्व निर्णय-निर्धारित करने की प्रक्रिया होती है जो शोधकर्ता को अध्ययन के अन्तराल में आने वाली विषम परिस्थितियों एवं तत्जनित समस्याओं पर नियंत्रण लाती हैं। शोध-प्रचना के शास्त्रीय अर्थ को समझाने के लिए यह आवश्यक ही नहीं अपितु अनिवार्य है कि शोध-अभिकल्प के सम्बन्ध में विभिन्न विद्वानों की कुछ प्रतिनिधि परिभाषाओं का उल्लेख किया जाये।

अभिकल्प क्या है?

सामान्यत: 'अभिकल्प' (डिजाइन) एक प्रारूप या संरचना होती है जिसके अन्तर्गत सम्बन्धित योजना व नीति-निर्धारित की जाती है। **सर्वश्री करलिंगर (196 : 298)** के शब्दों में–अभिकल्प-निर्माण एक योजना-निर्माण होती है, जिसकी कोई न कोई विशिष्ट संरचना एवं नीति निर्धारित होती है।

परन्तु समाजशास्त्री **सर्वश्री एकॉक (1965 : 27)** के अनुसार ''जिस स्थिति में कोई निर्णय लिया जाता है, उसके उत्पन्न होने के पहले निर्णय निर्धारित करने की प्रक्रिया अभिकल्प होती है।'' लेकिन शोध-अभिकल्प को विभिन्न विद्वानों ने भाँति-भाँति से स्पष्ट किया है–

1. **सर्वश्री यंग (2960 : 95)** के शब्दों में "एक शोध-अभिकल्प, शोध का तार्किक एवं व्यवस्थित आयोजन एवं निर्देशन होता है।"
2. **प्रो'. विमल शाह (1962 : 73-74)** के अनुसार "शोध-अभिकल्प किसी भी अनुसन्धान अध्ययन की एक योजना होती है, जिसका आयोजन प्रत्येक अध्ययन में किया जाता है, चाहे वह अध्ययन नियंत्रित हो अथवा अनियंत्रित, भावना प्रधान हो अथवा वस्तुनिष्ठ"।

3. **प्रो. करलिंगर (1960 : 275)** के शब्दों में "एक शोध-अभिकल्प, अनुसन्धान की एक योजना संरचना तथा नीति होती है जिसका उपयोग शोध से सम्बन्धित प्रश्नों (परिकल्पनाओं) के उत्तर प्राप्त करने एवं शोध सम्बन्धी विवादों पर नियंत्रण करने के लिए किया जाता है।"

4. **सर्वश्री अलफ्रेड जे. कानह (1963 : 58)** के शब्दों में "शोध-अभिकल्प की सर्वोत्तम परिभाषा अध्ययन की तार्किक युक्ति के रूप में की जाती है; जो एक प्रश्न का उत्तर देने, परिस्थिति का वर्णन करने अथवा परिकल्पनाओं की सत्यता एवं सार्थकता की जाँच (परीक्षण) करने से सम्बन्धित है; जिसके द्वारा कार्य विधियाँ, संकलित तथ्य एवं संकलित तथ्यों का विश्लेषण तीनों ही सम्मिलित होते हैं; के एक विशिष्ट समूह के अध्ययन की विशिष्ट आवश्यकताओं की पूर्ति की आशा की जाती है।"

इस प्रकार शोध-प्ररचना, अनुसन्धान कार्य के सम्बन्ध में बनाई गयी एक योजना, संरचना एवं रणनीति होती है जिसकी संरचना इस प्रकार की जाती है कि शोध प्रश्नों या निर्मित परिकल्पनाओं के उत्तर सरलतापूर्वक प्राप्त हो सकें तथा विषमताओं (असमानताओं) को नियंत्रित किया जा सके। इस प्रकार प्ररचना शोध-अध्ययन की वह कार्ययोजना एवं नीति होती है जिसके अन्तर्गत अनुसन्धान के प्रत्येक सोपान की रूपरेखा सम्मिलित होती है, जिसे अध्ययनकर्ता परिकल्पनाओं के निर्माण तथा उसके परिचलनात्मक अभिप्रायों से लेकर आकड़ों के अन्तिम विश्लेषण तक को उसमें समाहित करता है।

शोध प्ररचना के उपर्युक्त पारिभाषिक विवेचना के प्रकाश में सुस्पष्ट है कि शोध-प्ररचना किसी अनुसन्धान कार्य का वह प्रारूप होता है जो समस्या-चयन से लेकर शोध-प्रतिवेदन के अन्तिम चरण तक के सन्दर्भ में भली-भाँति सोच-विचार कर; समस्त उपलब्ध विकल्पों पर ध्यानाकर्षित करते हुए शोधार्थी निर्णय लेता है कि कम से कम प्रयासों व्यय एवं समय की बचत के साथ शोध अध्ययन के उद्देश्यों का प्राप्त किया जा सके। शोध-अभिकल्प के अन्तर्गत प्राथमिक एवं द्वितीयक तथ्यों का संकल्पन किसी वैज्ञानिक पद्धति अथवा पद्धतियों व प्रविधियों द्वारा किया जाता है जो उस शोध-विषय की प्रकृति पर निर्भर करता है इसमें साक्षात्कार-अनुसूची अथवा प्रश्नावली, प्रत्यक्ष अवलोकन, सहभागी अवलोकन, साक्षात्कार की प्रत्यक्ष पूछताछ प्रणाली, सामुदायिक

अभिलेखों का विश्लेषण इत्यादि को शोध-अभिकल्प के अन्तर्गत सम्मिलित किया जा सकता है।

निष्कर्षत: शोध-कार्य को सही दिशा में अभिमुखी करने के लिए शोधार्थी को सर्वप्रथम शोध के प्रबन्धन की व्यवस्थित रूपरेखा (कार्य योजना) तैयार करनी हो जो अध्ययन समस्या की प्रकृति एवं उसके स्वरूप के अनुरूप बनानी होती है; जिसका प्रमुख कार्य अनुसंधान कार्य को व्यवस्थित करते हुए एक निश्चित तथा वाँछित दिशा प्रदान करना होता है। इस प्रकार शोध-अभिकल्प शोध-कार्य आरम्भ करने से पूर्व अनुसन्धान कार्य की वह प्रस्तावित रूपरेखा होती है, जिसके अन्तर्गत नीति क्रियान्वित करने की स्थिति से पूर्व की निर्णय-निर्धारित करने की प्रक्रिया का संक्षिप्त विवरण होता है; जिसके आधार पर अध्ययनकर्ता अपने अध्ययन में आगे आने वाली विषम परिस्थितियों तथा स्थितियों को नियंत्रण में लाता है।

शोधकर्ता ने प्रस्तुत शोध-अध्ययन को वैज्ञानिक तरीके से सम्पादित करने के लिए अध्ययन-समस्या की प्रकृति, अध्ययन के महत्व एवं उद्देश्यों को दृष्टिपथ में रखकर 'व्याख्यात्मक' (ऐक्सप्लेनेटरी) शोध-प्रचना को चुना है; क्योंकि इस शोध-प्रचना का मौलिक उद्देश्य अध्ययन-समस्या से सम्बन्धित प्राप्त मौलिक जानकारी तथा आँकड़ों के आधार पर शोध-अध्ययन के वर्णन को रूप में स्पष्ट करना होता है। इतना ही नहीं शोधकर्त्ता ने निम्न विशेषताओं के कारण भी व्याख्यात्मक शोध-प्ररचना का चयन प्रस्तुत अनुसन्धान कार्य के लिए किया है :

1. अध्ययन से सम्बन्धित परिस्थितियों, वैयक्तिक व सामुदायिक प्रघटनाओं की विशेषताओं का परिशुद्ध वर्णन करना।
2. अनुसन्धान के लिए चरों का निर्धारण एवं उनमें समन्वय स्थापित करना।
3. चरों के प्रकार्यात्मक सम्बन्धों तथा उनके साहचर्य का पता लगाने में सहायक होना।
4. अनुसन्धान के लिए उपयुक्त वैज्ञानिक पद्धतियों व प्रविधियों का चयन करने में सहायक होना।
5. शोध सामग्री को क्रमबद्ध व्यवस्थित तथा तार्किक रूप में प्रस्तुत करने में सहायक होना।

6. उपयुक्त वैज्ञानिक पद्धतियों एवं प्रविधियों का प्रयोग करना सम्भव।
7. अध्ययनकर्ता को दिशाभ्रम, मिथ्या, सुझाव एवं पक्षपात से बचाने में सहायता करना।
8. समयबद्ध कार्यक्रम के कारण शोध समस्या का अध्ययन सहज तथा सरलता से निर्धारित समय में पूरा हो जाना।
9. विशाल अध्ययन क्षेत्र से भी मौलिक तथ्यों की प्राप्ति कराने में सहायक होना।
10. अनावश्यक तथ्यों का समावेश न होने देना। इत्यादि।

वैज्ञानिक पद्धति–विज्ञान को व्यवस्थित ज्ञान के संचय के रूप में परिभाषित किया जाता है। 'व्यवस्थित' और 'ज्ञान' शब्द इस सन्दर्भ में बहुत महत्वपूर्ण हैं। 'ज्ञान' विज्ञान के लक्ष्य की ओर संकेत करता है जबकि 'व्यवस्थित' वह पद्धति है जो इस लक्ष्य को प्राप्त करने में प्रयोग की जाती है। वास्तव में किसी प्रकार के अध्ययन का उद्देश्य घटनाओं की वास्तविकता तथा सत्य को जानना और ज्ञान को प्राप्त करना है। सत्य तक पहुँचने के लिए कोई संक्षिप्त मार्ग नहीं है, विषय का ज्ञान प्राप्त करने के लिए हमें वैज्ञानिक पद्धति के द्वार से ही गुजरना पड़ेगा। इस प्रकार वैज्ञानिक पद्धति वह माध्यम है जिसको पाकर मानव सत्य के द्वार तक पहुँच सकता है। इस प्रकार क्रमबद्ध रूप से प्राप्त किया गया व्यवस्थित ज्ञान ही विज्ञान की श्रेणी में आता है।

सामाजिक घटनायें अपनी प्रकृति से भौतिक तथा प्राकृतिक घटनाओं से भिन्न होती हैं। सामाजिक घटनाओं में इतनी अधिक जटिलता, परिवर्तनशीलता, अनिश्चितता, गुणात्मकता तथा अमूर्तता पायी जाती है कि उनका वैज्ञानिक अध्ययन करके निश्चित और यथार्थ सामजिक नियमों का प्रतिपादन कर पाना बहुत कठिन कार्य है लेकिन आज के इस वैज्ञानिक युग में सामाजिक घटनाओं का वास्तविक अध्ययन करने के लिए अनेक वैज्ञानिक प्रविधियों का विकास किया गया है। अब सामाजिक वैज्ञानिकों में यह विश्वास दृढ़ हो गया है कि उनके सम्मुख जो समस्यायें हैं, उनका हल यदि होना है तो सामाजिक घटनाओं के निष्पक्ष एवं व्यवस्थित निरीक्षण, सत्यापन वर्गीकरण एवं विश्लेषण द्वारा ही होगा। इसी दृष्टिकोण को उसके प्रति ठोस एवं सफल रूप में वैज्ञानिक पद्धति कहा जाता है। इस प्रकार आज के केवल मात्र भौतिक या प्राकृतिक विषयों में

ही नहीं बल्कि समाजशास्त्र एक विज्ञान है इसलिए सामाजिक घटनाओं तथा समस्याओं के वास्तविक अध्ययन के लिए वैज्ञानिक पद्धतियों का प्रयोग किया जा रहा है। क्योंकि विज्ञान का सम्बन्ध वैज्ञानिक पद्धति से है न कि अध्ययन विषय से। इस विचार का समर्थन करते हुए **कार्ल पियर्सन** ने लिखा है कि–"समस्त विज्ञानों की एकता उसकी पद्धति में निहित है, किसी विषयवस्तु में नहीं।" वैज्ञानिक सामाजशास्त्र के जन्मदाता अगस्त काम्टे का मत है कि वैज्ञानिक पद्धति का प्रमुख आधार निरीक्षण, परीक्षण, प्रयोग और वर्गीकरण की एक व्यवस्थित कार्य प्रणाली है। धर्म, दर्शन व कल्पना का वैज्ञानिक पद्धति में कोई स्थान नहीं है। इसलिए सामाजिक घटनाओं के वैज्ञानिक अध्ययन में आरम्भ से लेकर अन्त तक अत्यन्त सुनिश्चित तथा व्यवस्थित ढंग से कार्य करना पड़ता है ताकि सामाजिक घटनाओं की वास्तविकता को स्पष्ट किया जा सके।

वृद्धजनों की समस्याओं के विषय में यथार्थ ज्ञान प्राप्त करना प्रस्तुत शोध का प्रमुख उद्देश्य है। लेकिन इस उद्देश्य की प्राप्ति केवल मात्र व्यवस्थित एवं क्रमबद्ध तरीके से ही सम्भव है। अतः प्रस्तुत अध्ययन विषय के सम्बन्ध में यथार्थ तथा वैज्ञानिक निष्कर्षों को प्राप्त करने के लिए वैज्ञानिक पद्धति का अनुसरण किया गया है। वैज्ञानिक पद्धति द्वारा ज्ञान की प्राप्ति अव्यवस्थित ढंग से सम्भव नहीं, बल्कि इसके लिए कुछ निश्चित स्तरों से गुजरना पड़ता है। सबसे पहले किसी समस्या का चुनाव किया जाता, फिर समस्या के अध्ययन से सम्बन्धित उद्देश्यों का निर्धारण किया जाता है। तत्पश्चात् प्रारम्भिक ज्ञान तथा अनुभव के आधार पर अध्ययन से सम्बन्धित प्राक्कल्पनाओं का निर्माण किया जाता है। अध्ययन के लिए समस्या से सम्बन्धित विशेष क्षेत्र का चुनाव भी करना पड़ता है। इसके पश्चात् अध्ययन की पद्धतियों तथा प्रविधियों का चुनाव कर तथ्यों का संकलन किया जाता है। संकलित तथ्यों का समानता के आधार पर वर्गीकरण एवं विश्लेषण किया जाता है और फिर सबसे अन्त में अध्ययन के सन्दर्भ में यथार्थ निष्कर्षों को प्रस्तुत किया जाता है। वैज्ञानिक पद्धति के इन्हीं विभिन्न स्तरों से गुजर कर ही प्रस्तुत अध्ययन को पूर्ण किया गया है।

अध्ययन इकाइयों का चुनाव 'निदर्श'–मोटे तौर पर कोई भी अनुसंधान कार्य दो पद्धतियों के आधार पर किया जाता है :

1. **जनगणना पद्धति**–इस पद्धति में अध्ययन क्षेत्र के अन्तर्गत आने वाली समस्त इकाइयों का अध्ययन करके ही निष्कर्षों को प्रस्तुत किया जाता है। चूँकि इस पद्धति में अत्यधिक समय, धन तथा श्रम की

आवश्यकता होती है इसलिए विस्तृत क्षेत्र वाले अनुसंधान कार्य के लिए यह पद्धति उचित नहीं है। प्रस्तुत शोध विषय का अध्ययन क्षेत्र एटा जनपद है। जनपद में पाँच तहसीलें तथा 15 विकास खण्ड हैं। अतः इस शोध कार्य के लिए शोधकर्त्ता ने अपने सीमित समय तथा साधनों को दृष्टिगत रखते हुए इस पद्धति को नहीं अपनाया है।

2. **निदर्शन पद्धति**–जब समय, पूँजी तथा कार्यकर्त्ताओं की मात्रा सीमित हो, तो सामाजिक घटनाओं का अध्ययन निदर्शन पद्धति के माध्यम से ही किया जा सकता है। क्योंकि इस पद्धति में विषय से सम्बन्धित समस्त इकाइयों का अध्ययन नहीं किया जाता बल्कि समग्र में से कुछ ऐसी इकाइयों का चयन कर लिया जाता है जो उस समग्र का प्रतिनिधित्व करती हों। सर्वश्री गुडे एवं हॉट के अनुसार एक निदर्शन जैसा कि नाम से स्पष्ट है किसी विशाल सम्पूर्ण का छोटा प्रतिनिधि है। इस प्रकार निदर्शन पद्धति एक पूर्व निर्धारित योजना के अनुसार इकाइयों के एक समूह में से एक निश्चित प्रतिशत का चुनाव है।

निदर्शन केवल वैज्ञानिक अनुसंधान की ही विशेषता नहीं है, बल्कि हमारे सम्पूर्ण जीवन में यह सदैव क्रियाशील रहने वाली एक स्वाभाविक प्रक्रिया है। मानव का यह स्वभाव रहा है कि वह जीवन के प्रत्येक क्षेत्र में कुछ घटनाओं को देखकर सामान्य निष्कर्ष निकालने का प्रयत्न करता है। गांवों में गृहणियाँ पकाये गये चावलों के कुछ दानों को देखकर ज्ञात कर लेती हैं कि बर्तन में भरे हुए चावल पक चुके हैं अथवा नहीं।

इसी प्रकार किसी समूह के बारे में एक विशेष धारणा बनाने अथवा व्यक्तियों की विशेषताओं को समझने के लिए हम कुछ व्यक्तियों से मिलकर ही सम्पूर्ण समूह की विशेषताओं को समझने का प्रयत्न करते हैं।

इसके पश्चात् भी **सांख्यिकीय पद्धति एक प्रविधि के रूप में** निदर्शन की प्रकृति दिन प्रतिदिन के जीवन के प्रति चयन से कुछ भिन्न है।

सांख्यिकीय रूप से निदर्शन एक ऐसा प्रयास है जिसके अन्तर्गत हम कुछ स्वीकृत और पूर्व निर्धारित प्रणालियों की सहायता से सम्पूर्ण समग्र में से कुछ प्रतिनिधि इकाइयों का चयन करते हैं। इस दृष्टिकोण से निदर्शन एक मनमानी अथवा व्यक्तिगत इच्छा पर आधारित क्रिया नहीं है बल्कि इसमें कुछ वैज्ञानिक प्रणालियों का समावेश होता है।

निदर्शन का अर्थ–निदर्शन को सामान्य अर्थों में इस प्रकार व्यक्त कर सकते हैं कि समग्र में से चुने गये ऐसे कुछ जो कि उस समग्र का उचित प्रतिनिधित्व करता हो, निदर्शन कहते हैं। इससे यह स्पष्ट होता है कि निदर्शन किसी भी चीज या समूह का सम्पूर्ण भाग नहीं होता बल्कि उसका एक छोटा भाग या कुछ इकाइयाँ होती हैं लेकिन इस को हम तब तक निदर्शन नहीं कह सकते, जब तक सभी उस समग्र का प्रतिनिधित्व न करें। निदर्शन पद्धति की उपयोगिता 'स्नेडिकोर' से इस कथन से स्पष्ट हो जाती है–"केवल कुछ पौण्ड कोयले की जाँच के आधार पर एक गाड़ी कोयला या तो स्वीकृत कर लिया जाता है या अस्वीकृत कर दिया जाता है। केवल एक बूँद रक्त की जाँच करके एक बीमार के रक्त की बीमारी में डॉक्टर निष्कर्ष निकालता है।

निदर्शन ऐसी प्रणाली है जिनसे केवल कुछ इकाइयों का निरीक्षण करके विशाल इकाइयों के विषय में जाना जा सकता है।

मोटे तौर पर हम यह कह सकते हैं कि समग्र में से चुने गये ऐसे 'कुछ' को जो कि समग्र का उचित प्रतिनिधित्व करता है, निदर्शन कहते हैं।

गुडे एवं हॉट ने लिखा है कि, 'निदर्शन जैसा कि नाम से स्पष्ट है कि किसी विशाल सम्पूर्ण का छोटा प्रतिनिधित्व है।

श्रीमती पी. वी. यंग के अनुसार "एक सांख्यिकीय निदर्शन उस सम्पूर्ण समूह अथवा योग का एक अति लघु चित्र है, जिसमें से निदर्शन लिया गया है"।

शोधकर्त्ता ने अपने शोधकार्य में अपनी अध्ययन इकाई का निदर्शन करने के लिए स्तरित निदर्शन का प्रयोग किया है।

स्तरित या वर्गीकृत निदर्शन–यह विधि दैव निदर्शन और सविचार निदर्शन का मिश्रित रूप है अतः इसे मिश्रित निदर्शन भी कहते हैं। इस विधि का प्रयोग दैव निदर्शन और सविचार निदर्शन दोनों के लाभों को एक साथ प्राप्त करने के लिए किया जाता है। इसमें सर्वप्रथम समग्र को विचारपूर्वक कई सजातीय वर्गों में विभाजित कर लिया जाता है और उसके बाद प्रत्येक वर्ग में से निश्चित संख्या में दैव निदर्शन विधि से इकाइयों का चुनाव किया जाता है।

इस विधि का प्रयोग उसी समय किया जाता है जब समग्र की सभी इकाइयाँ सजातीय न हों। जिन इकाइयों के समान लक्षण हों, उन्हें एक वर्ग के अन्तर्गत रखा जाता है। तत्पश्चात् प्रत्येक वर्ग में से निश्चित मात्रा में निदर्शन चुन

लिया जाता है। स्तरित निदर्शन विधि का प्रयोग करते समय निम्न सावधानियाँ बरती गई हैं :

1. समग्र की सभी विशेषताओं को ज्ञात करके उसे उनके आधार पर विभिन्न स्तरों में वर्गीकृत किया गया है।
2. प्रत्येक स्तर का आकार इतना बड़ा अवश्य है जिसमें से निदर्शन हेतु इकाइयों का चयन किया गया।
3. विभिन्न स्तरों (वर्गों) में पूर्णरूपेण सजातीयता है अर्थात् प्रत्येक वर्ग में आने वाली इकाइयों में एकरूपता है तथा एक वर्ग समग्र के एक ही गुण का प्रतिनिधित्व करता है।
4. वर्ग स्पष्ट तथा सुनिश्चित हैं ताकि प्रत्येक इकाई किसी न किसी वर्ग में आ जाये और कोई भी इकाई एक से अधिक वर्गों में न आये।
5. वर्गों का निर्माण अध्ययन विषय की प्रकृति के अनुरूप है।
6. विभिन्न स्तरों या वर्गों में से इकाइयों का चुनाव उसी अनुपात में किया गया है जिस अनुपात में उनकी संख्या समग्र में है।

स्तरित निदर्शन के प्रकार—स्तरित निदर्शन के प्रमुख तीन प्रकार हैं :

1. **अनुपातिक स्तरित निदर्शन**—इस विधि के अनुसार प्रत्येक वर्ग में से निदर्शन हेतु उतनी ही इकाइयों का चयन किया जाता है जिस अनुपात में वर्ग की कुल इकाइयाँ समग्र में हैं।
2. **असमानुपातिक स्तरित निदर्शन**—इस विधि में प्रत्येक वर्ग में से समान संख्या में इकाइयाँ चुनी जाती हैं। इस बात का ध्यान नहीं रखा जाता है कि उनका समग्र में क्या अनुपात है।
3. **भारयुक्त स्तरित निदर्शन**—इस विधि में उपर्युक्त दोनों विधियों का मिश्रण पाया जाता है। इस विधि में पहले प्रत्येक वर्ग में से समान संख्याओं का चुनाव किया जाता है उसके बाद अधिक संख्या वाले वर्गों की इकाइयों को अधिक भार प्रदान करके उनका प्रभाव बढ़ा दिया जाता है। यह भार उसी अनुपात में प्रदान किया जाता है, जिस अनुपात में वर्ग की इकाइयाँ समग्र में होती हैं।

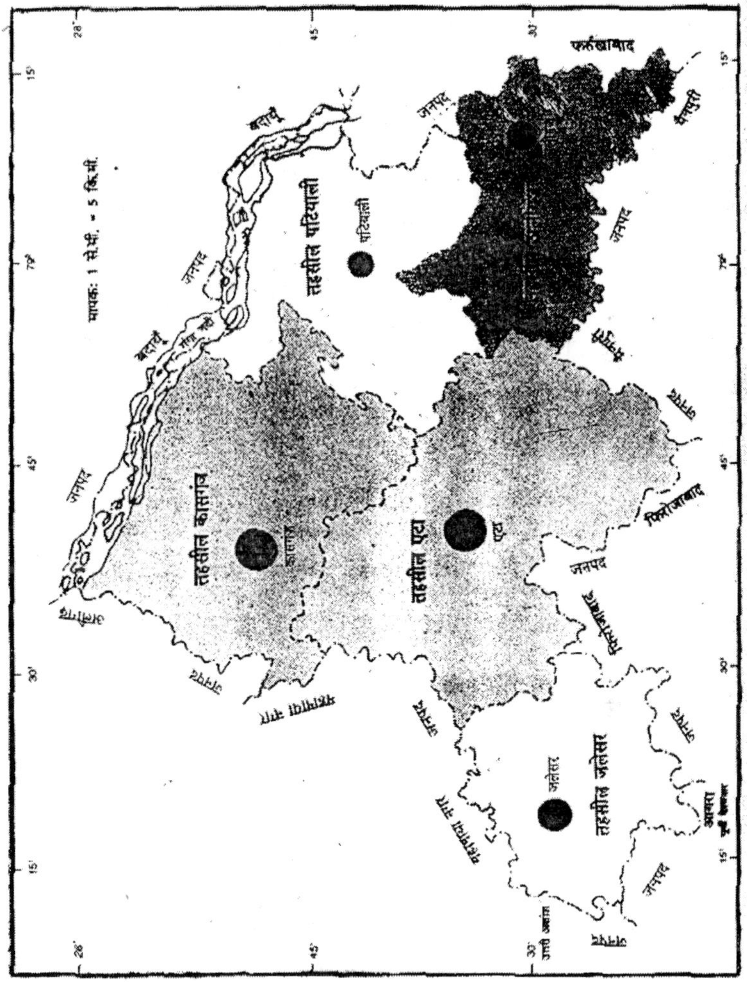

अध्ययन क्षेत्र-एटा जनपद

अध्ययन क्षेत्र की सामाजिक सांस्कृतिक पृष्ठभूमि

अध्ययन क्षेत्र–प्रस्तुत शोध के लिए उ.प्र. के एटा जनपद को चुना गया है। एटा जनपद का ऐतिहासिक, भौगोलिक, सामाजिक, आर्थिक, शैक्षिक, जन-संख्यात्मक एवं प्रशासनिक आधार पर वर्गीकरण किया गया है।

ऐतिहासिक पृष्ठभूमि जनपद एटा–एटा जनपद के रूप में 1852 में गठित किया गया था। वैसे इस जनपद के ऐतिहासिक प्रमाणित दस्तावेज उपलब्ध नहीं हैं परन्तु अतरंजी खेड़ा, विल्सड़ के खण्डहरों को देखते हैं तो इतना अवश्य ही प्रमाणित हो जाता है कि यह जनपद पुराने समय में वृहद रहा होगा। कहा जाता है कि एटा जनपद की भूमि पर 76 ईसवीं से 176 ईसवीं तक ही कनिष्क व शिष्क, हुविष्क एवं वासुदेव ने शासन किया था। इस जनपद में कुषाण काल की कुछ मुद्रायें भी प्राप्त हुई हैं। ऐतिहासिक स्थलों में जनपद मुख्यालय से बदायूँ रोड पर सोरों नगरी में गोस्वामी तुलसीदास का जन्म स्थल है। इसी एतिहासिक नगरी सोरों में स्थित हर की पौड़ी, सूर्य कुण्ड, भागीरथ की गुफा आदि काफी महत्वपूर्ण, धार्मिक व ऐतिहासिक महत्व के स्थल हैं। सोरों के बाद जनपद का प्रमुख प्राचीन स्थल पटियाली है। पटियाली के सन्दर्भ में कहा जाता है कि इस प्राचीन नगरी में अमीर-खुसरो का जन्म हुआ था। यहाँ का प्राचीन किला दर्शनीय है। जनपद मुख्यालय से 15 किमी. दूर स्थित अतरंजी खेड़ा पंचायत अचलपुर में स्थानीय मिट्टी से निर्मित विभिन्न प्रकार की प्राचीन मूर्तियाँ प्राप्त हुई हैं, जिन्होंने सहस्रों वर्षों के प्राकृतिक प्रहारों को सहकर आज भी अपना अस्तित्व नहीं मिटने दिया है।

विलसड़ के कुछ भवनों व शेषों में अशोक स्तम्भ, मन्दिर स्तम्भ स्तूप पर अंकित सन्देश है जो पाली भाषा में है, को देखकर एटा जनपद का ऐतिहासिक महत्व बढ़ जाता है।

मुख्यालय से 15 किमी. दूर कासगंज के समीप स्थित नदरई में महाबली भीम का 84 मन वजनी घण्टा व गणेश मूर्ति है। भगवान राम के पुत्र लव व कुश के जन्मस्थल एवं बाल्मीकी आश्रम के कारण रामछितौनी भी प्रसिद्ध स्थान है।

भरगैन–इस ग्राम का नाम भार्गव ऋषि के नाम पर पड़ा है।

जलेसर–इसका सम्बन्ध मेवाड़ के महाराजा राणा प्रताप के परिवार से रहा है। इस नगर में अनेक ऐतिहासिक इमारतें, कीर्ति स्तम्भ, मन्दिर मिलते हैं।

पटियाली–इस नगर का सम्बन्ध महाभारत कालीन राजा द्रुपद तथा पाण्डवों एवं कौरवों के गुरु द्रोणाचार्य से रहा है। ऐसा सुना जाता है कि यह स्थान द्रोणाचार्य को राजा द्रुपद से मिला था। पहले इसका नाम पटियारी था, जो कि बाद में धीरे-धीरे पटियाली हो गया।

अकबरपुर के पास मेरिया में 1100 वर्ष पुराना विष्णु मन्दिर इस जनपद की प्राचीन का साक्षी है। जनपद में एक अन्य दर्शनीय स्थल सराय अगहत है। इसका पुराना नाम अगहस्त था। इसके पश्चिम में 4 फुट ऊँचा तथा 1/2 मील के कोटे में एक टीला है। यह टीला अगहस्त मुनि का स्थान माना जाता है। यहाँ खुदाई में सोने-चांदी के सिक्के एवं प्रतिमायें मिली हैं।

उपर्युक्त प्रमुख स्थानों के अलावा मृगरेणू यज्ञ खेड़ा, कैलाश मन्दिर एटा नगर में प्रमुख दर्शनीय स्थल हैं।

जनपद की भौगोलिक स्थिति—उत्तर प्रदेश के आगरा मण्डल में गंगा यमुना जैसी पवित्र नदियों के बीच 4,44,600 वर्ग किलोमीटर क्षेत्र में एटा जिला फैला है। इसके पूर्व में फर्रुखाबाद, पश्चिम में अलीगढ़, मथुरा, उत्तर में बदायूँ तथा दक्षिण में फिरोजाबाद एवं मैनपुरी स्थित है। धरातल पर इसकी स्थिति 27°- 18", 28°-2" व 79°-17" पूर्वी देशान्तर के बीच है। इस जनपद की उत्तरी सीमा पर गंगा नदी बहती है जो इस जनपद (में) को बदायूँ जनपद से पृथक करती है।

केन्द्रीय सांख्यिकीय संगठन के अनुसार सन् 1971 में इस जनपद का क्षेत्रफल 4,4600 वर्ग किलोमीटर था। यह जनपद आकार की दृष्टि से प्रदेश में 35वें स्थान पर है। दक्षिण-पश्चिम से उत्तर-पूरब को इस जनपद की अधिकतम् लम्बाई 99 किलोमीटर है तथा उत्तर से दक्षिण अधिकतम् चौड़ाई 69 किलोमीटर है।

जनसंख्या—उत्तर प्रदेश 1988-89 के अनुसार जनपद की कुल जनसंख्या 18,58,692 है। इसमें 10,17,210 पुरुष तथा 8,41,482 स्त्रियाँ हैं जिसमें 6,459 स्त्री मुख्य कामगार, 1,831 स्त्री घरेलू मजदूर, 698 स्त्री खेतीहर मजदूर, 2240 स्त्री कृषि तथा 2690 स्त्री अन्य कामगार तथा 2,113 स्त्री आंशिक कामगार हैं।

1991 की जनगणना के अनुसार जनसंख्या अब बढ़कर 22,40,296 हो गयी है। इसमें ग्रामीण जनसंख्या 18,65,079 है तथा शहरी जनसंख्या 3,75,217 है। इससे स्पष्ट है कि इस जनपद की गत दशक में 18.32 प्रतिशत संख्या में वृद्धि हुई है। जनसंख्या में ब्राह्मण, ठाकुर, यादव, बनिया आदि जातियाँ नगरीय क्षेत्र में बढ़ी हैं। इसका कारण गाँवों से नगरों की ओर पलायन भी है।

जातियाँ—इस जनपद में ब्राह्मण, ठाकुर, यादव, बनिया, लोधे, बघेले,

मल्लाह, तेली, काछी, मुराव, नाई, धीमर, बंजारे, बढ़ई, गोस्वामी, कुम्हार, भड़भूजा, धीवी, अहेरिया, जाटव, कायस्थ, बड़गूजर हाबूड़े, बेडिई, सांसिये, महतर इत्यादि निवास करते हैं।

धर्म—इस जनपद में हिन्दू, मुसलमान, सिख, ईसाई, जैन, बौद्ध वगैरा सभी धर्मों के व्यक्ति रहते हैं। यहाँ के लोगों की भाषा हिन्दी है।

जनपद का प्राकृतिक भाग—काली नदी, जो उत्तर-पश्चिम से दक्षिण-पूरब को बहती है, जनपद को दो भागों में विभाजित करती है। काली नदी के दक्षिण पश्चिम में स्थित क्षेत्र में जलेसर तथा एटा तहसीलें विस्तृत हैं। यह क्षेत्रफल की दृष्टि से सम्पूर्ण जनपद का लगभग 50 प्रतिशत है। यह क्षेत्र कृषि की दृष्टि से बहुत उपजाऊ क्षेत्र है। काली नदी के उत्तर में स्थित भू-भाग पर कासगंज, पटियाली तथा अलीगंज तहसीलें फैली हैं। यह क्षेत्र कृषि की दृष्टि से अधिक उपजाऊ नहीं है। प्राकृतिक भिन्नता के आधार पर एटा जनपद को चार भागों में बाँटा जा सकता है :

1. **तराई क्षेत्र**—यह क्षेत्र गंगा नदी तथा इसकी मुख्य सहायक बूढ़ी गंगा द्वारा निर्मित खादर है, जो एक पट्टी के रूप में जनपद की उत्तरी सीमा पर फैला है। इस भाग की मिट्टी रेतीली है, जो अनउपजाऊ है। तराई क्षेत्र का धरातल असमतल है। सम्पूर्ण क्षेत्र में ढलुआ टीलों की तुलना में गड्ढे अधिक पाये जाते हैं। तराई क्षेत्र कासगंज तथा पटियाली तहसीलों के उत्तरी भागों में फैला है।

2. **पहारा क्षेत्र**—तराई क्षेत्र के दक्षिण पश्चिम की ओर लगभग तराई प्रदेश के समानान्तर फैली करीब 37 किमी. चौड़ाई की पट्टी पहारा क्षेत्र के नाम से जानी जाती है। यह गंगा तथा काली नदियों का दोआव प्रदेश है। यह क्षेत्र बूढ़ी गंगा के प्राचीन खादर के नाम से भी जाना जाता है। बूढ़ी गंगा का खादर कही-कहीं दोहरे किनारे वाला है। गंगा खादर की तुलना में बूढ़ी गंगा खादर अधिक कठोर है तथा कम दलदली है, इसलिए कृषि हेतु गंगा खादर की तुलना में अधिक उपयोगी है। इस प्रदेश के पूर्वी भाग में अनेक झीलें तथा गड्ढे पाये जाते हैं, जिनमें पीपर गाँव, कदेसू, राऊ तथा मोहम्मद नगर की झीलें प्रमुख हैं। यह क्षेत्र मुख्य रूप से कासगंज, एटा तथा अलीगंज तहसीलों में फैला है।

3. **ठकियाना क्षेत्र**—यह क्षेत्र मुख्य रूप से काली नदी की घाटी है। इस क्षेत्र में काली नदी अपनी सहायक नींव के साथ बहती हुई अनेक घुमाव बनाती है। इस प्रकार यह नदी अपने खादर का निर्माण करती है। इस सम्पूर्ण क्षेत्र में ढाक के पेड़ अधिकता में मिलते हैं। इसलिए इस क्षेत्र का नाम ठकियाना क्षेत्र पड़ गया है। इस क्षेत्र की मिट्टी बहुत अधिक उपजाऊ है। मुख्य रूप से यह क्षेत्र एटा तहसील में फैला है।

4. **दक्षिणी ऊसर क्षेत्र**—काली नदी के दक्षिण में स्थित भू भाग मुख्यतया ऊसर क्षेत्र है इस क्षेत्र का विस्तार सम्पूर्ण तहसील तथा मारहरा विकास खण्ड, सकीट विकास खण्ड तथा एटा विकास खण्ड के कुछ भाग पर पाया जाता है। इस प्रदेश में बलुई मिट्टी सामान्यतया कहीं भी नहीं मिलती है। सम्पूर्ण क्षेत्र में चिकनी दोमट तथा ऊसर मिट्टियाँ मिलती हैं। इस क्षेत्र में ईसन नदी अपनी दो सहायक नदियों अरिन्द तथा सेंगर के साथ बहती हैं।

भूमि—जनपद में मिट्टी की किस्में दोमट, मूड़, तराई तथा मटियार है। दोमट उपजाऊ मिट्टी है। मूड़ रेतीली मिट्टी है। नदियों के किनारे की मिट्टी चिकनी मिट्टी है। जनपद में खारे पानी के कारण तहसील जलेसर में ट्यूबबैल अधिकांशतः असफल हुए हैं। इसलिए इस तहसील के गाँवों में सूखे का प्रभाव अधिक है। विकास खण्ड निधौली कलां, अवागढ़, सकीट तथा जलेसर में ऊसर के क्षेत्र अधिक हैं। निधौलीकलां में ऊसर भूमि के सुधार हेतु भूमि संरक्षण इकाई कर रही है।

नदियाँ—जनपद में गंगा तथा काली नदी सतत् प्रवाहशील नदी है, जनपद में गंगा 74 किलोमीटर तथा काली नदी 127 किलोमीटर क्षेत्र में बहती है। ईसन, सेंगर तथा बूढ़ी गंगा मौसमी नदियाँ हैं। बूढ़ी गंगा, गंगा नदी की पुरानी धारा रही है।

उपर्युक्त नदियों के अलावा इस जनपद में अनेक झीलें तथा तालाब पाये जाते हैं इनमें रुस्तमगढ़ झील, थाना दरियाबगंज झील, सिकन्दरपुर झील तथा पाटना झील प्रमुख है इसके अतिरिक्त छोटी-छोटी झील एटा, अलीगंज, सहावर, सकीट, नौरथा, प्रहलादपुर इत्यादि हैं जो कि अक्सर ही सूख जाती हैं। इस जनपद में सिंचाई के लिए गंगा से नहरें निकाली गयी हैं। जैसे अपर गैंगेज कैनाल, लोअर गैंगेज कैनाल इससे शाख नहर भी निकाली गयी है।

1. समान्तर गंगा नहर
2. शाख नहर गंगा, कानपुर
3. शाख नहर गंगा, इटावा
4. अनूपशहर ब्रांच
5. हाथरस ब्रांच
6. फतेहगढ़ ब्रांच
7. शाख बेवर
8. शाख भोगनीपुर

उक्त नदियों, झीलों एवं नहरों से सिंचाई का कार्य पूर्ण रूपेण नहीं हो पाता है। अतः जनपद में सिंचाई हेतु बिजली के ट्यूब बैल सरकारी एवं गैर सरकारी लगे हैं।

जनपद के शुद्ध बोये जाने वाले क्षेत्र का लगभग 85 प्रतिशत सिंचित है जिसमें ट्यूबबैल द्वारा सिंचित क्षेत्र 66.7 प्रतिशत तथा नहरों द्वारा सिचिंत क्षेत्र 23.1 प्रतिशत है।

भूमि उपयोगिता—वर्ष 1989-90 के कृषि आंकड़ों के आधार पर जनपद का कुल-प्रतिवेदित क्षेत्रफल 443026 हैक्टेयर है इसमें वन 195 हैक्टेयर, ऊसर भूमि 1072 हैक्टेयर है तथा जनपद का शुद्ध बोया गया क्षेत्रफल 300622 हैक्टेयर है। फसल बोया गया क्षेत्रफल 485464 हैक्टेयर है।

आर्थिक कार्यकलाप—1981 की जनगणना के आधार पर जनसंख्या का आर्थिक वर्गीकरण इस प्रकार है :

1. कृषक	365769
2. कृषक मजदूर	64114
3. उद्योग पारिवारिक	12276
4. अन्य कर्मकार	82176

जनपद की अधिकांश जनसंख्या कृषि पर निर्भर है। जनपद एटा में कृषि का कार्य मुख्य व्यवसाय के रूप में किया जाता है।

फसलें—इस जनपद में गेहूँ, ज्वार, मक्का, उर्द, मूंग, अरहर, जौ, कपास, गन्ना प्रमुख रूप से पैदा होती है। घुइयाँ, आलू, रतालू, गोभी, बैंगन, भिण्डी, तोरई, ककड़ी, तरबूज, खरबूज, काशीफल, शकरकन्द, अदरक, खीरा एवं तम्बाकू खूब पैदा होता है।

उद्योग—इस जनपद के उद्‌योगों का वर्गीकरण इस प्रकार है :

क्र. सं	*उद्योग*	*स्थान*
1.	कालीन बनाना	कासगंज
2.	टेरीकॉट बीविंग	गंजडुंडवारा
3.	चूड़ी	मारहरा
4.	कृषि यन्त्र एवं सड़क परिवहन यन्त्र हिन्दुस्तान लीवर लि. कारखाना	एटा
5.	घण्टी, घुंघुरू एवं पीतल की मूर्ति	जलेसर
6.	शुगर मिल	न्यौली

बैंक—जनपद में 52 राष्ट्रीयकृत एवं 2 अनुसूचित व्यवसायिक बैंक शाखायें, 20 जिला सहकारी बैंक शाखायें, 5 उत्तर प्रदेश राज्य सहकारी कृषि एवं ग्राम्य विकास बैंक की शाखायें एवं 67 ग्रामीण बैंक शाखायें कार्यरत हैं।

आवागमन के साधन—आवागमन के साधनों में ग्रामीण साधनों के अतिरिक्त मुख्य साधन रेलें एवं सड़कें हैं। एटा जनपद में उत्तरी रेलवे की एटा-वरहन-टूण्डला सैक्शन शाखा फैली हैं तथा उत्तरी पूर्वी रेलवे की शाखायें इस प्रकार हैं-

1. **लखनऊ-अछनेरा सेक्शन**—यह लाइन लखनऊ से आगरा एवं जोधपुर तक जाती है। इरमके मध्य में कानपुर, कन्नौज, फर्रुखाबाद, कासगंज हाथरस एवं मथुरा प्रमुख स्टेशन हैं। किन्तु जनपद के स्टेशन-कासगंज गंजडुंडवारा, पटियाली, थाना दरियावगंज, गढका, सहावर, वधारीकला तथा मारहरा हैं।

2. **काठगोदाम-आगरा स्टेशन**—इस लाइन पर बरेली, कासगंज, हाथरस मथुरा प्रमुख स्टेशन हैं किन्तु इस लाइन पर जनपद के प्रमुख स्टेशन-कासगंज, सोरों, मानपुर नगरिया हैं।

सड़कें–सड़क परिवहन के अन्तर्गत इस जनपद में राजमार्ग, वृहद जनपदीय मार्ग, सामान्य जनपद मार्ग तथा ग्रामीण सड़कें फैली हैं। इस जनपद में स्टेट हाइवे की कुल लम्बाई 87 किमी. पाई जाती है। इसमें 43 किमी. की लम्बाई में ग्राण्ड ट्रंक रोड (जी.टी. रोड) तथा 44 किमी. लम्बाई में पीलीभीत-भरतपुर मार्ग फैला है। वृहद जनपदीय मार्गों की जनपद में कुल लम्बाई 161.59 किलोमीटर है। जनपद में पाँच प्रमुख वृहद जनपदीय मार्ग हैं-एटा-अलीगंज (50.43 किमी.), एटा-कासगंज (24.29 किमी.), एटा-टूण्डला (38.16 किमी.), एटा-शिकोहाबाद (18.28 किमी.) तथा अवागढ़-मथुरा (30.43 किमी.)। इनमें से तीन मार्गों पर रोडवेज बसें, परिवहन सुविधा प्रदान करती हैं। एटा-शिकोहाबाद मार्ग तथा अवागढ़-मधुरा मार्ग पर प्राइवेट बसें चलती हैं। सामान्यतया जनपद के सभी प्रमुख कस्बे जनपद मुख्यालय से रोडवेज या प्राइवेट बस परिवहन द्वारा जुड़े हैं। स्टेट हाइवे तथा वृहद जनपदीय मार्गों के अतिरिक्त जनपदीय मार्ग भी फैले हैं, जिनकी कुल लम्बाई 169.52 किमी. है जनपद में ग्रामीण मार्गों की कुल लम्बाई लगभग 404.80 किमी. है।

जनपद में रेल एवं बसों के साधनों में काफी वृद्धि हुई है। इससे गाँव, कस्बे एवं नगरों के बीच की दूरी समाप्त हुई है। आज आवागमन के साधनों के फलस्वरूप एक गांव का सम्बन्ध अपने पड़ौसी गांव से ही नहीं बल्कि ब्लॉक, तहसील, जिला, प्रान्त एवं देश से हो गया है।

शिक्षा–जनपद में साक्षरता का प्रतिशत 27 था। आज शिक्षा का प्रतिशत बढ़ाने हेतु औपचारिक एवं अनौपचारिक शिक्षा के प्रबन्ध में निरन्तर वृद्धि की जा रही है। जनपद में विभिन्न प्राइमरी स्कूल, जूनियर, उच्चतर, माध्यमिक एवं इण्टर कॉलेज हैं। उच्च शिक्षा हेतु 5 डिग्री कॉलेज हैं। इसके अतिरिक्त विभिन्न स्थानों पर ब्लाक एवं जिला स्तर से प्रौढ़ शिक्षा केन्द्र एवं आगनबाड़ी केन्द्र चल रहे हैं। औद्योगिक प्रशिक्षण केन्द्र, महिला औद्योगिक प्रशिक्षण केन्द्र एवं पौलीटेक्निक स्कूल भी जनपद में मौजूद हैं।

प्रशासनिक विभाग–एटा जनपद को प्रशासनिक आधार पर पांच तहसीलों में बाँटा गया है :

1. एटा सदर तहसील
2. पटियाली तहसील
3. जलेसर तहसील

4. अलीगंज तहसील

5. कासगंज तहसील

1. एटा सदर तहसील–यह जनपद के दक्षिणी भाग में फैली है। इस तहसील को चार विकास खण्डों में विभाजित किया गया है-मारहरा विकास खण्ड निधौली, कलां विकास खण्ड, शीतलपुर विकास खण्ड तथा सकीट खण्ड तथा सकीट विकास खण्ड।

2. पटियाली तहसील–यह तहसील जनपद के उत्तरी पश्चिमी किनारे पर फैली है। इस तहसील के उत्तरी सीमा पर गंगा नदी बहती है। इस तहसील को तीन विकास खण्डों में बाँटा गया है-सिढ़पुरा विकास खण्ड, पटियाली विकास खण्ड, गंजडुंडवारा विकास खण्ड। पटियाली तहसील का कुल क्षेत्रफल 892.32 वर्ग किलोमीटर है।

3. जलेसर तहसील–यह तहसील जनपद के दक्षिणी-पश्चिमी छोर पर स्थित है। इस तहसील का अधिकांश क्षेत्र गंगा यमुना के दुआव पर फैला है। इस तहसील को दो विकास खण्डों में विभाजित किया गया है-जलेसर विकास खण्ड, अवागढ़ विकास खण्ड।

4. अलीगंज तहसील–यह तहसील जनपद के दक्षिण पूर्वी भाग पर फैली है। इस तहसील में दो विकास खण्ड हैं-अलीगंज विकास खण्ड, जैथरा विकास खण्ड। इस तहसील का कुल क्षेत्रफल 647.20 वर्ग किलोमीटर है।

5. कासगंज तहसील–यह तहसील जनपद के उत्तरी पश्चिमी किनारे पर फैली है। इस तहसील का अधिकांश क्षेत्र काली नदी तथा गंगा के दुआव पर है। इसमें चार विकास खण्ड हैं-कासगंज विकास खण्ड, सोरों विकास खण्ड अमापुर विकास खण्ड, सहावर विकास खण्ड, इस तहसील का कुल क्षेत्रफल 1054.48 वर्ग किमी. है।

एटा जनपद के ब्लॉक (विकास खण्ड)–एटा जनपद को 10 विकास खण्डों (ब्लॉकों) में बाँटा गया है जो इस प्रकार हैं–

1. सोरों
2. अमापुर
3. कासगंज

4. मारहरा
5. निधौली कलां
6. गंजडुंडवारा
7. एटा
8. सहावर
9. पटियाली
10. अलीगंज।

अध्ययन का समग्र

तालिका 3.1

एटा जनपद की दशकीय जनसंख्या तथा वृद्धि दर

वर्ष	*जनसंख्या* पुरुष	स्त्री	योग	वृद्धि दर (दशक)
1971	555367	462881	1018248	–
1981	665281	589681	1254962	23.24
1991	785361	733762	1519123	21.04

उपरोक्त तालिका से स्पष्ट है कि एटा जनपद में जनसंख्या वृद्धि दर सन् 1981 में 23.24% तथा सन् 1991 में 21.04% रही।

तालिका 3.2

एटा जनपद में ग्रामीण जनसंख्या का आकार तथा वृद्धि दर

वर्ष	*ग्रामीण जनसंख्या* पुरुष	स्त्री	योग	वृद्धि दर (दशक)
1971	448779	375446	824225	–
1981	524343	430913	955256	15.83
1991	618346	508609	1126955	17.97

उपरोक्त तालिका से ज्ञात होता है कि एटा जनपद में सन् 1981 में ग्रामीण जनसंख्या वृद्धि दर 15.83% थी। जबकि सन् 1991 में यह वृद्धि दर 17.97% हो गयी।

तालिका 3.3

एटा जनपद की तहसीलवार जनसंख्या

तहसील	जनसंख्या पुरुष	जनसंख्या स्त्री	योग	प्रतिशत
एटा	360449	293441	653890	37.05
कासगंज	203654	156383	350037	19.84
अलीगंज	167983	144008	311991	17.69
जलेसर	133248	113904	247152	14.00
पटियाली	103967	97376	107774	11.42
योग	**959301**	**805112**	**1764413**	**100.00**

उपरोक्त तालिका के अध्ययन से ज्ञात होता है कि एटा तहसील में 37.05%, कासगंज तहसील में 19.84%, अलीगंज तहसील में 17.69%, जलेसर तहसील में 14% तथा पटियाली तहसील में 11.42% जनसंख्या निवास करती है। उपरोक्त तालिका से स्पष्ट है कि एटा तहसील में जनसंख्या का प्रतिशत सर्वाधिक है।

तालिका 3.4

एटा जनपद की तहसीलवार (ग्रामीण व नगरीय आधार पर) जनसंख्या

तहसील	शहरी		ग्रामीण		योग	
	जनसंख्या	प्रतिशत	जनसंख्या	प्रतिशत	जनसंख्या	प्रतिशत
एटा	266723	35.40	463248	32.98	809971	33.73
कासगंज	203941	27.06	738863	26.63	642804	26.78
अलीगंज	103601	13.75	308973	18.76	412574	17.18
जलेसर	98379	13.05	223237	13.54	321616	13.39
पटियाली	81004	10.74	133201	08.09	214205	08.92
योग	**753648**	**100.00**	**2401170**	**100.00**	**2401170**	**100.00**

उपरोक्त तालिका से स्पष्ट होता है कि सर्वाधिक शहरी जनसंख्या 266723 (35.4%) एटा तहसील में तथा सर्वाधिक ग्रामीण जनसंख्या 543248 (32.98%) भी एटा तहसील में है।

जनपदीय जनसंख्या में स्त्री पुरुष अनुपात

तालिका 3.5

स्त्री पुरुष अनुपात का विवरण व दशक वृद्धि दर

वर्ष	*पुरुष*	*स्त्री*	*योग*	*दशकीय वृद्धि*	*स्त्रियाँ प्रति 1000 पुरुष*
1971	655238	563289	1218527	–	859
1981	795623	665874	1461497	242970	836
1991	966975	798564	1765539	304042	825

उपरोक्त तालिका से ज्ञात होता है कि एटा जनपद में 1971 में 655238 पुरुष वर्गीय और 563289 स्त्री वर्गीय जनसंख्या थी जो कि 1981 में बढ़कर पुरुष वर्ग में 795623 और स्त्री वर्ग में 665874 हो गयी। इस प्रकार 1971 से 1981 के बीच जनसंख्या में 242970 का कुल दशकीय परिवर्तन हुआ। सन् 1991 के अनुसार पुरुषों की जनसंख्या 966975 तथा स्त्रियों की जनसंख्या 798564 थी। इस प्रकार 1981 से 1991 के बीच होने वाला दशकीय परिवर्तन 304042 रहा।

तालिका 3.6 से ज्ञात होता है कि सर्वाधिक जनसंख्या एटा विकास खण्ड में 192391 पायी गयी। इसमें स्त्री वर्ग की संख्या 82045 और पुरुष वर्ग की संख्या 110346 ज्ञात हुई। इसके पश्चात् कासगंज विकास खण्ड में 173491 जनसंख्या पाई गई, जिसमें पुरुष वर्ग की संख्या 99876 तथा स्त्री वर्ग संख्या 73615 है। इस प्रकार सम्पूर्ण जनपद में विकास खण्ड की स्त्री वर्ग की कुल जनसंख्या 572763 तथा पुरुष वर्ग की 740049 जनसंख्या रही है।

तालिका 3.7 से ज्ञात होता है कि एटा जनपद के ग्रामों में निवास करने वाले कुल 266311 परिवारों में से सर्वाधिक एटा तहसील में 79385, कासगंज तहसील में 65551, अलीगंज तहसील में 534844, जलेसर तहसील में 35281 तथा पटियाली तहसील में 31710 हैं।

तालिका 3.6

विकास खण्डवार स्त्री पुरुष अनुपात का विवरण

विकास खण्ड	*स्त्री*	*पुरुष*	*योग*
एटा	82045	110346	192391
कासगंज	73615	99876	173491
अलीगंज	68315	87613	155928
पटियाली	59804	61306	121110
सोरों	51001	63475	114476
अमापुर	43874	59989	103863
माहरहरा	41463	53742	95205
निधौलीकलां	63679	81001	144680
गंजडुंडवारा	49158	63085	112243
सहावर	38809	59616	98425
योग	**572763**	**740049**	**1311812**

तहसीलवार ग्राम तथा ग्रामीण परिवार

तालिका 3.7

तहसीलवार ग्राम तथा ग्रामीण परिवारों की संख्या

तहसील	*ग्रामों की संख्या*	*परिवारों की संख्या*
एटा	301	79385
कासगंज	261	65551
अलीगंज	248	35281
जलेसर	184	54384
पटियाली	169	31710
योग	**1163**	**266311**

जनसंख्या का शैक्षिक स्तर—एटा जनपद में सन् 1981 की जनगणना के अनुसार कुल जनसंख्या का ग्रामीण शिक्षित प्रतिशत 40 तथा शहरी शिक्षित

प्रतिशत 59.9 था जिसमें ग्रामीण शिक्षित पुरुषों का प्रतिशत 46.3 तथा शिक्षित स्त्रियों का 20.3 प्रतिशत है तथा शहरी शिक्षित पुरुषों का प्रतिशत 59.4 तथा शिक्षित स्त्रियों का 40.4 प्रतिशत है।

सन् 1991 की जनगणना के अनुसार ग्रामीण शिक्षित पुरुषों का प्रतिशत 57.7 तथा शिक्षित स्त्रियों का प्रतिशत 27.3 है। शहरी शिक्षित पुरुषों का प्रतिशत 68.9 तथा शिक्षित स्त्रियों का 49.6 प्रतिशत है। जोकि निम्न तालिका से स्पष्ट होता है :

तालिका 3.8

जनसंख्या का शैक्षणिक स्तर सापेक्ष विभाजन

विवरण	*शिक्षित पुरुषों का प्रतिशत*	*शिक्षित स्त्रियों का प्रतिशत*	*कुल जनसंख्या का शिक्षित प्रतिशत*
1981 की जनगणना			
ग्रामीण	46.3	20.3	40.0
शहरी	59.4	40.4	59.9
योग	**105.7**	**60.7**	–
1991 की जनगणना			
ग्रामीण	57.7	27.3	41.7
शहरी	68.9	49.6	58.2
योग	**126.6**	**76.9**	–

जनसंख्या का ग्रामीण-नगरीय विभाजन लिंगभेदानुसार

दशक 1981 की तुलना में 1991 में ग्रामीण व शहरी तथा स्त्री व पुरुष वर्ग के आकार में परिवर्तन निम्न तालिका में किया गया है। तालिका के आंकड़ों के विश्लेषण तथा तत्सम्बन्धित विवेचन से स्पष्ट होता है कि ग्रामीण अंचलों में जनसंख्या वृद्धि की दर नगरीय से काफी अधिक है। वर्ष 1981 तथा वर्ष 1991 के तुलनात्मक आंकड़े निम्नवत हैं :

तालिका के अवलोकन तथा सम्बन्धित विवेचन से ज्ञात होता है कि 1981 में जनगणना के अनुसार पुरुष वर्गीय जनसंख्या 623791 ग्रामों में तथा 360843

तालिका 3.9

ग्रामीण नगरीय जनसंख्या का विवरण

विवरण	*पुरुष*	*स्त्री*	*योग*
1981 की जनगणना			
ग्रामीण	623791	523001	1146792
शहरी	360843	343143	703986
1991 की जनगणना			
ग्रामीण	714003	601232	1315235
शहरी	325110	299563	624673

शहरों में रहती है जबकि स्त्री वर्गीय जनसंख्या ग्रामों में 523001 तथा शहरों में 343143 पायी गई। 1991 में पुरुष वर्ग की संख्या बढ़ कर ग्रामों में 714003 तथा शहरों में 325110 हो गयी तथा स्त्री वर्ग की संख्या ग्रामों में बढ़कर 601232 और शहरों में 299563 पायी गयी।

जनसंख्या का आयु सापेक्ष विभाजन

जनसंख्या के आयु वर्गीय सापेक्षता के आधार पर जनसंख्या का विभाजन 0-4, 5-9, 10-14, 15-19, 20-24, 25-29, 30-34, 35-39, 40-44, 45-49, 50- 54, 55-59 और 60 वर्ष से अधिक के वर्ग अन्तरालों में विभाजित करके इसका विस्तृत विवरण निम्न तालिका में किया गया है। यदि तालिका के आँकड़ों का विश्लेषण किया जाये तो हम पाते हैं कि पुरुष वर्ग 0-14 वर्ष के मध्य का प्रतिशत 41.7, 15-29 वर्ष के मध्य 24.6 प्रतिशत, 30 से 44 वर्ष के मध्य 16.3 प्रतिशत तथा शेष 45 से ऊपर आयु वर्ग का प्रतिशत 17.4 है जबकि महिला वर्ग में 0-14 वर्ष के मध्य का प्रतिशत 40.8, 15-29 वर्ष के मध्य प्रतिशत 24.2, 30 से 44 वर्ष के मध्य प्रतिशत 17.9 और शेष 45 वर्ष से ऊपर की उम्रों का प्रतिशत 19.1 पाया गया है। उल्लेखनीय है कि 60 वर्ष अधिक उम्र के पुरुष तथा महिलाओं के प्रतिशत क्रमशः 6.6 तथा 6.2 पाया गया है जबकि कुल जनसंख्या का औसत 6.5 प्रतिशत पाया गया है।

तालिका 3.10

जनसंख्या का आयु सापेक्ष विभाजन
(सांख्यकीय पत्रिका 1991 के अनुसार)

आयु वर्ग (वर्षों में)	*पुरुष जनसंख्या (प्रतिशत में)*	*स्त्री जनसंख्या (प्रतिशत में)*	*कुल जनसंख्या (प्रतिशत में)*
0-4	12.3	13.4	12.8
5-9	15.0	14.7	15.0
10-14	14.4	12.7	13.7
15-19	10.2	8.4	9.3
20-24	7.8	8.4	8.0
25-29	6.6	7.4	6.9
30-34	5.5	6.4	5.9
35-39	5.2	6.1	5.5
40-44	5.4	5.4	5.3
45-49	4.3	4.6	4.5
50-54	4.4	3.6	4.1
55-59	2.3	2.6	2.5
60 वर्ष से अधिक	6.6	6.2	6.5
योग	**100.0**	**100.0**	**100.0**

निदर्शन एवं अध्ययन इकाइयों का चयन क्यों और कैसे?

अध्ययन से सम्बन्धित उद्देश्यों तथा परिकल्पनाओं का निर्माण कर लेने के पश्चात् अनुसन्धानकर्ता के समक्ष सबसे बड़ी समस्या अध्ययन की इकाइयों का चयन करने की होती है, जो किसी भी शोध एवं सर्वेक्षण की आधारशिला होती है; साथ ही यह आधारशिला जितनी सुदृढ़ होगी, अध्ययन के परिणाम उतने ही अधिक सार्थक, विश्वसनीय, मौलिक, वैध, परिशुद्ध तथा वस्तुनिष्ठ होंगे। सामान्य अर्थ में किसी समग्र में से कुछ प्रतिशत में प्रतिनिधि इकाइयों को चुनकर किया गया अध्ययन 'निदर्श अध्ययन' कहलाता है। जिस प्रविधि (तकनीक) से निदर्शन लिया (चुना) जाता है, निदर्श पद्धति और ऐसी चुनी गयी इकाइयों को

निदर्शित कहा जाता है। अतः निदर्शन एवं सांख्यकीय प्रतिदर्श है एवं निदर्शितों के चुनने के यह योजना निदर्शन के चयन में निदर्शन-अभिकल्प (सेम्पिलिंग डिजायन) कहलाती है; जिसका प्रयोग वर्णनात्मक विश्लेषण में सर्वोत्तम माना जाता है। वर्तमान में निदर्शन प्रणाली का प्रयोग विशेषतः सामाजिक विज्ञानों के शोध अध्ययन में दिन प्रतिदिन बढ़ता ही जा रहा है, क्योंकि निदर्शन एक ऐसी पद्धति है जिसका सम्बन्ध (एक बड़े समग्र को लघु रूप में देखना होता है), समग्र के सदस्यों के उस छोटे समूह से होता है जिसमें कि एक विशाल समूह की इकाइयों के लक्षण विद्यमान होते हैं; का प्रतिनिधित्व करती है अर्थात् निदर्शन एक विस्तृत समूह का वह लघु अंश होता है; जिसमें उस समूह के समस्त गुण धर्म विद्यमान होते हैं। निदर्शन प्रणाली के प्रयोग में लाने सम्बन्धी कुछ महत्वपूर्ण विशेषताएँ निम्न हैं-

1. निदर्शन, समग्र के गुणों का प्रतिनिधित्व करती है।
2. निदर्शन, समग्र की अपेक्षा आकार में सीमित व लघु होती है।
3. समग्र में से चयनित कुछ ही निदर्श इकाइयों से शोध अध्ययन पूर्ण किया जा सकता है।
4. यह पद्धति तार्किक तथा वैज्ञानिक है।
5. यह पद्धति अध्ययनकर्ता को पक्षपात तथा मिथ्या झुकाव से बचाती है, इत्यादि।

इस प्रकार एक अध्ययनकर्ता को निदर्शन से उपर्युक्त के अतिरिक्त भी निम्न लाभ (सुविधाएँ) होते हैं जिसकी बजह से शोधकर्त्ता ने इसे चुना है।

जब अनुसन्धानकर्ता को समग्र के विषय में शोध अध्ययन के लिए प्राथमिक तथ्य संकलित करने होते हैं, तो वस्तुनिष्ठ जानकारी के लिए समग्र की समस्त इकाइयों से सम्पर्क करके आंकड़े संकलित करना प्रायः असम्भव ही होता है। समय, धन तथा शारीरिक व मानसिक श्रम की कमी, अनुसन्धानकर्ता को विवश करती है कि वह समग्र में से कुछ प्रतिनिधि इकाइयों का चयन करके सीमित समय, धन तथा श्रम के द्वारा सूक्ष्म से सूक्ष्म, मौलिक तथा अधिकाधिक जानकारियाँ हासिल करके सर्वेक्षण कार्य सम्पन्न करे और अनुसन्धान सम्बन्धी (प्राथमिक आंकड़े) समुचित मात्रा में संकलित करे। इस प्रकार एक अध्ययनकर्ता विस्तृत तथा विशाल अध्ययन-क्षेत्र में न भटककर; एक सीमित तथा उपयुक्त

क्षेत्र की इकाइयों से अध्ययन पूर्ण कर सकता है। **गुडे एण्ड हाट** के अनुसार निदर्शन एक वैज्ञानिक, उपयुक्त एवं सरल प्रणाली है जिसके द्वारा उस क्षेत्र व अध्ययन सामग्री के बारे में सही और पूर्णतः गहन, विस्तृत, सूक्ष्म से सूक्ष्म जानकारी प्राप्त कर सकता है। इस प्रकार निष्कर्ष रूप में कहा जा सकता है कि शोधकर्त्ती कुछ ही चयनित (निदर्शित) इकाइयों द्वारा एक सीमित व लघु क्षेत्र से ही अध्ययनपूर्ण कर लेती है। द्वितीय; सीमित इकाइयों से उचित, मौलिक, गहन एवं विस्तृत सूचनाएं संकलित करना सरल तथा सम्भव होता है; जो कि एक विस्तृत अध्ययन क्षेत्र से कदापि संभव नहीं होता; तृतीय; अध्ययन-सामग्री सीमित हो जाने के कारण अनुसन्धानकर्ता सतर्क रहकर अध्ययन की सार्थकता एवं गहराई पर अपेक्षाकृत अधिक ध्यान दे सकता है, चतुर्थ; इस प्रणाली के द्वारा ही संकलित की गयी प्राथमिक सूचनाओं की परीक्षा एवं पुनर्परीक्षा करना सम्भव होता है; पंचमः क्षेत्रीय तथ्यों के संकलन में समय, श्रम तथा धन न्यूनतम अपव्यय होता है, षष्ठमः यह वैज्ञानिक प्रविधि है सप्तमः समग्र के गुणों का प्रतिनिधित्व करती है। अतः शोधकर्त्ती ने 'वृद्ध जनों की समस्याएं एक समाजशासीय अध्ययन' (एटा जनपद के विशेष सन्दर्भ में) करने के लिए स्तरित निदर्शन पद्धति से सूचनादाताओं का चुनाव किया है।

अध्ययन का निदर्श

निदर्श एवं निदर्शितों का चयन–अध्ययन के लिए एटा जनपद के (60 तथा 60 वर्ष से अधिक उम्र के नागरिकों में से) प्रत्येक तहसील से 60 अर्थात् कुल 300 वृद्धजनों का चयन स्तरित निदर्शन एवं ताकि हिन्दू धर्म की विभिन्न जातियों, उम्र, लिंग, शैक्षिक स्तर, वैवाहिक स्तर तथा सामाजिक आर्थिक स्तरों के सूचनादाताओं का चयन सम्भव हो सके।

निदर्श अभिकल्प (Sampling Design)–एटा जनपद की प्रत्येक तहसील से 60-60 निदर्शित वृद्धों का चयन स्तरित निदर्शन एवं दैव निदर्शन की लाटरी पद्धति द्वारा किया गया है। जो निम्न तालिका 3.11 से स्पष्ट होता है–

एटा जनपद के 10 विकास खण्डों में से प्रत्येक विकासखण्ड से 30-30 निदर्शितों का चयन स्तरित एवं दैव निर्दशन का लाटरी पद्धति द्वारा किया गया है जिसके चयन पर निम्न तालिका 3.12 संक्षिप्त प्रकाश डालती है–

तालिका 3.11

चयनित सूचनादाताओं का निदर्श अभिकल्प

क्रमांक	*तहसील*	*पुरुष (60+)*	*महिलायें (60+)*	*योग*	*चयनित निदर्श लाटरी पद्धति से*
1.	एटा	1326	1024	2350	60
2.	कासगंज	1302	1046	2348	60
3.	अलीगंज	1288	1062	2350	60
4.	जलेसर	1278	1070	2348	60
5.	पटियाली	1263	1085	2348	60
	योग	**6457**	**5287**	**11744**	**300**

(नोट-निदर्शन का चयन तहसीलों में वृद्धों के योग का 2.5 प्रतिशत अर्थात् प्रत्येक में से 60-60 व्यक्तियों को चुना गया है)

तालिका 3.12

चयनित वृद्ध सूचनादाताओं का निदर्श अभिकल्प

क्रमांक	*विकास खण्ड का नाम*	*पुरुष (60+)*	*महिलायें (60+)*	*योग*	*चयनित निदर्श लाटरी पद्धति से*
1.	एटा	650	523	1173	30
2.	कासगंज	648	523	1171	30
3.	अलीगंज	648	529	1177	30
4.	पटियाली	646	531	1177	30
5.	सोरों	642	532	1174	30
6.	अमापुर	647	527	1174	30
7.	मारहरा	647	526	1173	30
8.	निधौली कलां	646	530	1176	30
9.	गंजडुंडवारा	639	532	1171	30
10.	सहावर	644	533	1177	30
	योग	**6457**	**5286**	**11743**	**300**

(नोट-निदर्शन का चयन विकास खण्डों से वृद्धों के योग का 2.5 प्रतिशत अर्थात् प्रत्येक में से 30-30 व्यक्तियों को चुना गया है।)

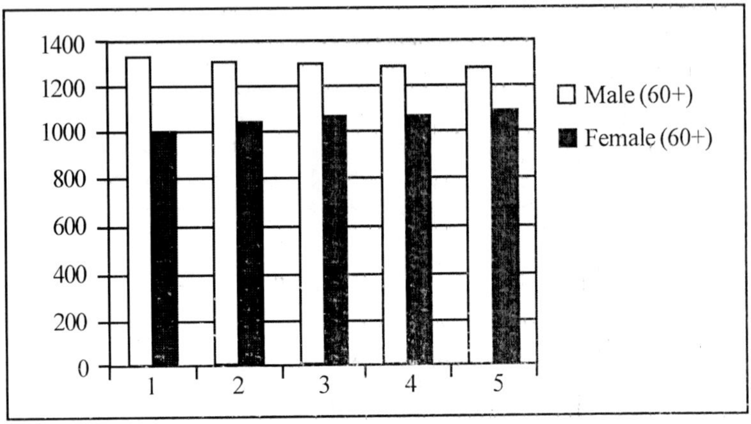

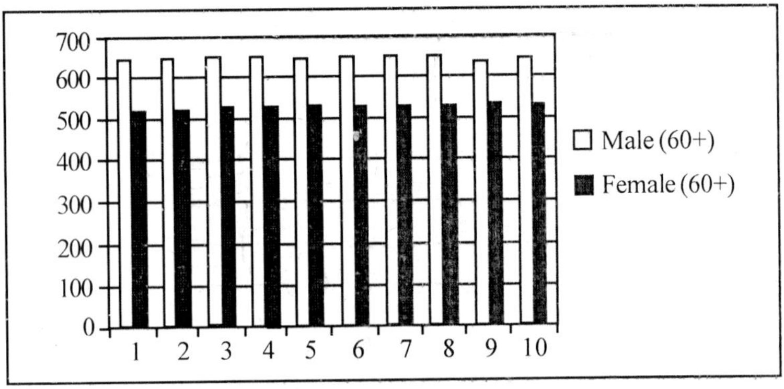

तथ्यों का संकलन—अध्ययन क्षेत्र तथा अध्ययन की इकाइयों का चुनाव कर लेने के पश्चात् विषय से सम्बन्धित तथ्यों का संकलन किया जाता है यह वैज्ञानिक अनुसंधान का सबसे महत्वपूर्ण चरण है। तथ्यों का संकलन करते समय उनमें वस्तुनिष्ठता का पाया जाना अनिवार्य है। अनुसंधानकर्ता द्वारा संकलित तथ्य जितने अधिक विश्वसनीय होते हैं, उतने ही अधिक वैज्ञानिक तथा उपयोगी निष्कर्षों का प्रतिपादन किया जा सकता है। इसी दृष्टिकोण से प्रत्येक अनुसंधानकर्ता न केवल अनेक विधियों और उपकरणों की सहायता से सामग्री एकत्रित करता है बल्कि उन स्त्रोतों को भी जानने का प्रयास करता है, जिनके माध्यम से उपयोगी तथा विश्वसनीय सामग्री एकत्र की जाती है। सामग्री अर्थात् तथ्य संकलन के ये स्त्रोत प्राथमिक भी हो सकते हैं और द्वैतीयक भी।

प्राथमिक स्त्रोतों के माध्यम से अनुसंधानकर्ता मौलिक एवं वास्तविक तथ्य एकत्र करती है। ये तथ्य अनुसंधानकर्ता द्वारा स्वयं घटनास्थल पर जाकर वास्तविक निरीक्षण, अनुसूची, साक्षात्कार आदि के माध्यम से एकत्र किये जाते हैं।

प्रश्नावली के द्वारा भी प्राथमिक सूचनाएँ एकत्र की जाती हैं। लेकिन प्रश्नावली चूँकि डाक द्वारा सूचनादाताओं के पास भेज दी जाती है। इसलिए उसका प्रयोग केवल शिक्षित व्यक्तियों से ही सूचना प्राप्त करने के लिए किया जाता है। क्योंकि घटनास्थल पर अनुसंधानकर्ता स्वयं उपस्थित नहीं होता है।

प्राथमिक तथ्य–प्राथमिक तथ्य वे मौलिक सूचनायें या आंकड़े हैं, जिन्हें अध्ययनकर्त्ता अध्ययन क्षेत्र में जाकर विषय से सम्बन्धित जीवित व्यक्तियों से साक्षात्कार करके अथवा अनुसूची व प्रश्नावली की सहायता से एकत्र करती है। प्राथमिक तथ्य प्राथमिक इस प्रकार हैं कि उन्हें अध्ययनकर्त्ता अपने अध्ययन उपकरणों की सहायता से प्रथम बार एकत्र करती है। प्राथमिक तथ्यों को एकत्रित करने के दो स्त्रोत हैं–

(अ) एक तो जीवित व्यक्तियों से

(ब) प्रत्यक्ष निरीक्षण द्वारा

प्रस्तुत शोध अध्ययन में शोधकर्त्री ने अपने विषय से सम्बन्धित कार्यरत महिलाओं से साक्षात्कार तथा प्रत्यक्ष निरीक्षण के द्वारा सामग्री का संकलन किया है। द्वैतीयक स्त्रोतों के अन्तर्गत व्यक्तिगत प्रलेख जैसे पत्र, डायरी, जीवन, इतिहास आदि सार्वजनिक प्रलेख जैसे सरकारी और गैर सरकारी संस्थाओं की सर्वेक्षण रिपोर्ट, प्रकाशित या अप्रकाशित शोध ग्रंथ, जनगणना रिपोर्ट, समितियों तथा आयोगों की रिपोर्ट, शिलालेख, पत्र पत्रिकाओं आदि के माध्यम से अनुसंधानकर्त्ता अपने विषय से सम्बन्धित ऐसे द्वैतीयक तथ्य एकत्रित करता है, जिन्हें प्राथमिक स्त्रोतों के माध्यम से एकत्रित करना सम्भव नहीं है। चूँकि ये द्वैतीयक स्त्रोत दूसरे व्यक्तियों द्वारा लिखित होते हैं, इसलिए उनके प्रयोग के समय इनकी सत्यता के बारे में बहुत सावधानीपूर्वक जांच करने के बाद ही करना चाहिए।

द्वैतीयक तथ्य–द्वैतीयक तथ्य वे सूचनायें या आंकड़े हैं जो कि अनुसंधानकर्ता को प्रकाशित, अप्रकाशित प्रलेखों, रिपोर्ट, सांख्यिकी, पाण्डुलिपि आदि से प्राप्त

होती है। द्वैतीयक तथ्य की विशेषता यह है कि ये तथ्य स्वयं अनुसंधानकर्ता द्वारा एकत्रित किये हुए नहीं होते वे किसी अन्य व्यक्ति या संस्था द्वारा संकलित किये होते हैं। द्वैतीयक तथ्यों के भी दो स्त्रोत होते हैं–

1. **व्यक्तिगत प्रलेख**–जैसे आत्मकथा, डायरी, पत्र आदि।

2. **सार्वजनिक प्रलेख**–जैसे रिकार्ड, पुस्तकें, जनगणना रिपोर्ट, समाचार-पत्र व पत्रिकाओं में प्रकाशित सूचना, आदि।

(अ) जनसंख्या सम्बन्धी आँकड़े–द्वैतीयक तथ्यों के संकलन के एक स्त्रोत के रूप में जनसंख्या सम्बन्धी आँकड़ों का अत्यधिक महत्व होता है। भारतवर्ष में प्रत्येक 10 वर्ष बाद जनगणना का आयोजन करके सामाजिक तथा आर्थिक क्षेत्र में सूचनाएँ एकत्रित की जाती हैं, जो शोधकार्य में अत्यन्त महत्वपूर्ण होती हैं। प्रस्तुत अध्ययन में एटा जनपद की कुल जनसंख्या, जनसंख्या का घनत्व, पुरुष एवं स्त्रियों की संख्या, मुख्य कामगार (पुरुष-स्त्री) आदि सांख्यिकीय आँकड़ों को प्राप्त करने के लिए विशेष रूप से 1981-89 ई. का प्रयोग किया गया है।

(ब) प्रकाशित प्रलेख–अनेक सरकारी तथा गैर सरकारी संस्थायें जब प्राथमिक रूप से तथ्यों का संकलन करके उन्हें जन सामान्य के उपयोग के लिए प्रकाशित कर देती हैं तो ये ही प्रकाशित प्रलेख आगामी शोध कार्यों के लिए तथ्य संकलन के द्वैतीयक स्त्रोत बन जाते हैं।

1. **विभिन्न समाजसेवी संगठनों के प्रतिवेदन**–इसमें विशेष रूप से विभिन्न वृद्ध संगठनों की सिफारिशों एवं प्रतिवेदनों के माध्यम से वृद्ध जनों की समस्याओं को स्पष्ट किया है।

2. **पत्र-पत्रिकाओं की रिपोर्ट**–समाचार-पत्र पत्रिकाओं में प्रकाशित लेखों, समाचारों आदि की सहायता ली गई है। इनमें दैनिक समाचार पत्र अमर उजाला, दैनिक जागरण, पंजाब केसरी, नवभारत टाइम्स, हिन्दुस्तान और पत्रिकाओं में मनोरमा, गृहशोभा, सरिता, समाज कल्याण आदि का नाम उल्लेखनीय है।

3. **अन्य प्रकाशित प्रलेख**–विभिन्न विद्वानों के प्रकाशित सन्दर्भ ग्रन्थों से बहुमूल्य द्वैतीयक सामग्री को प्राप्त किये बिना शायद प्रस्तुत अध्ययन का स्पष्ट विश्लेषण कर पाना अवश्य ही कठिन था। कार्यालय

संख्याधिकारी, अर्थ एवं संख्या प्रभाग, जनपद एटा द्वारा प्रकाशित सांख्यिकीय पत्रिका, 1986-87 से सम्बन्धित तथ्यों और आंकड़ों को संकलित करने के लिए प्रयोग किया गया है।

4. **अप्रकाशित प्रलेख**–इन अप्रकाशित प्रलेखों में अनेक लेखकों के, वृद्धजनों की समस्याओं से सम्बन्धित अप्रकाशित लेखों का भी सहारा लिया गया है।

शोधकर्त्ता ने प्रस्तुत शोध अध्ययन में सहायतार्थ सार्वजनिक प्रलेखों का उपयोग किया है।। एटा जनपद की भौगोलिक स्थिति के अध्ययन हेतु एटा सूचना एवं जनसम्पर्क विभाग द्वारा प्रकाशित पुस्तक से सहायता ली गई। एटा जनपद की जनसंख्या, एटा जनपद से सम्बन्धित आंकड़े संख्याधिकारी कार्यालय, एटा द्वारा प्रकाशित सांख्यकीय पुस्तिका से लिये गये हैं। उत्तर प्रदेश वार्षिकी 1988-89 से भी आंकड़े लिए गये हैं। वृद्धजनों की संख्या ज्ञात करने के लिए राजकीय कोषागार एवं समाज कल्याण विभाग से उपलब्ध आँकड़ों का उपयोग किया गया है।

प्रस्तुत अध्ययन में वृद्धजनों की समस्याओं का अध्ययन करने के लिए शोधकर्त्ता ने प्राथमिक एवं द्वैतीयक दोनों ही स्त्रोतों के माध्यम से वास्तविक और उपयोगी तथ्यों का संकलन किया है। प्राथमिक स्त्रोतों के अन्तर्गत विशेष रूप से निरीक्षण, साक्षात्कार तथा अनुसूची का प्रयोग किया गया है। विषय की गहराई तक पहुँचने के लिए शोधकर्त्ता ने निरीक्षण, अनुसूची, साक्षात्कार, साक्षात्कार के माध्यम से ही वास्तविक मौलिक तथ्यों को एकत्रित किया है। द्वैतीयक स्त्रोतों से प्राप्त सांख्यिकीय आकड़ों तथा तथ्यों और विभिन्न प्रकार के प्रकाशित या अप्रकाशित प्रतिवेदनों के माध्यम से शोध विषय का विश्लेषण करना सम्भव हो जाता है। इसलिए प्रस्तुत अध्ययन के अन्तर्गत शोधकर्त्ता ने अवश्यकतानुसार जनगणना रिपोर्ट समाचार-पत्रिकाओं, जनरल आदि अनेक प्रलेखों के माध्यम से द्वैतीयक सूचनाएं एकत्र की हैं। लेकिन इन द्वैतीयक तथ्यों का प्रस्तुत अध्ययन के विश्लेषण में प्रयोग करने से पहले उनकी सत्यता की सावधानीपूर्वक परीक्षा की गयी है।

अध्ययन में प्रयुक्त पद्धतियाँ एवं प्रविधियाँ

किसी भी अनुसन्धान कार्य को वैज्ञानिकता प्रदान करने के लिए एकाधिक व्यवस्थित अध्ययन पद्धतियों का अपनाया जाना स्वाभाविक ही है। स्टुअर्ट चेज

(1965 : 96) का कहना है कि ''विज्ञान का सम्बन्ध वैज्ञानिक पद्धतियों से होता है न कि विषय सामग्री से''। अध्ययन विषय से सम्बन्धित वैषयिक निष्कर्ष प्राप्त करने के लिए अनुसन्धानकर्ता को निरीक्षण, तथ्य-संकलन, वर्गीकरण, परीक्षण, अलग परीक्षण तथा सामान्यीकरण जैसे कई जटिल मार्गों से गुजरना पड़ता है; क्योंकि वस्तुनिष्ठ निष्कर्षों को प्राप्त करने तथा उद्घाटित करने के लिए कोई संक्षिप्त मार्ग नहीं है। इस प्रसंग में **सर्वश्री कार्ल पीयरसन (1911 : 1)** ने लिखा है कि–"सत्य को खोजने के लिए कोई संक्षिप्त मार्ग नहीं है; और न ही समग्र के बारे में ज्ञान प्राप्त करने का कोई अन्य तरीका है, बल्कि इसके लिए वैज्ञानिक पद्धतियों के द्वार से ही गुजरना पड़ेगा। **श्रीमती पी.वी. यंग (1960 : 44)** के कथनानुसार: "एक सामाजिक अनुसन्धान; वह वैज्ञानिक योजना है जिसका उद्देश्य तार्किक तथा क्रमबद्ध पद्धतियों द्वारा नवीन तथ्यों की खोज करना, कारण सहित व्याख्याओं और उनको संचालित करने वाले स्वाभाविक नियमों का विश्लेषण करना है।" अत: किसी भी सामाजिक समस्या का अध्ययन करने के लिए उपयुक्त पद्धतियों एवं प्रविधियों का चयन तथा अनुप्रयोग वाँछित ही नहीं, अपित अनुसन्धान कार्य की एक अनिवार्य आवश्यकता होती है।

प्रविधियाँ तथा उपकरण–सामाजिक अनुसंधान का उद्देश्य एक घटना विशेष के सन्दर्भ में वैज्ञानिक निष्कर्ष निकालना होता है। यह निष्कर्ष वास्तविक तथ्यों पर आधारित यथार्थ व निश्चित निष्कर्ष होता है। वास्तविक तथ्यों को काल्पनिक ढंग से एकत्रित नहीं किया जा सकता है। इसके लिए कुछ प्रमाण सिद्ध तरीकों का होना आवश्यक है। सामाजिक अनुसंधान के लिए आवश्यक वास्तविक तथ्यों को एकत्रित करने के लिए काम में लाये गये निश्चित व प्रमाण सिद्ध तरीकों को ही प्रविधि कहा जाता है।

प्रविधि का अर्थ–वैज्ञानिक विश्लेषण और व्याख्या के लिए जिन वास्तविक तथ्यों की आवश्यकता होती है, उन्हें एकत्रित करने के लिए अनुसंधानकर्ता जिस विधि को अपनाता है उसे प्रविधि कहते हैं। "प्रविधि वास्तव में वह साधन है, जिसके माध्यम से अनुसंधान के लिए आवश्यक वास्तविक तथ्यों, सूचनाओं तथा आंकड़ों का संकलन किया जाता है।"

प्रो. मोजर के अनुसार–"प्रविधियाँ एक सामाजिक वैज्ञानिक के लिए वे मान्य व सुव्यवस्थित तरीके हैं जिन्हें वह अपने अध्ययन विषय से सम्बन्धित

विश्वसनीय तथ्यों को प्राप्त करने के लिए उपयोग में लाता है। इस प्रकार प्रविधि वह निश्चित तरीका है जो कि सामाजिक वैज्ञानिक को उसके अध्ययन विषय से सम्बन्धित निर्भर योग्य तथ्यों को इकट्ठा करने में मदद करता है।

प्रस्तुत शोध अध्ययन को वैज्ञानिकता प्रदान करने के लिए निम्नलिखित प्रविधियाँ उपयोग में लाई गयी हैं।

अध्ययन-विषय के महत्व को ध्यान में रखते हुए शोधकर्ती ने 'साक्षात्कार-अनुसूची' साक्षात्कार की प्रत्यक्ष पूछताछ प्रणाली एवं प्रत्यक्ष अवलोकन पद्धतियों को अपनाया है, जिनकी संक्षिप्त समाजशास्त्री विवेचना निम्नांकित है–

साक्षात्कार-अनुसूची

प्रत्येक समाज वैज्ञानिक अनुसन्धान के अन्तर्गत प्राथमिक तथा द्वितीयक तथ्यों का संकलन करना, सामाजिक शोध की महती आवश्यकता होती है। द्वैतीयक तथ्य अध्ययन-समस्या से सम्बन्धित लिखित प्रलेख होते हैं; जबकि प्राथमिक तथ्य विषय की वर्तमान वास्तविकता होते हैं। वास्तविक तथा मौलिक क्षेत्रीय तथ्यों को संकलित करने एवं अनावश्यक तथा व्यर्थ की सामग्री के संकलन से बचने के लिए एक शोधकर्त्ती को अनेकों वैज्ञानिक उपकरणों तथा प्रविधियों का प्रयोग करना पड़ता है; अनुसूची उनमें से एक महत्वपूर्ण उपकरण है। अनुसूची, प्रश्नों का वह व्यवस्थित संकलन है जिसमें समस्या के उद्देश्यों की पूर्ति निहित रहती है जो अध्ययन से सम्बन्धित महत्वपूर्ण सूचनाओं को संकलित कराती है। इसके लिए कोई व्यवस्थित तरीका होना चाहिए, जिससे कि केवल उन्हीं तथ्यों को संकलित करना सम्भव हो जो कि हमारे अध्ययन-विषय की वास्तविकताओं को सही और संक्षेप में व्यक्त करें और व्यर्थ की सामग्री का ढेर एकत्रित न होने पावे। इस उद्देश्य की पूर्ति के लिए जिन-जिन उपकरणों का प्रयोग एक अनुसन्धानकर्ता करता है; उनमें से साक्षात्कार अनुसूची एक प्रमुख पद्धति है; क्योंकि इसके द्वारा अशिक्षित तथा शिक्षित दोनों प्रकार के सूचनादाताओं से मौलिक तथ्य संकलित किये जा सकते हैं। अवधारणात्मक दृष्टि से ''अनुसूची, वास्तव में प्रश्नों की एक लिखित सूची होती है जिसको शोधकर्त्ती अपने शोध-विषय की प्रकृति और उद्देश्यों को ध्यान में रखकर तैयार करती है, जिससे कि उन लिखित प्रश्नों के उत्तर सम्बन्धित सूचनादाताओं से मालूम किये जा सकें और इस प्रकार आवश्यक सूचनाएँ एकत्रित करने की प्रक्रिया को व्यवस्थित सके।''

सर्वश्री गुडे सर्वश्री गुडे एण्ड हाट (1952 : 5) के अनुसार, "अनुसूची, उन प्रश्नों के एक समूह का नाम है, जो साक्षात्कारकर्ता द्वारा किसी अन्य व्यक्ति के आमने-सामने की स्थिति में पूछे भरे जाते हैं।"

सर्वश्री बोगाईस (1968 : 45) के अनसार, "अनुसूची उन तथ्यों को प्राप्त तथा संकलित करने की औपचारिक प्रणाली का प्रतिनिधित्व करती है, जो वैषयिक रूप में है तथा सरलता से प्रत्यक्ष योग्य है।"

इस प्रकार उपरोक्त प्रतिनिधि परिभाषाओं के प्रकाश में स्पष्ट तौर पर यह कहा जा सकता है कि "अनुसूची, अध्ययन समस्या से सम्बन्धित सूचनादाताओं से पूछे जाने वाले प्रश्नों का वह नियोजित लिखित संकलन होता है जो सुव्यवस्थित, विस्तृत एवं सुविचारित तरीके से अध्ययन-समस्या की प्रकृति एवं उद्देश्यों के आधार पर बनाये जाते हैं"। इसके अतिरिक्त इसमें निम्न विशेषताएँ होती हैं; इस कारण भी अनुसन्धित्सु ने अपने शोध कार्य हेतु इसे अपनाया है–

1. यह प्रश्नों की एक विस्तृत, वर्गीकृत, सुव्यवस्थित एवं नियोजित सूची होती है।
2. यह सूचनादाता की प्रत्यक्ष (आमने-सामने) की स्थिति में प्रश्नोत्तर करके अध्ययनकर्ता द्वारा स्वयं भरी जाती है। इसलिए संकलित तथ्य मौलिक होते हैं।
3. अध्ययनकर्ता तथा सूचनादाता आमने-सामने की स्थिति में होने के कारण अध्ययनकर्ता को विभिन्न स्थितियों का अवलोकन करने का अवसर मिल जाता है।
4. यह शिक्षित एवं अशिक्षित दोनों प्रकार के सूचनादाताओं से प्राथमिक आंकड़े संकलित करने की प्रणाली है; जो एक वैज्ञानिक उपकरण एवं सरल तकनीक है।
5. मौलिक, विश्वसनीय, तार्किक तथा वस्तुनिष्ठ आंकड़े प्राप्त करना सम्भव होता है।
6. शोधकर्त्ती अपूर्ण तथा अनावश्यक आँकड़ों के एकत्रित होने/करने से बच जाती है अतः अनावश्यक सामग्री का ढेर इकट्ठा नहीं हो पाता है।

7. अनुसूची द्वारा प्रामाणित सामग्री सुव्यवस्थित रूप में सरलता से उपलब्ध हो जाती है।

8. अध्ययनकर्ता को सर्वेक्षण करते समय उत्तरदाताओं को प्रश्न समझाने, पूरक प्रश्न करने, प्रश्नों में संशोधन करने व प्रश्नों में परिवर्तन करने का अच्छा अवसर मिल जाता है। अत: वांच्छित सामग्री एकत्र हो जाती है।

9. अनुसूची के प्रश्नों के सही प्रत्युत्तरों का संकलन अधिकतम हो जाता है।

10. इस पद्धति से अध्ययन करने पर अनुसन्धानकर्ता को प्रत्यक्ष साक्षात्कार (पूछताछ) करने पर अनुसन्धित्सु को दोनों प्रविधियों (साक्षात्कार एवं अवलोकन) का उपयोग करने का अवसर स्वत: मिल जाता है जो किसी अन्य प्रविधि से मिल पाना सम्भव नहीं होता है।

11. इस पद्धति से संकलित क्षेत्रीय (प्राथमिक) आँकड़ों का सांख्यकीय विश्लेषण करने में भी शोधार्थी को सुविधा होती है क्योंकि इससे व्यवस्थित आंकड़े तथा अध्ययन सामग्री प्राप्त हो जाती है।

इस प्रकार उपरोक्त तथ्यों के आलोक में निष्कर्षत: यह कहा जा सकता है कि अनुसूची प्राथमिक तथ्यों के संकलित करने हेतु लिखित प्रश्नों की एक सुनियोजित, विस्तृत वर्गीकृत तथा अभिकल्पित सूची होती है जो कि अध्ययनकर्ता द्वारा सूचनादाताओं के आमने-सामने की प्रत्यक्ष स्थिति में प्रश्नोत्तर करके भरी जाती है। अध्ययन-विषय की प्रकृति तथा उद्देश्यों के आधार पर यह प्राय: पाँच (निरीक्षण अनुसूची, मूल्याँकन अनुसूची, संस्था सर्वेक्षण अनुसूची, 'साक्षात्कार-अनुसूची' तथा प्रलेख अनुसूची) प्रकार की होती है। लेकिन इस शोध अध्ययन में 'साक्षात्कार-अनुसूची' को अपनाया गया है, क्योंकि इस प्रकार की अनुसूची का प्रयोग मुख्यत: सूचनादाताओं से व्यक्तिगत साक्षात्कार सम्पन्न करने में किया जाता है। जिसका मौलिक उद्देश्य सूचनादाताओं से व्यक्तिगत रूप से मिलकर अध्ययन-समस्या से सम्बन्धित निर्मित अनुसूची के प्रश्नों को पूछ-पूछकर उनके उत्तरों को प्राप्त करना होता है। इसमें प्रश्न और सारणियाँ भी दी जाती हैं। इसमें दिये गये तीन प्रकार के उत्तर होते हैं: अतिलघु उत्तरीय, लघुउत्तरीय तथा विस्तृत उत्तरीय। जिन्हें साक्षात्कारकर्ता सूचनादाताओं से व्यक्तिश: पूछ-पूछकर प्रश्न करते हुए भरता है। तत्पश्चात् साक्षात्कार से प्राप्त प्राथमिक

सामग्री को क्रमबद्ध एवं व्यवस्थित किया जाता है। ऐसा करने से प्राप्त सूचनाओं का वर्गीकरण एवं सारणीयन बहुत सरल हो जाता है। आवश्यक सूचनादाताओं को प्राप्त संकलित सामग्री की जाँच अथवा अध्ययन को आरम्भ करने से पूर्व इस अनुसूची की परीक्षा; एक पूर्वगामी सर्वेक्षण करने के पश्चात् इसको प्रयोग में लाया जाता है। इस प्रकार इस अनुसूची के कुछ प्रमुख लाभ निम्नांकित हैं–

(क) इसके द्वारा विश्वसनीय एवं प्रामाणित सूचनाएं सरलता से प्राप्त हो जाती हैं।

(ख) व्यक्तिगत सम्पर्क के कारण इसमें अध्ययनकर्ता, सूचनादाता को उत्तर देने के लिए प्रेरित कर सकता है, प्रश्न समझा सकता है तथा पूरक करने के लिए पूर्णतः स्वतंत्र होता है।

(ग) क्षेत्रीय सूचनाओं की सार्थकता तथा सत्यता की जाँच करना सहज, सरल तथा सम्भव होता है।

(घ) साक्षात्कार के दौरान कई पहलुओं का अवलोकन स्वतः हो जाता है जिन्हें अवलोकन से ही प्राप्त किया जा सकता है; साक्षात्कार के द्वारा कदापि नहीं।

(ङ) अनुसूची द्वारा अशिक्षित तथा शिक्षित दोनों प्रकार के सूचनादाताओं से प्राथमिक सूचनाएँ प्राप्त की जा सकती हैं प्रश्नावली से प्राप्त करना कदापि सम्भव नहीं होता।

(च) इसके द्वारा अध्ययनकर्ता की स्मरण शक्ति पर आवश्यकता से अधिक भरोसा करने की जरूरत नहीं पड़ती इत्यादि कारणों से अनुसूची उपकरण को पद्धति के रूप में अपनाया गया है।

अनुसूची का निर्माण : परीक्षा एवं पुनर्परीक्षा

शोधकर्त्ता ने प्रस्तुत अध्ययन के लिए सर्वप्रथम अपने अनुभव एवं सम्बन्धित साहित्य के ज्ञान के आधार पर एक 'साक्षात्कार-अनुसूची' का निर्माण किया है। अध्ययन से सम्बन्धित ऐसे प्रश्नों को अनुसूची में शामिल किया गया है जो अध्ययन समस्या के सम्बन्ध में अधिकाधिक तथ्यपूर्ण जानकारी प्रदान कर सके। अनुसूची में बनाये गये प्रश्नों को सूचनादाताओं के ज्ञान के स्तर को ध्यान में रखते हुए छोटे, सरल तथा सहज भाषा में बनाने का प्रयास किया गया है। प्रत्यक्ष प्रश्नों के सही उत्तर न मिल पाने की दशा में सहायक प्रश्नों के माध्यम से उत्तर

प्राप्त करने का प्रयास किया गया है। प्रश्नों को एक-दूसरे से सम्बन्धित एवं क्रमबद्ध बनाया गया है। अनुसूची के प्रश्नों में क्रमबद्धता एवं संक्षिप्तता लाने के लिए ऐसे प्रश्नों को अधिकाधिक स्थान दिया गया है जिसके उत्तर अति संक्षिप्त रूप अर्थात् हाँ या नहीं में प्राप्त हो सकें, साथ ही जहाँ बहु-विकल्पीय प्रश्नों को भी स्थान दिया गया है; वहीं विस्तृत और सुझाव सम्बन्धी प्रश्नों को भी निर्मित किया गया है, जिससे कि उत्तरदाताओं को अधिक मानसिक श्रम किये बिना सभी सम्भावित उत्तर साक्षात्कार-अनुसूची से ही उपलब्ध हो सकें।

अनुसूची-निर्माण में सावधानी बरतते हुए अस्पष्ट, सन्देहपूर्ण, अनावश्यक, बहुअर्थक, निर्देशक, जटिल, असमंजस की स्थिति में डालने वाले, उद्देश्य विहीन तथा निरर्थक प्रश्नों को शामिल करने से बचने का अधिकाधिक प्रयास किया गया है; ताकि आधी अधूरी, गलत, अस्पष्ट तथा भ्रामक जानकारी तथा सूचनाएं प्राप्त होने से बचा जा सके। इस प्रकार शोधकर्त्ता ने प्रस्तुत अध्ययन हेतु अनुसूची का निर्माण करके अपने अध्ययन-क्षेत्र में जाकर निदर्श वृद्ध सूचनादाताओं से सम्पर्क करके अनुसूची में छपे प्रश्नों की सार्थकता की जाँच भी की है; जिसमें कुछ प्रश्न ऐसे भी मिले, जिनके उत्तर दोहरे निकले, तो कुछ अपूर्ण सूचनाएँ प्रदान करने वाले प्रश्न भी मिले, तो कुछ प्रश्नों की शब्दावली आदेशात्मकता पायी गयी; अतः ऐसे प्रश्नों को अनुसूची में से हटाकर उनके स्थान पर अन्य सार्थक प्रश्नों को शामिल किया गया है। इस प्रकार अध्ययनकर्ता ने वृद्धजनों की समस्याओं का अध्ययन करने हेतु साक्षात्कार अनुसूची की वैधता व सार्थकता की जाँच, (परीक्षा व पुनर्परीक्षा) भी की है; तदोपरान्त एक पूर्वगामी सर्वेक्षण भी किया गया, जिसके तथ्यों को मूल अध्ययन के तथ्यों तथा निष्कर्षों से पृथक रखा गया है।

1. साक्षात्कार की प्रत्यक्ष पूछताछ प्रणाली—अनुसन्धित्सु ने कासगंज तहसील की ग्रामीण जनसंख्या से वृद्धावस्था की समस्याओं का अध्ययन करने के सन्दर्भ में क्षेत्रीय आंकड़ों का संकलन करने के लिए साक्षात्कार की प्रत्यक्ष पूछताछ प्रविधि को अपनाया है। यद्यपि अनुसन्धित्सु को अध्ययनार्थ चयनित वृद्ध सूचनादाताओं से सम्पर्क करने में विभिन्न कठिनाइयों तथा विषम-परिस्थितियों का सामना भी करना पड़ा, जिससे समय, श्रम एवं धन अधिक अपव्यय करने पड़े हैं। वृद्ध सूचनादाताओं से साक्षात्कार करने के लिए उनके कई-कई बार चक्कर भी लगाने पड़े हैं, यहाँ तक कि उनसे साक्षात्कार करने हेतु पूर्व में ही समय व स्थान सुनिश्चित करने पड़े, फिर भी सूचनादाताओं के यथास्थान व

समय पर उपलब्ध न मिलने की दशाओं में प्रतीक्षाएँ करनी पड़ी, परन्तु शोधकर्त्ता ने हतोत्साहित न होकर, संयम व धैर्य धारण करते हुए अधिकाधिक मात्रा में तथ्य प्राप्त करने का भरसक प्रयास किया है। जिसके लिए साक्षात्कार सम्पन्न करते समय सूचनादाताओं को खूब समझा-बुझाकर, विनम्रतापूर्वक यथासम्भव सरल व सहज भाषा में प्रश्नों की पूछताछ करके प्राथमिक/क्षेत्रीय आँकड़े एकत्रित किये गये हैं। साथ ही तथ्यों के तार्किक, यथार्थ तथा वैज्ञानिक अनुबोध के लिए 'प्रत्यक्ष अवलोकन प्रविधि' को भी अपनाया गया है।

निरीक्षण–विज्ञान निरीक्षण से ही प्रारम्भ होता है और फिर सत्यापन के लिए अन्तिम रूप से निरीक्षण पर ही लौट आना पड़ता है। **प्रो. गुडे एवं हॉट** का यह कथन निश्चित ही सत्य है। वास्तव में कोई भी वैज्ञानिक किसी भी घटना की अवस्था को तब तक स्वीकार नहीं करता, जब तक कि वह स्वयं उसका अपनी इन्द्रियों से प्रत्यक्ष निरीक्षण कर ले। सामाजिक अनुसंधान में तो निरीक्षण की उपयोगिता प्राकृतिक विज्ञानों से भी अधिक होती है। चूँकि सामाजिक घटनाएँ अनिश्चित तथा अनियमित रूप से परिवर्तित होती हैं, इसलिए उनका यथार्थ वैज्ञानिक अध्ययन प्रत्यक्ष निरीक्षण के बिना सम्भव नहीं है।

ऑक्सफोर्ड कन्साइज शब्दकोश में लिखा है कि–"समग्र में घटित होने वाली घटनाओं के कार्य-कारण सम्बन्धों को ध्यान में रखते हुए उनका यथार्थ निरीक्षण एवं वर्णन ही निरीक्षण है।"

पी.वी. यंग के अनुसार–"निरीक्षण नेत्रों द्वारा सामूहिक व्यवहार एवं जटिल समस्याओं के साथ ही साथ सम्पूर्णता की रचना करने वाली पृथक इकाइयों के अध्ययन की विचारपूर्ण पद्धति के रूप में प्रयुक्त किया जा सकता है।"

मोजर के अनुसार–"ठोस अर्थ में निरीक्षण में कानों तथा वाणी की अपेक्षा आँखों के प्रयोग की अधिक स्वतन्त्रता रहती है।"

प्रस्तुत अध्ययन में वृद्धजनों की समस्याओं के प्रत्येक पहलू को स्पष्ट करने के लिए निरीक्षण पद्धति का प्रयोग किया गया है।

असहभागी अवलोकन–अवलोकन की उपयोगिता तथा महत्व को स्पष्ट करते हुए श्री गुडे तथा हॉट के अनुसार, "प्रत्येक अध्ययन का प्रारम्भ अवलोकन होता है और इसके अन्तिम वैधीकरण के लिए अन्ततोगत्वा अवलोकन पर ही

लौटना पड़ता है।" कहने का आशय यह है कि कोई भी वस्तुनिष्ठ अध्ययन; बिना अवलोकन किए सम्भव ही नहीं होता। दूसरे शब्दों में यह भी कहा जा सकता है कि किसी भी सामाजिक-अध्ययन के मौलिक निष्कर्षो को प्राप्त करने के लिए प्रत्यक्ष अवलोकन एक अनिवार्य आवश्यकता है क्योंकि किसी भी घटना या परिस्थिति को उस समय तक स्वीकार नहीं किया जा सकता जब तक कि वह स्वयं अपनी इन्द्रियों से उसका प्रत्यक्ष अवलोकन न कर ले। चूँकि सामाजिक घटनाएं और विशेषकर व्यक्ति के विचार (मनोवृत्ति) अमूर्त होती है और समाज में मानव के स्वभाव की जटिलता के कारण सभी घटनाएँ ऐसी होती हैं, जिनका साक्षात्कार-अनूसूची के माध्यम से सफलतापूर्वक अध्ययन नहीं किया जा सकता, अपितु कुछ सामाजिक घटनाएँ ऐसी भी होती हैं, जिनके बारे में वास्तविक जानकारी केवल प्रत्यक्ष अवलोकन के द्वारा ही सम्भव होती है। इसलिए प्रत्यक्ष अवलोकन पद्धति को भी अध्ययन में प्रविधि के रूप में अपनाया गया है।

उपकरण—किसी भी सामाजिक शोध में वैज्ञानिकता बनाये रखने के लिए आवश्यकतानुसार उपकरणों का भी प्रयोग किया जाता है। जिन वस्तुओं की सहायता से अध्ययनकर्त्ती सामग्री संकलित करती है, वे अध्ययन उपकरण कहे जाते हैं। इन उपकरणों में साक्षात्कार अनुसूची, साक्षात्कार निर्देशिका, मानचित्र, टेपरिकार्ड, कैमरा आदि प्रमुख हैं।

साक्षात्कार अनुसूची—वह प्रपत्र जिसमें अध्ययन विषय से सम्बन्धित प्रश्नों को साक्षात्कारकर्ता उत्तरदाता से पूछ-पूछ कर भरता है। प्राथमिक सामग्री के संकलन में साक्षात्कार अनुसूची प्रयोग में लायी जाती है। साक्षात्कार निर्देशिका एक डायरी होती है जिसमें अनुसंधानकर्ता आवश्यक जानकारी लिख लेता है और समय-समय पर उसका प्रयोग करता है।

मानचित्र—मानचित्र सम्बन्धित विषयों के नक्शे होते हैं, जिनसे अध्ययन में सुविधा उपलब्ध होती है। यह पूर्व निर्मित होते हैं।

कैमरा—एक वैज्ञानिक यन्त्र, जिसके द्वारा किसी भी मूर्त्त घटना, व्यवहार, एवं व्यक्ति तथा स्थान के चित्र खींचे जाते हैं।

टेपरिकार्ड—यह भी एक वैज्ञानिक यन्त्र है, जिसके द्वारा हम किन्हीं घटनाओं, किन्हीं व्यक्तियों की बातों को टेपकर रिकार्ड कर सकते हैं और कभी भी आवश्यकता होने पर उस घटना या व्यक्ति की बात का प्रस्तुतीकरण कर

सकते हैं। किसी मनुष्य के द्वारा की हुई बात को रिकार्ड कर हम समय पर सिद्ध कर सकते हैं कि अमुक व्यक्ति ने क्या कहा था।

प्रस्तुतशोध में शोधकर्त्ती ने अध्ययन क्षेत्र में जाकर तथ्यों के यथार्थ प्रस्तुतीकरण के लिए साक्षात्कार अनुसूची का प्रयोग किया है।

साक्षात्कार निर्देशिका से शोधकर्त्ती ने आवश्यक संकेत जैसे अमुक तहसील में अमुक महिला के घर पहुँचकर उनसे साक्षात्कार लेना है तो उनके नाम पते, कैसे कहाँ तक पहुँचा जा सकता है तथा अन्य आवश्यक बातों में सहायता ली।

मानचित्र का प्रयोग एटा जनपद की क्षेत्रीय जानकारी प्राप्त करने के लिए किया गया है।

टेपरिकार्ड में वृद्ध पुरुष तथा वृद्ध महिलाओं से किये गये साक्षात्कार को भी रिकार्ड किया गया जिससे शोधकर्त्ती की सम्बन्धित ज्ञान प्राप्ति में कुछ भूलने की सम्भावना न रहे और घटनाओं के यथार्थ विवरण में सुविधा की दृष्टि से टेपरिकार्ड का उपयोग किया गया।

मनोवृत्ति मापकों का अनुप्रयोग

सामाजिक विज्ञानों, विशेषकर समाजशास्त्रीय अध्ययनों में गुणात्मक आँकड़ों का महत्वपूर्ण स्थान होता है। सामान्यत: किसी चीज अथवा व्यक्ति के बारे में अनुकूल या प्रतिकूल मानसिकता, सोच तथा दृष्टिकोण को मनोवृत्ति/अभिवृत्ति कहते हैं। एक व्यक्ति या समूह, दूसरे व्यक्ति या समूह अथवा किसी समस्या के प्रति किस प्रकार की मनोवृत्ति रखता है, की जानकारी करना आवश्यक ही नहीं, अपितु अनुसन्धान कार्य की अनिवार्य आवश्यकता होती है। जिसके लिए समाजशास्त्रीय अध्ययनों में अभिवृत्ति मापकों का प्रयोग किया जाता है, ताकि वृद्धि सूचनादाताओं की मनोवृत्तियों को जाना जा सके।

सामान्यत: मापक उस पैमाने को कहते हैं जो कि किसी वस्तु, घटना अथवा घटना के किसी पहलू व परिस्थिति को नापने (मापन) हेतु प्रयोग में लाया जाता है। अध्ययनकर्ता, अध्ययन की जाने वाली घटना या परिस्थिति को अनेक श्रेणियों (तीन या पाँच, सीमा-विस्तारों आदि) में विभक्त कर लेता है। तदुपरान्त पक्ष/विपक्ष, सकारात्मक/नकारात्मक, पसन्द/नापसन्द के रूप में सूचनादाताओं की मनोवृत्तियों को जान लेता है। शोधार्थी ने वृद्ध सूचनादाताओं की समस्याओं के प्रति उनके अभिमतों/दृष्टिकोणों को जानने के लिए 'लिकर्ट' मनोवृत्ति मापक

को अपनाया है। ताकि यह जाना जा सके कि वे इस वृद्धावस्था के प्रति कैसे सोचते हैं? उनकी मानसिकता निराशावादी तो नहीं है, इत्यादि।

इस प्रकार शोधकर्त्ता ने अपने अध्ययन को वैज्ञानिकता प्रदान करने हेतु विभिन्न अध्ययन प्रविधियों एवं उपकरणों का प्रयोग किया है। साक्षात्कार कार्य को संतुलित ढंग से आगे बढ़ाने में ये उपकरण अत्यन्त सहायक सिद्ध हुए हैं।

सांख्यकीय पद्धति का प्रयोग क्यों?

शोधकर्त्ता ने यहाँ यह स्पष्ट करने का प्रयास किया है कि सांख्यकीय पद्धति अध्ययन में क्यों अपनायी गयी है। उल्लेख है कि सांख्यकीय पद्धति गणनात्मक तथ्य प्राप्त करने की एक ऐसी वैज्ञानिक पद्धति है जिसका सम्बन्ध आँकड़ों से होता है तथा 'दर्शन' गणितीय गणनाएँ करके सारणीयन द्वारा उनका गणनात्मक तथा संख्यात्मक मान का प्रदर्शन करना होता है; जिसमें आँकड़ों का संकलन, वर्गीकरण, विश्लेषण तथा सामान्यीकरण आदि भी सम्मिलित होते हैं। इस पद्धति का प्रयोग विशेषकर सामाजिक विज्ञानों विशेषकर समाशास्त्रीय शोध अध्ययनों में दिन-प्रतिदिन अत्यधिक लोकप्रिय होता ही जा रहा है क्योंकि–

1. इससे अध्ययन समस्या के सम्बन्ध में गणनात्मक एवं गुणात्मक दोनों प्रकार के निष्कर्ष स्थापित किये जा सकते हैं।
2. प्राथमिक तथा द्वैतायक आँकड़ों के वर्गीकरण के पश्चात् सारणीय करने से, बिखरे हुए आंकड़े आसानी से सुव्यवस्थित एवं आलेखबद्ध हो जाते हैं।
3. प्राथमिक तथा द्वैतीयक आंकड़ों की परीक्षा एवं पुनर्परीक्षा करना सम्भव तथा सरल हो जाता है।
4. सूक्ष्म रूप में अध्ययन के मौलिक तथा वस्तुनिष्ठ निष्कर्ष प्रस्तुत किये जा सकते हैं।
5. 'साँख्यिकीय नियमितता नियम' केवल साँख्यकीय पद्धति में ही निहित होता है इसलिए भी इस शोध अध्ययन में सांख्यिकी प्रणाली को अपनाया गया है ताकि आँकड़ों का संकलन, विश्लेषण तथा निर्वचन तार्किक रूप करना सम्भव हो सके।

इस प्रकार उपरोक्त सुविधाओं व लाभों को संज्ञान में रखकर शोधार्थी

साँख्यिकीय पद्धति को अपनाया है। साँख्यिकीय-पद्धति के अनुप्रयोग का प्रथम सोपान क्षेत्रीय (प्राथमिक) तथ्य संकलित करना होता है; तत्पश्चात् आँकड़े वर्गीकृत किये जाते हैं, अगला सोपान आँकड़ों का सारणीयन करना होता है। सारणीयन के द्वारा एकत्रित प्राथमिक अध्ययन सामग्री को सरलता से समझा जा सकता है, जिससे अध्ययन सरल तथा संक्षिप्त हो जाता है और आंकड़ों की तुलना करना भी सरल हो जाता है। साँख्यिकीय पद्धति की उपयोगिता पर प्रकाश डालते हुए **सर्वश्री घोष एवं चौधरी (1993 : 94)** ने लिखा है कि–"साँख्यिकीय पद्धति की सारणीयन प्रणाली द्वारा गणनात्मक तथ्यों का इस भाँति व्यवस्थित तथा वैज्ञानिक प्रदर्शन करना है कि विचाराधीन समस्या हल हो जाये एवं वर्गीकरण एक ऐसी साँख्यिकीय प्रक्रिया है जो संकलित तथ्यों को संक्षिप्त, स्पष्ट और सरल बनाने के साथ-साथ उन्हें उनकी समानता व भिन्नताओं के आधार पर कुछ निश्चित वर्गों व समूहों में व्यवस्थित करती है।" परन्तु **सर्वश्री सैक्रिस्ट होरेस (1960 : 18)** के अनुसार–"वर्गीकृत सामग्री को उनकी सामान्य विशेषताओं के आधार पर क्रमों, पदों अथवा समूहों में विन्यासित करके विभिन्न किन्तु सम्बद्ध भागों में पृथक करने की प्रक्रिया साँख्यिकीय वर्गीकरण है।" जिसे शोधकर्त्ता ने अपने प्रस्तुत शोध अध्ययन में आद्योपान्त अपनाया है।

तथ्यों का वर्गीकरण, सारणीयन एवं विश्लेषण–सामाजिक अनुसंधान का आधार अध्ययन विषय से सम्बन्धित वास्तविक तथ्य हैं जिन्हें प्राथमिक तथा द्वैतीयक स्त्रोतों के माध्यम से प्राप्त किया जाता है। लेकिन इस प्रकार एकत्रित तथ्य इतने अव्यवस्थित होते हैं कि उनसे कोई भी निष्कर्ष नहीं निकाला जा सकता। इसलिए तथ्यों को व्यवस्थित करने के लिए उनका वर्गीकरण एवं सारणीय आवश्यक होता है।

प्रस्तुत अध्ययन में भी प्राथमिक तथा द्वैतीयक तथ्यों को संकलित करके उनमें पायी जाने वाली समानता तथा विभिन्नता के आधार पर विभिन्न श्रेणियों में व्यवस्थित करके उनका वर्गीकरण किया गया है। सारणीयन की प्रक्रिया द्वारा इन वर्गीकृत तथ्यों को तालिकाबद्ध करके प्रदर्शित किया गया है। संकलित तथ्यों को तालिकाबद्ध करने के साथ ही उनका आवश्यक विश्लेषण एवं व्याख्या भी की गई है।

निष्कर्षीकरण–यह सामाजिक अनुसन्धान का अन्तिम चरण है जो तथ्यों के वर्गीकरण एवं विश्लेषण के पश्चात् सम्भव होता है। सामान्य निष्कर्षों का प्रतिपादन करते समय ही यह ज्ञात हो जाता है कि अध्ययन कार्य शुष्क करने

से पूर्व शोधकर्त्ता द्वारा बनायी गयी प्राकल्पना सही है या गलत। इस प्रकार प्रस्तुत अध्ययन में अध्याय के अन्तर्गत कुछ ऐसे ही यथार्थ निष्कर्षों का प्रतिपादन किया गया है, जो एटा जनपद के वृद्धजनों की समस्याओं, कारणों को स्पष्ट करते हुए हमारे ज्ञान में वृद्धि करते हैं।

अनुसन्धान-योजना के प्रमुख सोपान (चरण)

सामान्यत: किसी सामाजिक समस्या का अध्ययन करना, प्रत्येक अध्ययनकर्ता के लिए एक जटिल समस्या तथा चुनौती हुआ करती है क्योंकि अध्ययनकर्ता को अनुसन्धान के विभिन्न चरणों (सोपानों) से गुजरते हुए शोध अध्ययन पूर्ण करना पड़ता है। शोध-योजना के प्रमुख सोपानों को विभिन्न विद्वानों के भिन्न-भिन्न प्रकार से सपष्ट किया है। विद्वान समाजशास्त्री **प्रो. करलिंगर (1964 : 63)** के अनुसार किसी सामाजिक-समस्या सम्बन्धी शोध अध्ययन को वैज्ञानिक ढंग से पूर्ण करने के लिए शोधकर्ता को निम्न चार प्रमुख सोपानों से गुजरना पड़ता है–

1. अध्ययन–समस्या का निरूपण (चुनाव) करना।
2. अध्ययनार्थ उद्देश्यों एवं तत्सम्बन्धित परिकल्पनाओं अथवा शोध प्रश्नों का निर्माण करना।
3. वैज्ञानिक पद्धतियों तथा प्रविधियों से आँकड़ों का संकलन करना।
4. तथ्यों का विश्लेषण तथा निर्वचन व सामान्यीकरण।

परन्तु समाजशास्त्री **प्रो. लुन्डवर्ग के 1951 : 11)** के अनुसार कार्यकारी परिकल्पनाएँ, प्राथमिक एवं द्वैतीयक आँकड़ों का संकलन, संकलित आंकड़ों का वर्गीकरण तथा संगठन तथा सामान्यीकरण करना किसी भी शोध के लिए प्रमुख सोपान होते हैं, लेकिन **सर्वश्री यंग (1975 : 102)** के अनुसार किसी सामाजिक शोध के लिए मूलत: निम्न सोपान प्रमुख होते हैं–

1. चरों का अवधारणात्मक स्पष्टीकरण तथा प्रश्नों का निर्माण करना।
2. अध्ययन के उद्देश्यों, कार्यकारी परिकल्पनाओं (शोध प्रश्नों) का निर्माण करना।
3. विभिन्न प्राप्त वैज्ञानिक प्रविधियों द्वारा समस्या का प्रेक्षण तथा पर्यवेक्षण करना।

4. अध्ययन व प्राप्त तथ्यों का अभिलेखन करना।
5. उपलब्ध आंकड़ों का श्रेणियों में विभाजन तथा क्रमबद्ध वर्गीकरण करना।
6. परिकल्पनाओं का परीक्षण करना: वैज्ञानिक निर्वचन एवं सैद्धान्तीकरण।

परन्तु समाज विज्ञान अनुसंधान परिषद न्यूयार्क: कृषि समिति के अनुसार वैज्ञानिक अनुसंधान के लिए निम्न सोपनों (पदक्रमों) का होना आवश्यक होता है–

1. अध्ययन-समस्या की तार्किक तथा सावधानीपूर्ण व्याख्या।
2. अध्ययन-समस्या से सम्बन्धित अवधारणाएँ एवं परिभाषाओं का स्पष्टीकरण।
3. प्राथमिक तथा द्वैतीयक आँकड़ों का संकलन।
4. आँकड़ों का साँख्यिकीय वर्गीकरण एवं विश्लेषण।
5. कारकों का सुस्पष्ट अभिव्यक्तिकरण।
6. अध्ययन से प्राप्त मौलिक तथ्यों का व्यवस्थित रूप में प्रदर्शन करना।
7. तार्किक रूप में सामान्यीकृत विवेचन (निष्कर्ष रूप में) प्रस्तुत करना।
8. सावधानीपूर्वक सम्पूर्ण प्रतिवेदन का प्रस्तुतीकरण।

उपर्युक्तों विद्वानों द्वारा निर्दिष्ट सोपानक्रम के अनुसार शोधकर्त्ता प्रस्तुत शोध अध्ययन 'वृद्धजनों की समस्याएं' को सम्पादित करने के लिए निम्न बिन्दुओं के क्रमानुसार प्रमुख (सोपानों) को अध्ययन के आधार बिन्दु मानते हुए शोधकार्य पूर्ण किया है–

(क) अध्ययन समस्या का निरूपण

(ख) अध्ययन-क्षेत्र का निर्धारण एवं उसका संक्षिप्त परिचय

(ग) सम्बन्धित साहित्य का पुनरावलोकन एवं समीक्षाएं

(घ) क्षेत्रीय सर्वेक्षण कार्य का सम्पादन

(ङ) चरों का निर्धारण, परिभाषाएँ तथा अवधारणात्मक स्पष्टीकरण

(च) अध्ययन के उद्देश्यों तथा परिकल्पनाओं का निर्माण

(छ) पद्धतिशास्त्र: अध्ययन में प्रयुक्त पद्धतियाँ एवं प्रविधियाँ

(ज) प्राथमिक तथ्यों का संकलन: तथ्यों के संकलन में समस्याएं व उनका निराकरण

(झ) संकलित तथ्यों का सांख्यिकीय वर्गीकरण, सारणीयन, विश्लेषण आदि।

(ञ) परिकल्पनाओं की सत्यता तथा सार्थकता का परीक्षण

(ट) सामान्यीकरण एवं सिद्धान्तीकरण

(ठ) प्रतिवेदन का प्रस्तुतीकरण।

अध्ययन की सीमाएं

1. एटा जनपद के वृद्ध पुरुष तथा वृद्ध महिलाएँ ही अध्ययन का समग्र है।
2. प्रस्तुत शोध में केवल वृद्ध पुरुष तथा वृद्ध महिलाओं को ही अध्ययन की इकाई बनाया गया है जो 60 वर्ष की आयु पूर्ण कर चुके हैं।
3. प्रस्तुत अध्ययन में स्तरित निदर्श के आधार पर वृद्धजनों को तीन वर्गों (उच्च वर्ग, मध्यम वर्ग, निम्न वर्ग) में बांटकर लिया गया है।
4. प्रस्तुत शोध में केवल हिन्दू उत्तरदाताओं तक ही सीमित रखा गया है।
5. प्रस्तुत अध्ययन में पेंशन पाने वाले वृद्ध पुरुष तथा वृद्ध महिलाओं की अध्ययन की इकाई बनाया गया है।

अध्ययन के दौरान आने वाली कठिनाइयाँ

अध्ययन के दौरान वृद्धों का साक्षात्कार लेते समय अनेक व्यवधानों एवं कठिनाइयों के मार्ग से गुजरना पड़ा। अध्ययन में सर्वप्रथम कठिनाई शोधकर्ता को परिचय स्थापित कर साक्षात्कार हेतु वृद्धों को तैयार करने की हुई क्योंकि प्रत्येक समाज का प्रत्येक व्यक्ति अपनी व्यक्तिगत जानकारी देने में संकोच करता है।

वृद्धों में एवं उनके परिवार के सदस्यों में अनेक आशंकाओं ने जन्म लिया था। उत्तरदाताओं के अशिक्षित एवं अपरिचित हेतु हुए साक्षात्कार करने में कठिनाई का आना स्वाभाविक था। शोधकर्त्ता को उत्तर देने में संकोच महसूस करते थे अथवा सही जानकारी देने में या जानकारी को स्वयं का स्वार्थ पूरा करने के उद्देश्य से तोड़-मरोड़ कर प्रस्तुत करने की कोशिश करते थे। अतः उन वृद्धों को अधिक से अधिक समय देकर उनकी शंकाओं का निर्मूलन कर साक्षात्कार हेतु प्रस्तुत करने में अनेक कठिनाइयों के साथ सफलता प्राप्त हुई साक्षात्कार के मध्य एक कठिनाई शोधकर्त्ता को यह आई कि कहीं-कहीं कुछ वृद्ध स्वयं शोधकर्त्ता का साक्षात्कार लेने लगते थे।

शोधकर्त्ता को एक कठिनाई एकान्तता के अभाव की हुई। परिवार में अपनी स्थिति को स्पष्ट करने में हीनता महसूस करते हुए कोई-कोई वृद्ध अपनी व्यक्तिगत जानकारी स्पष्ट रूप से व्यक्त नहीं कर पाते थे। कहीं-कहीं परिवार के सदस्य भी हस्तक्षेप कर उनके बारे में एवं स्वयं अपने बारे में जानकारी देने का प्रयत्न करते। कहीं-कहीं शोधकर्त्ता से पारिवारिक सामंजस्य बनाये रखने का परामर्श चाहते अतः कई बार तो एकान्तता के अभाव में लौटकर आना पड़ता था। इस प्रकार शोधकर्त्ता को साक्षात्कार हेतु अनेक बार अधिक समय नष्ट करना पड़ा।

साक्षात्कार करते समय शोधकर्त्ता को कई प्रकार के अनुभव हुए जैसे कोई वृद्ध कम बोलने वाले (मितभाषी) पाये गये। कहीं कुछ वृद्ध बहुत अधिक बातचीत करने वाले पाये गये। इससे शोधकर्त्ता को एक लाभ यह हुआ कि वृद्धों की जो जानकारी एकत्रित करनी थी उससे कहीं अधिक जानकारी मिली। कहीं-कहीं वृद्धजनों में बहुत खुशी-खुशी साक्षात्कार दिया कि उनके लिए भी कुछ हो रहा है, समाज में उनका भी महत्व है। समाज में वृद्धों में भी रुचि लेने वाले लोग हैं। कुछ वृद्धों ने साक्षात्कार के समय उत्तर देने में संकोच किया, कहीं-कहीं वृद्ध या वृद्धा का अपने परिवार वालों से डरना, कहीं भावुक हो जाना, रोने लगना आदि।

शोधकर्त्ता की एक कठिनाई उन वृद्धों से साक्षात्कार के समय हुई जिन्हें परिवार के सदस्यों ने अलग-अलग करके रखा है। जहाँ केवल बाहर से लगता है कि वृद्ध अपने घर परिवार के साथ ही रहते हैं, परन्तु वे बहिष्कृत जैसे रहते हैं। इन वृद्धों को अपने परिवार से भय था कि वस्तुस्थिति बताने पर परिवार से एकदम ही पृथक न कर दिये जायें उन स्थितियों का वर्णन करते समय वृद्ध

भावुक होकर रोने लगते, उन्हें पुनः प्रकृतिस्थ कर साक्षात्कार लेने में काफी समय लगा।

कठिनाई का सामना उस समय भी करना पड़ा जबकि वृद्धावस्था में समाज से प्राप्त विभिन्न प्रतिक्रियाओं के अन्तर्गत सबसे अधिक सहानुभूति व प्यार देने वाले व्यक्तियों के सम्बन्ध में प्रश्न पूछा गया। ऐसे भावात्मक प्रश्नों के समय अनेक वृद्धों ने गुस्से से देखा तथा अनेकों ने तो स्पष्ट नकारात्मक उत्तर दिये। परन्तु वास्तविक स्थिति ज्ञात करने हेतु शोधकर्त्ती को घनिष्ठता से वार्तालाप से अपनत्व एवं भावात्मक मोड़ देकर तथ्यों का संकलन करने में सफलता प्राप्त हुई।

एक ओर कठिनाई पेंशन प्राप्त वृद्धों से साक्षात्कार के समय हुई, अपने परिवार में महत्वहीन एवं अपमानित माने जाने पर परिवार या समाज में सामंजस्य स्थापित करने की कोई सम्भावनायें नहीं थीं, ये वृद्ध अपने परिवारवालों से निराश हो चुके थे, अतः सेवानिवृत्ति की निश्चित राशि बताने में या सेवावृत्ति (पेंशन) मिलती है या नहीं, स्पष्ट उत्तर देने में आनाकानी करते थे।

इस प्रकार साक्षात्कार लेते समय उनकी मनोवैज्ञानिक एवं भावात्मक स्थिति का ध्यान रखते हुए समय-समय पर भावात्मक मोड़ देकर सूचनाएँ संकलन करने में सफलता प्राप्त हुई। साथ ही साक्षात्कार की सीमाओं को ध्यान में रखा गया। अनेक स्थान पर वृद्ध भावुक होकर अपने जीवन की कोई विशेष घटना का विस्तृत वर्णन सुनाते तब बहुत सावधानी से उन्हें अपने विषय पर लाना पड़ता था इस प्रकार, सहनशीलता, धैर्य एवं बहुत समय देकर शोधकर्त्ती द्वारा सूचनाएँ प्राप्त करने में सफलता प्राप्त की गई।

प्रतिवेदन का प्रस्तुतीकरण

किसी भी शोधकार्य का सर्वाधिक महत्वपूर्ण और अन्तिम सोपानः 'प्रतिवेदन का प्रस्तुतीकरण' करना होता है जिसे सामान्यीकरण कहते हैं। वृद्धावस्था से उत्पन्न वृद्धजनों की समस्याओं तथा उनके समाधान हेतु उनके विचार जानने की जिज्ञासा एवं इस समस्या के प्रस्तुतीकरण हेतु 'आगमनात्मक पद्धति' को अपनाया गया है ताकि मौलिक निष्कर्ष तार्किक रूप में प्राप्त किये जा सकें। चूँकि संकलित प्राथमिक तथा द्वितीयक तथ्यों का निर्वचन करना शोध का वह आवश्यक तथा सर्वाधिक महत्वपूर्ण पहलू होता है जो विश्लेषण के द्वारा परिणाम निकालने से सम्बन्ध रखता है। ऐसा करने के लिए अध्ययनकर्ता ने साक्षात्कार अनुसूची द्वारा संकलित प्राथमिक/क्षेत्रीय आकड़ों को व्यवस्थित करके प्रकरणतः

'मास्टरशीट' निर्मित कर 'साँख्यिकीय पद्धति' द्वारा प्राथमिक तथा द्वैतीयक आंकड़ों का सारणीयन, विश्लेषण तथा तत्सम्बन्धित निर्वचन करके शोधपरक वैज्ञानिक निष्कर्ष उद्घाटित किये हैं। अध्ययन के प्रस्तुतीकरण को सरल, सुगम, ग्राह्य, तार्किक तथा वैज्ञानिक बनाने के लिए शोध-प्रबन्ध में आंकड़े तथा यथा स्थान आरेखीय चित्र भी दिये गये हैं। अध्ययनकर्ता को आशा ही नहीं बल्कि यह पूर्ण विश्वास है कि प्रस्तुत शोध अध्ययन 'वृद्धजनों की समस्याएं' विषय-विशेषज्ञों तथा शोध अध्येताओं को तो उपयोग एवं रुचिकर लगेगा ही, साथ ही समाजशास्त्रीय सन्दर्भों में 'वृद्धजनों की समस्याएँ' जिन्हें वृद्धजन व्यवहार में अनुभव कर रहे हैं तथा भोग रहे हैं, उनके निराकरण-समाधान के लिए सुझाये गये व्यवहारिक सुझाव उपयोगी तथा सार्थक सिद्ध तो होंगे ही, साथ ही यह शोध अध्ययन समाजशास्त्र विषय के क्षेत्र के लिए विभिन्न नवीन उपयोगी आयाम भी उद्घाटित करेगा तथा वृद्धजनों की समस्याओं को सुलझाने में सहायक सिद्ध होगा।

प्रस्तुत शोध ग्रंथ का विषय है-**"वृद्धजनों की समस्याओं का एक समाजशास्त्रीय अध्ययन एटा जनपद के सन्दर्भ में"** जिसमें शोधकर्त्ता द्वारा यह जानने का प्रयास किया गया है कि वृद्धावस्था अपने आप में समस्या क्यों है? वृद्धजन उपेक्षा के क्यों शिकार हो रहे हैं? वृद्धजन परिवार के सदस्यों के लिए भार बनते जा रहे हैं। वृद्धजनों को किन समस्याओं का समाना करना पड़ रहा है? आदि उद्देश्यों को ध्यान में रखकर यह अध्ययन किया गया है।

विषय के विस्तृत एवं गहन अध्ययन के साथ तर्कपूर्ण एवं वैज्ञानिक अध्ययन के लिए शोधकर्त्ता ने एटा जनपद को अध्ययन क्षेत्र चुना है।

शोधकर्त्ता ने अपने शोध प्रबन्ध को 10 अध्यायों में विभाजित कर व्यवस्थित क्रम में इस प्रकार प्रस्तुत किया है-

प्रथम अध्याय में विषय के अध्ययन की आवश्यकता, उद्देश्य, अध्ययन का महत्व तथा विषय की अवधारणा का विस्तृत विवरण है।

द्वितीय अध्याय में साहित्य का पुनरावलोकन का विवरण है।

तृतीय अध्याय में शोध अभिकल्प एवं पद्धतिशास्त्र, अध्ययन का समग्र व निदर्श, तथ्यों के संकलन के स्रोत, अध्ययन में प्रयुक्त पद्धतियां एवं प्रविधियाँ तथा अध्ययन के दौरान आने वाली कठिनाइयों का विवरण है।

चतुर्थ अध्याय में वृद्धों की स्थिति की पृष्ठभूमि का विवरण दिया गया है।

पंचम अध्याय में वृद्धों की समस्याओं तथा उनके विभिन्न स्वरूपों का उल्लेख किया गया है।

षष्ठम अध्याय में वृद्धजनों की समस्याओं के कारणों का विवरण दिया गया है।

सप्तम अध्याय में वृद्धजनों की उपेक्षा एवं शोषण का वर्णन है।

अष्टम अध्याय में वृद्धजनों का परिवार के सदस्यों के साथ कुसमंजस्य टकराव के कारणों का उल्लेख किया गया है।

नवम अध्याय में समस्याओं के समाधान हेतु सरकारी व स्वयंसेवी संगठनों द्वारा प्रयासों का वर्णन है।

दशम अध्याय में शोधकर्त्ता ने अध्ययन का निष्कर्ष एवं महत्वपूर्ण सुझाव निरूपित किये हैं।

प्रस्तुत शोध प्रतिवेदन को उपरोक्त दस अध्यायों के अन्तर्गत व्यवस्थित और क्रमबद्ध रूप में प्रस्तुत करने का हर सम्भव प्रयास किया गया है। शोध में एकत्रित तालिकाओं तथा आंकड़ों को सरस, रुचिकर तथा बोधगम्य बनाने हेतु डायग्राम एवं मानचित्र आदि का भी प्रयोग किया गया है।

4 वृद्धों की स्थिति की पृष्ठभूमि

मनुष्य एक चिन्तनशील तथा जिज्ञासु सामाजिक प्राणी है जिसका जीवन समाज में ही पनपता है और निकटवर्ती भौतिक परिवेश तथा पर्यावरण के मध्य अन्तः क्रियाएँ करते हुए सामाजिक परिवेश में जीवनयापन करता है, जिसे सामाजिक पर्यावरण से कदापि पृथक नहीं किया जा सकता है क्योंकि पर्यावरण एक प्रकार का 'ताना' है जिसमें प्राणी रूपी 'बाना' डालने से समाज के 'सजीव वस्त्र' का निर्माण होता है।[1] सुस्पष्ट है कि मानव तथा पर्यावरण एक दूसरे के पूरक पहलू हैं। **लवानिया (1967 : 203)** के अनुसार सम्पूर्ण रूप से यही 'सजीव वस्त्र' मनुष्य मात्र के लिए सामाजिक पृष्ठभूमि है जो वंशानुक्रमण तथा पर्यावरण से निर्धारित होती है।[2] **सारस्वत (1996 : 157)** के अनुसार सामाजिक-सांस्कृतिक पृष्ठभूमि उस समुदाय की सामाजिक व्यवस्था का अभिन्न अंग होता है जिसमें कि वह सामाजिक प्राणी रह रहा होता है।[3] सुप्रसिद्ध समाजविद् **प्रो. रयूटर एण्ड हॉर्ट**[4] **(1960 : 320)** ने सामाजिक व्यवस्था के मध्य सामाजिक प्राणी के रहन-सहन की दशाओं व व्यवस्थापन के सन्दर्भ में लिखा है कि समाज में मनुष्य की सामाजिक पृष्ठभूमि सास्कृतिक पर्यावरण का एक अभिन्न अंग होती है जिसमें कि व्यक्ति रह रहा होता है या फिर रह चुका है। **सर्वश्री मिश्रा पी. के.**[5] **(1997 : 37)** के अनुसार "चूँकि मनुष्य एक सामाजिक प्राणी है इसलिए उसकी आकाँक्षाएँ तथा आवश्यकताएँ अनन्त हैं, इन आकाँक्षाओं व आवश्यकताओं के प्रति उसकी क्रियाशीलता सफलता-असफलता, उसके सामाजिक-आर्थिक एवं सांस्कृतिक जीवन की पृष्ठभूमि को निर्धारित करती है।" यह भी सर्व स्वीकार्य तथ्य है कि प्रत्येक सामाजिक प्राणी की सामाजिक प्रस्थिति एवं भूमिका के निर्धारण में इस प्रकार की पृष्ठभूमि का महत्वपूर्ण योगदान रहता है। यही कारण है कि किसी भी सामाजिक विज्ञान के अनुसंधान में यह आवश्यक ही नहीं, अपितु अनिवार्य होता है कि अध्ययन की इकाइयों के सामाजिक, आर्थिक एवं सांस्कृतिक पक्षों को जानकर उनका गहन तथा

सूक्ष्मत: अध्ययन किया जाये क्योंकि व्यक्ति की सामाजिक-सांस्कृतिक पृष्ठभूमि का निर्माण कई कारकों से मिलकर होता है।[6] **प्रोफेसर अग्रवाल**[7] **(1989 : 30)** ने लिखा है कि-"मानव केवल एक जैविकीय प्राणी ही नहीं है बल्कि इसके अतिरिक्त भी कुछ है, और इसके अतिरिक्त वह जो कुछ भी है उसी के कारण उसके व्यवहार, आचार-विचार, चिन्तन तथा जीवनशैली आदि प्रभावित होते हैं। यदि हम किसी व्यक्ति के बारे में कोई जानकारी सार्थक रूप में करना चाहते हैं तो हमें उस समय तक सफलता नहीं मिल सकती जब तक कि उसके सम्बन्ध में उसकी सामाजिक-आर्थिक तथा साँस्कृतिक पृष्ठभूमि के सम्पूर्ण परिदृश्य को न जान लिया जाये, जिसमें कि वह पला है एवं वर्तमान समाज, समुदाय, परिवार तथा पर्यावरण जिसमें कि रहा है तथा वह वर्तमान में रह रहा है। सामान्यत: व्यक्ति पर पड़ने वाले प्रभावों को मूलत: निम्न दो रूपों में ग्रहण किया जाता है-

(1) वंशानुक्रमण

(2) पर्यावरण/संगति व साहचर्य

जहाँ व्यक्ति को शरीर रचना (आँख, नाक, नक्श, रंग, रूप आदि) वंशानुक्रमण से प्राप्त होते हैं वहीं शिक्षा, संस्कार, जीवन मूल्य, व्यवसाय, व्यवहार, आदतें, लगाव आदि पर्यावरण से प्राप्त होते हैं, इसलिए प्रत्येक व्यक्ति इन कारकों में से किसी भी कारक को नहीं नकारता है।

शोधकर्त्ती भी उपर्युक्त तथ्यों के आलोक में यह अनुभव करती है कि प्रस्तुत अध्ययन के लिए यह आवश्यक ही नहीं, अपितु अनिवार्य है कि वृद्धों (निदर्शितों) की सामाजिक-सांस्कृतिक पृष्ठभूमि का अध्ययन गहनता के साथ किया जाये। **सत्येन्द्र**[8] **(1992 : 49)** के अनुसार ''विशेषकर सामाजिक विज्ञानों के शोध-अध्ययनों में सूचनादाताओं की सामाजिक-सांस्कृतिक पृष्ठभूमि तथा आर्थिक दशाएँ अहम् होती हैं। **सिन्हा ए.के.पी.**[9] **(1974 : 43)** ने भी इसी प्रसंग में लिखा है कि ग्रामीण जनों की पृष्ठभूमि का अध्ययन करने के लिए लिंग, धर्म, जाति, आयु, शैक्षिक स्तर, वैवाहिक स्थिति, सामाजिक-आर्थिक स्तर, पारिवारिक संरचना, आवास तथा आवासीय दशाएँ, आदि का गहन तथा सूक्ष्म अध्ययन करना आवश्यक इसलिए है क्योंकि इनमें से कुछ बिन्दु ग्रामीण समुदाय की विशेषताओं के अन्तर्गत आते हैं। आपने ग्रामीण संस्कृति का अध्ययन करने के लिए इन सभी स्वतन्त्र चरों का सहारा लिया है।

उपरोक्त समस्त तथ्यों के आलोक में शोधकर्त्ता ने भी अपने अनुसंधान कार्य 'वृद्धावस्था की समस्याओं का अध्ययन' विभिन्न चरों तथा यथा-धर्म, लिंग, जाति, आयु, शिक्षा, वैवाहिक स्थिति, आर्थिक स्थिति, व्यावहारिक स्थिति, परिवार की संरचना (प्रकार), परिवार का स्वरूप तथा आवासीय दशाएँ आदि के आधार पर किया है ताकि विभिन्न जातियों, धर्मों, लिंग, विभिन्न आयु-अन्तरालों, पृष्ठभूमि, सामाजिक-सांस्कृतिक तथा आर्थिक स्तरों के वृद्ध सूचनादाताओं का अध्ययन करना सम्भव हो सके।

निदर्शन में हिन्दू सूचनादाताओं का ही चयन किया गया व्यक्ति के आचार-विचार, जीवनशैली, रहन-सहन, अपेक्षाएँ तथा व्यक्ति की क्रियाएँ उसके धार्मिक विश्वासों से प्रभावित होती हैं।

चूँकि भारतीय समाज पुरुष प्रधान एवं पितृसत्तात्मक है। अत: महिलाओं की अपेक्षा पुरुषों को अधिक महत्व प्रदान किया जाता है एवं सभी सामाजिक सन्दर्भों में पुरुषों की भूमिका निर्णायक रहती है और उसमें भी खासकर पुरुषों के प्रभाव से ग्रामीण वृद्ध महिलाएँ प्राय: उपेक्षित ही रहती हैं। इन तथ्यों की जानकारी हेतु शोधकर्त्ता ने चयनित निदर्शितों में लिंग भेदानुसार विवरण जानने का प्रयास किया है। निम्न तालिका निदर्श सूचनादाताओं की लैंगिक संरचना तथा उसके विवरण पर संक्षिप्त प्रकाश डालती है-

तालिका 4.1

निदर्श वृद्ध सूचनादाताओं की लैंगिक संरचना विवरण

क्रमांक	*लिंग भेद*	*सूचनादाताओं की संख्या*	*प्रतिशत*
1.	पुरुष	162	54.00
2.	महिलाएँ	138	46.00
	समस्त योग	**300**	**100.00**

प्रस्तुत तालिका के प्राथमिक आँकड़ों के विश्लेषण तथा तत्सम्बन्धित विवेचन से स्पष्ट होता है कि अध्ययनार्थ चुने गये कुल 300 निदर्श सूचनादाताओं में से 162 (54%) वृद्ध पुरुष तथा 138 (46%) निदर्शित वृद्ध महिलाएँ चुनी गयी हैं। इससे स्पष्ट होता है कि निदर्शन में वृद्ध पुरुषों की संख्या (प्रतिशत), महिलाओं की तुलना में अपेक्षाकृत अधिक है।

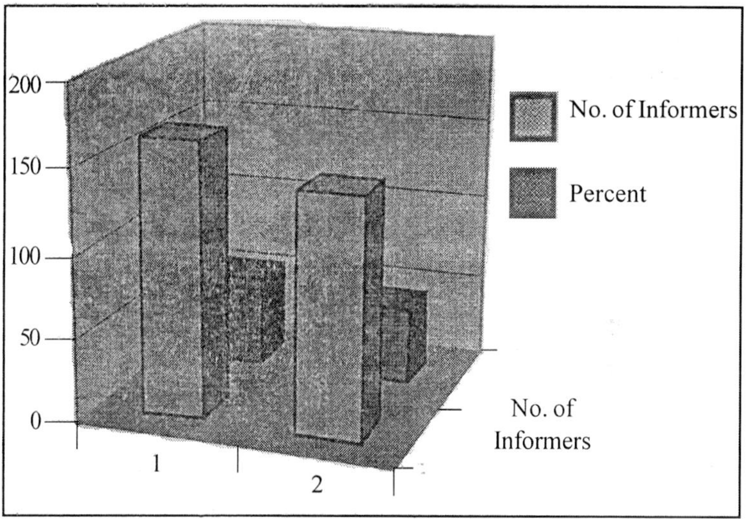

सामाजिक प्रस्थिति, सामाजिक भूमिकाओं के निर्वहन एवं व्यक्ति की सोच व क्रियाओं में आयु की भूमिका महत्वपूर्ण होती, है। जहाँ तक भारतीय परिवेश और विशेषकर ग्रामीण परिवेश का प्रश्न है, वृद्धजनों या परिवार के कामकाजों में कर्ता/मुखियाओं की सहमति व आदेश के बिना परिवारों में कुछ भी नहीं होता, चाहे परिवार का मुखिया पुरुष हो अथवा महिला। उनकी सहमति न लेना या आदेश का पालन न करना, उनका अपमान समझा जाता है एवं वृद्धजन भी उसे अन्यथा लेते हैं। यही कारण है कि शोधकर्त्ता ने वृद्धों की समस्याओं का अध्ययन करने के लिए निदर्श सूचनादाताओं की समस्याओं को उम्र (आयु वर्ग) के आधार पर जानने का प्रयास किया है। सर्वेक्षण से प्राप्त तथ्यों पर निम्न तालिका 4.2 संक्षिप्त प्रकाश डालती है–

प्रस्तुत तालिका 4.2 के आँकड़ों के विश्लेषण तथा तत्सम्बन्धित विवेचन से स्पष्ट होता है कि अध्ययनार्थ चयनित कुल 300 निदर्श वृद्ध सूचनादाताओं में 109(36.33) प्रतिशत 60 से 65 वर्ष, 128(42.66%) निदर्शित 65 से 70 वर्ष, 46 (15.33%) निदर्शित 70 से 75 वर्ष, 12(4%) निदर्शित 75 से 80 वर्ष तथा 5 (1.67%) निदर्शित 80 से तथा 90 वर्ष से भी अधिक उम्र के चुने गये हैं। निदर्शन में एक वृद्ध 93 वर्ष आयु का भी चुना गया है। सुस्पष्ट है कि सर्वाधिक

तालिका 4.2

निदर्श सूचनादाताओं की आयु संरचना का विवरण

क्रमांक	*निदर्शितों की आयु वर्ग*	*सूचनादाताओं की संख्या*	*प्रतिशत*
1.	60-65	109	36.33
2.	65-70	128	42.66
3.	70-75	46	15.33
4.	75-80	12	04.00
5.	80 से ऊपर	05	01.67
	समस्त योग	**300**	**100.00**

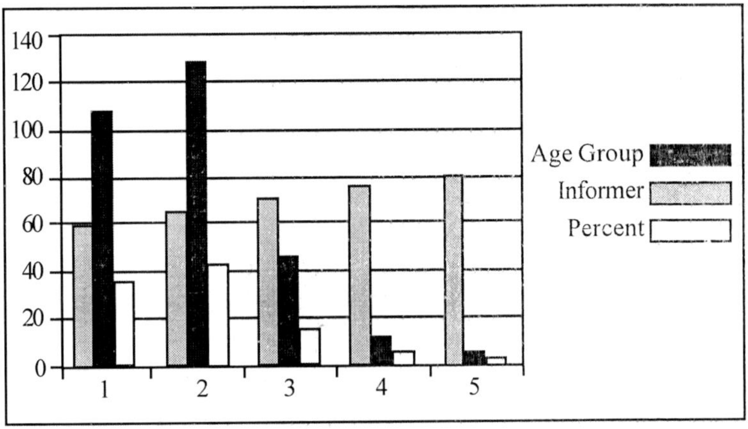

सूचनादाता 60 वर्ष से 75 वर्ष तक की आयु वर्ग के मध्य की उम्र के चुने गये हैं। यहाँ पर यह जानकारी हासिल करना भी आवश्यक समझा गया है कि वृद्धजनों के लिंग भेद के सापेक्ष आयुवर्ग एवं उनकी आवृत्तियों के विवरण किस तरह का है अर्थात् किस उम्र-अन्तराल से कितने वृद्ध पुरुष तथा कितनी वृद्धाएँ निदर्शन में चुनी गयी हैं? पुरुष एवं महिलाओं का अधिकांशतः चयन 65-70 वर्ष के मध्य आयु वर्ग से हुआ है। सर्वेक्षण से प्राप्त तथ्यों पर निम्न तालिका निदर्शित पुरुष एवं महिलाओं की आवृत्तियों पर आयु के सापेक्ष प्रकाश डालती है-

तालिका 4.3

निदर्शित पुरुष तथा वृद्ध महिला सूचनादाताओं की आयु सापेक्ष आवृत्तियों का विवरण

क्र. सं.	*सूचनादाता*	*आयु वर्ग (वर्षों में) निदर्शित की संख्या*					*योग*
1.	पुरुष	60–65 57(19.00)	65–70 78(26.00)	70–75 27(9.00)	75–80 00(00.00)	80 से ऊपर 03(01.00)	165 (55.00)
2.	महिलायें	60–65 50(16.67)	65–70 49(16.33)	70–75 22(7.33)	75–80 12(04.00)	80 से ऊपर 02(00.67)	135 (45.00)
	समस्त योग	**107 (35.67)**	**127 (42.33)**	**49 (16.33)**	**12 (04.00)**	**05 (01.67)**	**300 (100.00)**

नोट: कोष्ठकों के अन्तर्गत प्रदर्शित आँकड़े प्रतिशतता दर्शाते हैं

प्रस्तुत तालिका के अन्तर्गत दर्शाये गये क्षेत्रीय आँकड़ों के विश्लेषण तथा तत्सम्बन्धित विवेचन से स्पष्ट होता है कि–

1. अध्ययनार्थ चयनित कुल 165 वृद्ध पुरुषों में से 57(19%) निदर्शित 60 से 65 वर्ष, 78(26%), निदर्शित 65 से 70 वर्ष, 27(9%), निदर्शित 70 से 75 वर्ष तथा मात्र 3(1.00%) निदर्शित 80 वर्ष तथा 80 से ऊपर की उम्र के चुने गये हैं उल्लेखनीय है कि 75 वर्ष से 80 वर्ष की आयु अन्तराल का एक भी वृद्ध निदर्शन में नहीं चुना गया है।

2. अध्ययनार्थ चयनित कुल 135 महिला निदर्शितों में 50(16.67%) निदर्शित 60 से 65 वर्ष, 49(16.33%) निदर्शित 65 से 70 वर्ष, 22(7.33%) निदर्शित 70 से 75 वर्ष, 12(4%) निदर्शित 75 से 80 वर्ष तथा मात्र 2(0.67%) निदर्शित महिलाएँ 80 वर्ष तथा इससे भी अधिक उम्र की चुनी गयी हैं।

शोधकर्त्ता ने यह भी जानकारी हासिल करने का प्रयास किया है कि वृद्ध निदर्शितों के निवास/अंचल क्या है? ग्रामीण, नगरीय या ग्रामीण–नगरीय। सर्वेक्षण से प्राप्त प्राथमिक आँकड़ों पर निम्न तालिका संक्षिप्त प्रकाश डालती है कि किस परिवेश तथा अंचल से कितने–कितने निदर्शित अध्ययनार्थ चुने गये हैं–निदर्शन में ग्रामीण अंचल से चुने गये निदर्शितों की बहुलता पायी गयी है।

तालिका 4.4

निदर्श वृद्ध सूचनादाताओं के निवास/अंचल का विवरण

क्रमांक	*सूचनादाताओं के निवास*	*आवृत्तियाँ*	*प्रतिशत*
1.	ग्रामीण	237	79.00
2.	नगरीय	06	2.00
3.	ग्रामीण-नगरीय	57	19.00
	समस्त योग	**300**	**100.00**

उपरोक्त तालिका के आँकड़ों के प्राथमिक विश्लेषण तथा तत्सम्बन्धित विवेचन से स्पष्ट होता है कि अध्ययनार्थ चयनित कुल 300 वृद्ध निदर्शितों में आंचलिक दृष्टि से 237(79%) निदर्शित ग्रामीण, 57(19%) निदर्शित ग्रामीण-नगरीय तथा मात्र 06(2%) निदर्शित नगरीय परिवेश के चुने गये हैं।

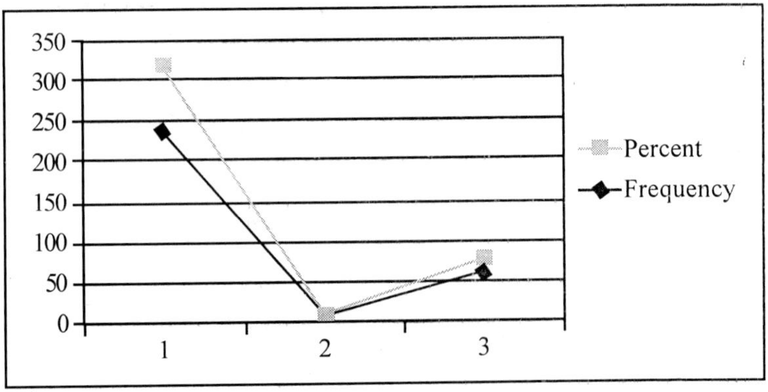

प्रस्तुत अध्ययन की दृष्टि से जाति संरचना का अध्ययन करना महत्वपूर्ण एवं आवश्यक समझा गया है। क्योंकि सामाजिक सांस्कृतिक दृष्टि से विभिन्न जातियाँ वृद्धजनों के साथ विभिन्न प्रकार की भूमिकाएँ निभाते हुए व्यवहार करती हैं, निम्न तालिका सूचनादाताओं की जातिगत स्थिति/संरचना पर संक्षिप्त प्रकाश डालती है :

तालिका 4.5

निदर्श सूचनादाताओं की जातिगत स्थिति/संरचना का विवरण

क्रमांक	*जातीय विवरण*	*निदर्शितों की संख्या*	*प्रतिशत*
1.	ब्राह्मण	05	1.66
2.	ठाकुर	51	17.00
3.	वैश्य	04	1.33
4.	कायस्थ	04	1.33
5.	यादव/अहीर	81	27.00
6.	लोधे/लोधी	75	25.00
7.	पाल/बघेल	10	3.00
8.	काछी/शाक्य	02	0.67
9.	नाई	01	0.33
10.	जाटव	27	9.00
11.	धोबी/दिवाकर	06	2.00
12.	धानुक	02	0.67
13.	मल्लाह	01	0.33
14.	कहार	01	0.33
15.	हरिजन/बाल्मीकि	12	4.00
16.	अन्य	19	6.33
	समस्त योग	**300**	**100.00**

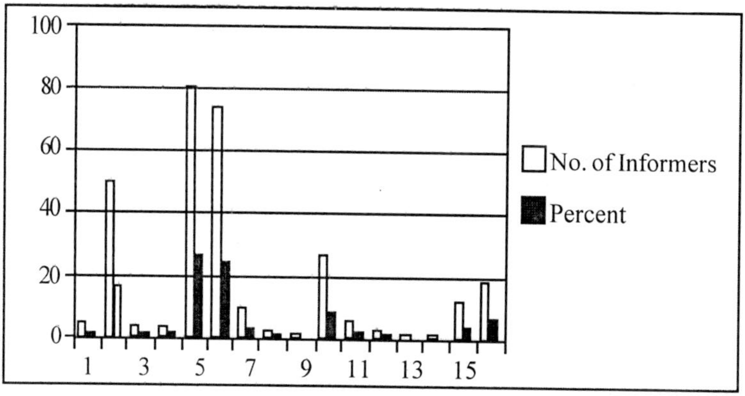

प्रस्तुत तालिका में प्रदर्शित प्राथमिक आंकड़ों के विश्लेषण से स्पष्ट होता है कि अध्ययनार्थ चयनित कुल 300 सूचनादाताओं में से 5(1.67%) ब्राह्मण, 5(17%) ठाकुर, 4(1.33%) वैश्य, 4(1.33%) कायस्थ, 81(27%) यादव/अहीर, 75(25%) लोधे/लोधी, 10(3.33%) पाल/बघेल, 2(0.67%) काछी/शाक्य, 1(0.33%) नाई, 27(9%) जाटव, 6(2%) धोबी, 2(0.67%) धानुक, 1(0.33%) मल्लाह, 1(0.33%) कहार, 12(4%) हरिजन/बाल्मीकि तथा 19(6.33%) अन्य चुने गये हैं। निम्न तालिका निदर्शन में चुने गये सूचनादाताओं की सामाजिक श्रेणीगत आधार पर उनकी जातीय संरचना पर संक्षिप्त प्रकाश डालती है–

तालिका 4.6

सामाजिक श्रेणीगत आधार पर निदर्श वृद्ध सूचनादाताओं की जाति संरचना का विवरण

क्रमांक	*निदर्शितों की जाति संरचना*	*सूचनादाताओं की संख्या*	*प्रतिशत*
1.	सवर्ण जाति	61	20.34
2.	पिछड़ी जाति	167	55.66
3.	अनुसूचित जाति	72	24.00
	समस्त योग	**300**	**100.00**

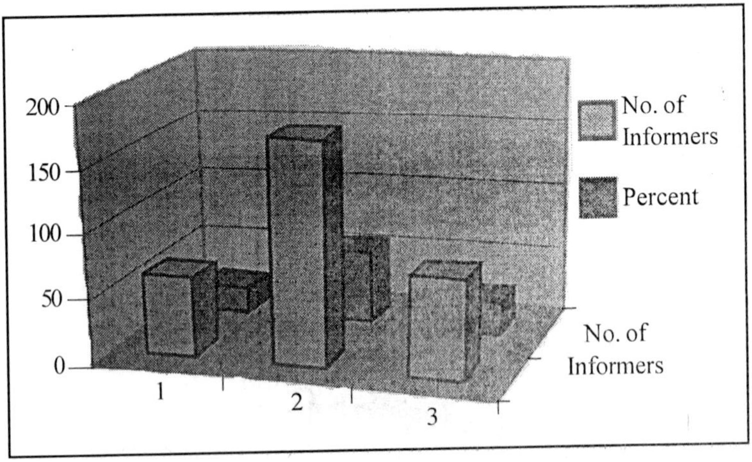

प्रस्तुत तालिका के प्राथमिक आंकड़ों के विश्लेषण तथा तत्सम्बन्धित विवेचन से स्पष्ट होता है कि अध्ययनार्थ चयनित कुल 300 सूचनादाताओं में से 61(20.34%) निदर्शित सवर्ण जातियों, 167(55.66%) निदर्शित पिछड़ी जातियों तथा 72(24%) निदर्शित अनुसूचित जातियों के चुने गये हैं जिनमें पिछड़ी जातियों के वृद्धजनों की बहुलता है। इसका कारण यह है कि एटा जनपद में पिछड़ी जातियों (अहीर, यादव, लोधे) की बहुलता है।

तालिका 4.7

निदर्श वृद्ध सूचनादाताओं के शैक्षिक स्तरों का विवरण

क्रमांक	*शैक्षिक स्तर*	*सूचनादाताओं की संख्या*	*प्रतिशत*
1.	अशिक्षित/निरक्षर	97	32.33
2.	साक्षर	35	11.67
3.	शिक्षित :		
	प्राइमरी तक	57	19.00
	मिडिल तक	36	12.00
	हाईस्कूल तक	17	5.67
	इण्टर तक	24	8.00
	इण्टर से ऊपर	16	5.33
4.	अन्य	18	6.00
	समस्त योग	**300**	**100.00**

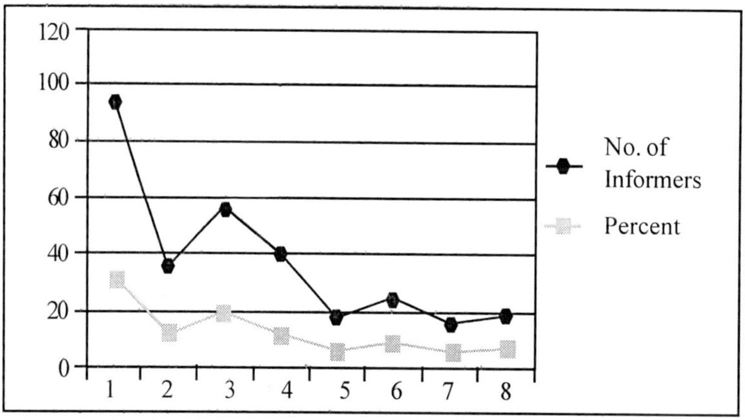

चूँकि शिक्षा एक ऐसा कारक है जो एक जीवशास्त्रीय प्राणी (मानव) को सामजिक प्राणी के रूप में विकसित करने में महत्वपूर्ण भूमिका ही नहीं निभाती बल्कि अन्धविश्वासों को दूर करके व्यक्तित्व विकास कर एक जागरूक व संवेदनशील प्राणी बनाती है। इतना ही नहीं शिक्षा का प्रभाव एवं महत्व मानव जीवन के प्रत्येक पक्ष (पहलू) पर भिन्न-भिन्न रूपों में अवलोकित एवं रेखांकित किया जा सकता है। शिक्षा से पड़ने वाले प्रभावों के कारण एक शिक्षित व्यक्ति, अशिक्षितों से पृथक दिखायी देता है। स्थान-पान, रहन-सहन, आचार-विचार, कम रूढ़िवादी, चेतनशील, जागरूक, सोच की दृष्टि से सुलझा हुआ, अच्छा स्वाभाव इत्यादि यहाँ तक कि विषम परिस्थितियों में सूझबूझ के साथ समस्याएं सुलझाने में सहायक अर्थात् मानव जीवन मृत्युपर्यन्त शिक्षा से ही निर्देशित तथा नियमित होता है चूँकि मेरे शोध का विषय 'वृद्धजनों की समस्याएँ' से सम्बन्धित है, इसलिए अशिक्षित एवं शिक्षित वृद्धजनों की पृथक-पृथक समस्याएं जानने के लिए यह आवश्यक समझा गया है कि निदर्शित सूचनादाताओं की शैक्षिक स्थितियों का भी अध्ययन किया जाये। सर्वेक्षण से प्राप्त प्राथमिक जानकारियों पर तालिका 4.7 संक्षिप्त प्रकाश डालती है-

प्रस्तुत तालिका के प्राथमिक तथ्यों के विश्लेषण तथा तत्सम्बन्धित विवेचन से स्पष्ट होता है कि अध्ययनार्थ चयनित कुल 300 वृद्ध निदर्श सूचनादाताओं में से-

1. 97 (32.33%) निदर्श सूचनादाता नितान्त अशिक्षित/निरक्षर पाये गये हैं।
2. 35(11.67%) निदर्शित मात्र साक्षर पाये गये हैं जो सभी वृद्ध महिलायें सूचनादाताएँ हैं।
3. 18(6%) निदर्शित डॉक्टरी, मिलिट्री तथा शिक्षण प्रशिक्षण प्राप्त पाये गये हैं।
4. 150(50%) निदर्शित शिक्षित पाये गये हैं जिनमें से 57(19%) सूचनादाता प्राइमरी तक शिक्षित, 36(12%) मिडिल तक शिक्षित, 17(5.67%) हाईस्कूल तक शिक्षित, 24(8%) निदर्शित इण्टरमीडिएट तक तथा शेष 16(5.33%) सूचनादाता इण्टर से ऊपर स्नातक तथा स्नातकोत्तर तक शिक्षित पाये गये हैं। सर्वेक्षित प्राथमिक आँकडों की समीक्षा तथा विश्लेषण करने पर हम पाते हैं कि-

(1) निदर्शन में लगभग एक तिहाई सूचनादाता निरक्षर (अशिक्षित) हैं।

(2) निदर्शितों में स्नातक तथा स्नातकोत्तर स्तर तक शिक्षितों की संख्या 16(5.33) है जो काफी कम है। ये सभी पुरुष निदर्शित सूचनादाता हैं।

(3) निदर्शितों में 18(6%) सूचनादाता तकनीकी प्रशिक्षित भी पाये गये हैं।

उपरोक्त समस्त तथ्यों के प्रकाश में यह कहा जा सकता है कि अध्ययन हेतु निदर्शन में शिक्षित तथा अशिक्षित दोनों प्रकार के वृद्ध चुने गये हैं।

विद्वानों के अनुसार विवाद हिन्दुओं में एक धार्मिक संस्कार है, वह इसलिए कि विवाह नामक संस्था दम्पतियों को विभिन्न बन्धनों में बाँधकर सामाजिक जवीन को स्थायी, अधिक व्यापक, अधिक उत्तरदायी तथा परिवार के प्रति कर्तव्य बोध विकसित करके सक्रियता प्रदान करती है, व्यक्ति क्या करता है? कैसे सोचता है? आदि तथ्य बहुत कुछ इस बात पर भी निर्भर करते हैं कि उसकी वैवाहिक स्थिति कैसी है–अविवाहित, विवाहित, अधिक सन्तानें, कम सन्तानें, सन्तान विहीन, विधुर, विधवा, परित्यक्ता, तलाकशुदा? अध्ययनार्थ चयनित वृद्ध सूचनादाताओं की वैवाहिक स्थिति पर निम्न तालिका संक्षिप्त प्रकाश डालती है–

तालिका 4.8

वृद्ध निदर्श सूचनादाताओं की वैवाहिक स्थिति सम्बन्धी विवरण

क्रमांक	*सूचनादाता की वैवाहिक स्थिति*	*आवृत्तियाँ*	*प्रतिशत*
1.	अविवाहित	–	00.00
2.	विवाहित	290	96.67
3.	विधुर	5	1.66
4.	विधवा	3	1.00
5.	परित्यक्ता	2	0.67
	समस्त योग	**300**	**100.00**

प्रस्तुत तालिका के प्राथमिक तथ्यों के विश्लेषण तथा विवेचन से स्पष्ट होता है कि अध्ययनार्थ चयनित कुल 300 निदर्श वृद्ध सूचनादाताओं में से

290(96.67%) सूचनादाता विवाहित, 5(1.66%) सूचनादाता विधुर, 3(01%) सूचनादाता विधवा तथा 2(0.67%) सूचनादाता परित्यक्ता पाये गये हैं।

प्रत्येक सामाजिक प्राणी को अपना जीवनयापन करने के लिए कुछ न कछ कार्य अवश्य करना पड़ता है, अर्थोपार्जन के लिए किये जाने वाले वे क्रियाकलाप जो अपेक्षाकृत अधिक नियमित होते हैं, व्यवसाय कहलाते हैं।

भारतीय समाज संरचना में सामाजिक-आर्थिक पृष्ठभूमि के निर्धारण में व्यक्ति/परिवार का व्यवसाय भी महत्वपूर्ण भूमिका का निर्वाह करता है। व्यवसाय के चयन, व्यवसाय करने आदि में व्यक्ति की सोच, सामाजिक-आर्थिक पृष्ठभूमि और यहाँ तक कि उसकी प्रदत्त एवं अर्जित दोनों ही प्रकार की स्थितियों का योगदान रहता है। निम्न तालिका निदर्श सूचनादाताओं के परिवारों की व्यावसायिक संरचना पर संक्षिप्त प्रकाश डालती है-

तालिका 4.9

निदर्श वृद्ध सूचनादाताओं के परिवारों की व्यावसायिक संरचना

क्रमांक	*परिवार में प्रमुख व्यवसाय का विवरण*	*सूचनादाताओं की संख्या*	*प्रतिशत*
1.	कृषि	233	77.67
2.	नौकरी/सेवा	28	9.33
3.	दुकानदारी/उद्योग	9	3.00
4.	अन्य (दस्तकारी, मजदूरी आदि)	30	10.00
	समस्त योग	**300**	**100.00**

प्रस्तुत तालिका में प्रदर्शित क्षेत्रीय आँकड़ों के विश्लेषण तथा विवेचन से स्पष्ट होता है कि सर्वेक्षित कुल 300 निदर्श वृद्ध सूचनादाताओं में से 233 (77.67%) सूचनादाताओं के परिवारों में मुख्य व्यवसाय के रूप में कृषि, 28 (9.33%) सूचनादाताओं के परिवारों में मुख्य व्यवसाय नौकरी 9(3%) सूचनादाताओं के परिवारों में मुख्य व्यवसाय के रूप में उद्योग/दुकान तथा अन्य 30(10%) सूचनादाताओं के परिवारों में मुख्य व्यवसाय के रूप में दस्तकारी तथा मजदूरी करके जीविकोपार्जन किया जाता है। निष्कर्ष रूप में यह कहा जा सकता है कि अधिकांशतः परिवारों में मुख्य व्यवसाय कृषि है। निम्न तालिका

वृद्धजनों जो कि निदर्शन में चुने गये हैं, के द्वारा किये जाने वाले व्यवसायों/कार्यों पर संक्षिप्त प्रकाश डालती है–

तालिका 4.10

निदर्शित वृद्धजनों द्वारा किये जाने वाले व्यवसाय/कार्य

क्रमांक	*वृद्धजनों द्वारा किये जाने वाले कार्य/सहयोग*	*आवृत्तियाँ*	*प्रतिशत*
1.	खेतीबाड़ी (कृषि) स्वयं करते हैं	58	19.33
2.	कृषि कार्यों में क्षमतानुसार सहयोग करते हैं	49	16.33
3.	घरेलू (घर गृहस्थी) के कार्य स्वयं करती हैं	63	21.00
4.	घरेलू कार्यों में क्षमतानुसार सहयोग करती हैं	40	13.33
5.	कुछ नहीं कर पाते (पातीं) क्योंकि वृद्ध हैं	35	11.67
6.	पेंशन से गुजर बसर करते हैं	55	18.34
	समस्त योग	**300**	**100.00**

प्रस्तुत तालिका में निर्दिष्ट प्राथमिक आंकड़ों के विश्लेषण तथा विवेचन से स्पष्ट होता है कि अध्ययनार्थ चयनित कुल 300 निदर्शित वृद्धजनों में से 58(19.33%) निदर्शित खेती बाडी स्वयं करते हैं, 49(16.33%) निदर्शित कृषि कार्यों में क्षमतानुसार सहयोग करते हैं, 63(21%) महिला निदर्शित अपने घरेलू कार्य स्वयं करती हैं 40(13.33%) महिला निदर्शित घरेलू कार्यों में परिजनों का सहयोग करती हैं, वहीं 35(11.67%) सूचनादाताओं का कहना है कि वे कुछ नहीं कर पाते (पातीं) हैं क्योंकि अधिक वृद्ध हैं अत: शारीरिक रूप से कार्य करने में अक्षम हैं एवं मात्र 55(18.34%) सूचनादाताओं ने स्वीकार किया है कि वे मिलने वाली पेंशन के सहारे गुजर बसर करते हैं।

शोधकर्त्ता ने निदर्शितों के परिवारों, उसकी संरचना, बच्चों की संख्या आदि का भी अध्ययन किया है क्योंकि परिवार, समाज की सर्वाधिक महत्वपूर्ण प्राथमिक तथा मौलिक इकाई होती है। इतना ही नहीं व्यक्ति की जन्म से लेकर मृत्युपर्यन्त तक की व्यवस्था परिवार में ही होती है, अत: परिवार का गहन अध्ययन करना आवश्यक समझा गया है। **प्रो. सर्वश्री मैकाइवर एण्ड पेज (1957 : 243)** के शब्दों में ''परिवार, समाज में सर्वाधिक महत्वपूर्ण समूह है।'' इसके आलोक में हम यह कह सकते हैं कि परिवार के अभाव में

सामाजिक जीवन की कल्पना तक नहीं की जा सकती। यह शब्द (Family) लैटिन भाषा के 'फेमुलस' शब्द से व्युत्पन्न है जिसका अर्थ–'सेवक' या 'सेवा करने वाला' से है। इस प्रकार एक परिवार उन व्यक्तियों का समूह होता है जिसके सदस्य परस्पर सेवाभाव से अधिकार और कर्तव्य बोध के साथ एक दूसरे के सहयोगार्थ एक साथ निवास करते हैं। इस प्रकार तथा इस रूप में परिवार की संरचना कर्तव्य प्रधान है।

विद्वान-**समाजशास्त्री बर्गेस एण्ड लॉक (1953)** के अनुसार "एक परिवार विवाह, रक्त सम्बन्ध या गोद लेने के बन्धनों से सम्बन्धी व्यक्तियों का एक ऐसा समूह होता है जो एक गृहस्थी का निर्माण करते हैं तथा एक दूसरे के साथ अन्त:क्रिया करते हुए पति-पत्नी, माता-पिता लड़के-लड़कियाँ और भाई-बहिन के रूप में अपने-अपने सामाजिक कार्यों को करते रहते हैं एवं एक सामान्य संस्कृति का निर्माण कर उसकी रक्षा करते हैं।" परिवार के सम्बन्ध में उल्लिखित उपरोक्त परिभाषा तथा अवधारणाओं से परिवार का महत्व तथा भूमिकाओं के सन्दर्भ में स्पष्ट है कि व्यक्तियों की सामाजिक पृष्ठभूमि के निर्धारण में परिवार नामक संस्था की भूमिका अहम् होती है। इतना ही नहीं पारिवारिक स्वरूप हमारी सामाजिक पृष्ठभूमि के निर्माण के साथ-साथ संस्कृति के स्वरूप को भी निर्धारित करता है। इसलिए शोधकर्त्ता ने अपने इस वृद्धावस्था की समस्याओं के अध्ययन में "सूचनादाताओं के परिवारों के स्वरूप" (संरचना) के सम्बन्ध में भी जानकारी हासिल करने का प्रयास किया है, जिस पर तालिका संक्षिप्त प्रकाश डालती है–

तालिका 4.11

निदर्श सूचनादाताओं की पारिवारिक संरचना तथा परिवारों के स्वरूप

क्रमांक	*परिवार का प्रकार*	*सूचनादाताओं की संख्या*	*प्रतिशत*
1.	संयुक्त परिवार	150	50.00
2.	एकाकी परिवार	150	50.00
	समस्त योग	**300**	**100.00**

प्रस्तुत निर्दिष्ट तालिका के प्राथमिक आँकड़ों के विश्लेषण तथा विवेचन से स्पष्ट होता है कि अध्ययनार्थ चुनी गई कुल 300 निदर्श इकाइयों के परिवारों में से 150(50%) सूचनादाताओं के परिवार संयुक्त तथा 150(50%) सूचनादाताओं

के परिवार एकाकी पाये गये हैं। इन तथ्यों के प्रकाश में निष्कर्ष बतौर यह कहा जा सकता है कि भारतीय ग्रामीण अंचलों में आज भी संयुक्त परिवार केन्द्रीय (एकाकी) परिवारों की तुलना में अधिक हैं, जो विभिन्न सामाजिक शक्तियों के कारण संयुक्त परिवार विघटित हो रहे हैं।

"मनुष्य की तीन मूलभूत अनिवार्य आवश्यकताओं में से 'आवास' एक महत्वपूर्ण अनिवार्य आवश्यकता है। आवास व्यक्ति की सामाजिक आर्थिक व साँस्कृतिक पक्षों से जुड़ा एक ऐसा पहलू है जिसका प्रभाव व्यक्ति की वैचारिकी (सोच) रहने-सहने की दशाओं को दर्शाता है।" शोधकर्त्ता ने प्रस्तुत अध्ययन के अन्तर्गत सूचनादाताओं के आवास एवं आवासीय दशाओं का भी अध्ययन करने का प्रयास किया है; जिस पर निम्न तालिका संक्षिप्त प्रकाश डालती है–

तालिका 4.12

वृद्ध निदर्श सूचनादाताओं के आवासों के स्वरूप/प्रकार

क्रमांक	*आवास का स्वरूप/प्रकार*	*सूचनादाताओं की संख्या*	*प्रतिशत*
1.	कच्चे	54	18.00
2.	पक्के	93	31.00
3.	कच्चे-पक्के मिश्रित	153	51.00
	समस्त योग	**300**	**100.00**

प्रस्तुत तालिका के प्राथमिक आँकड़ों के विश्लेषण तथा विवेचन से स्पष्ट होता है कि अध्ययनार्थ चुनी गई कुल 300 निदर्शित इकाइयों के परिवारों में 54(18%) निदर्श सूचनादाता कच्चे आवासों, 93(31%) निदर्शित पक्के आवासों तथा 153(51%) निदर्शित कच्चे-पक्के (मिश्रित) आवासों में निवास करते हैं। इन तथ्यों से यह स्पष्ट होता है कि आज भी अधिकाँशतः ग्रामीण लोग कच्चे तथा कच्चे-पक्के (मिश्रित) आवासों में रहकर जीवनयापन करते हैं जो उनकी हीन आर्थिक दशाएं दर्शाते हैं जो कि दयनीय हैं तो निश्चित ही उनके रहन-सहन तथा 'पोषण स्तर' भी निम्न स्तरीय ही होंगे। निम्न तालिका सूचनादाताओं के आर्थिक-सामाजिक स्तरों (स्वरूपों) पर संक्षिप्त प्रकाश डालती है। सर्वेक्षण से प्राप्त प्राथमिक आंकड़ों से सुस्पष्ट होता है कि अधिकांशतः 175(58.33%) निदर्शित वृद्ध निम्न स्तरीय तथा 111(37%) निदर्शित वृद्ध मध्यम स्तरीय जीवन-यापन कर रहे हैं। उच्च स्तरीय सामाजिक-आर्थिक स्तर

वाले वृद्ध निदर्शित अत्यन्त कम 14(4.67%) पाये गये हैं जिनमें 9 व्यवसायी हैं तथा 5 सेवानिवृत्ति।

तालिका 4.13

निदर्श वृद्ध सूचनादाताओं के सामाजिक-आर्थिक स्तर

क्रमांक	*स्तर का प्रकार/स्वरूप*	*सूचनादाताओं की संख्या*	*प्रतिशत*
1.	निम्न स्तरीय	175	58.33
2.	मध्यम स्तरीय	111	37.00
3.	उच्च स्तरीय	14	4.67
	समस्त योग	**300**	**100.00**

उपरोक्त तालिका के आँकड़ों के विश्लेषण तथा विवेचन से विदित होता है कि अध्ययनार्थ कुल 300 वृद्ध निदर्शितों में से 175(58.33%) निदर्शितों के सामाजिक आर्थिक स्तर निम्न, 111(37%) निदर्शितों के सामाजिक-आर्थिक स्तर मध्यम तथा 14(4.67%) निदर्शितों के परिवारों के सामाजिक-आर्थिक स्तर उच्च पाये गये हैं। इन क्षेत्रीय (प्राथमिक) आँकड़ों से स्पष्ट होता है कि अधिकाँशत: (58.33% ग्रामीण वृद्ध जनों के सामाजिक-आर्थिक स्तर (दशाएँ) निम्न स्तरीय हैं जिसके कारण वे निम्न स्तर (कोटि) का जीवन-यापन कर रहे हैं। शोधकर्त्ता ने इसके साथ ही वृद्ध निदर्शितों के परिवारों में कुल 'पारिवारिक सदस्य संख्या' जानने का भी प्रयास किया है। जिस पर निम्न तालिका संक्षिप्त प्रकाश डालती है–

तालिका 4.14

वृद्ध निदर्शितों के परिवारों में पारिवारिक सदस्य संख्या

क्रमांक	*सदस्यों की संख्या*	*निदर्शितों के परिवार*	*प्रतिशत*
1.	0–3	11	3.67
2.	3–5	42	14.00
3.	5–7	111	37.00
4.	7–9	81	27.00
5.	9–11	31	10.33
6.	11–13	22	7.33
7.	13 से अधिक	2	0.67
	समस्त योग	**300**	**100.00**

प्रस्तुत तालिका के प्राथमिक तथ्यों के विश्लेषण तथा विवेचन से स्पष्ट होता है कि अध्ययन किये गये कुल 300 वृद्ध सूचनादाताओं के परिवारों में से 11(3.67%) निदर्शित के परिवारों में 3 से कम सदस्य, 42(14%) निदर्शितों के परिवारों में 3–5 तक सदस्य, 111(37%) निदर्शितों के परिवारों में 5–7 तक सदस्य, 81(27%) परिवारों में 7–9 तक सदस्य, 31(10.33%) निदर्शितों के परिवारों में 9–11 तक सदस्य, 22(7.33%) निदर्शितों में 11–13 तक सदस्य तथा शेष 2 परिवारों में 13 तथा 13 से भी अधिक सदस्य अवलोकन में आये हैं। परन्तु साँख्यिकी शास्त्र से औसत सदस्य/परिवार की गणना करने पर विदित हुआ है कि सर्वेक्षितों के परिवारों में औसतन 7 सदस्य पाये गये हैं जो वर्तमान कष्ट साध्य मंहगाई के युग में काफी अधिक हैं। यही कारण है कि ग्रामीण अंचलों में परिवारों में ठीक तरह से रहना तथा आहार पौष्टिक व सन्तुलित मिलना तो दूर दो जून की रोटियाँ भी सुलभ होना कठिन पड़ता है। निम्न तालिका निदर्शितों के परिवारों में पाये गये बच्चों की संख्या तथा औसतन बालक प्रति परिवार पर संक्षिप्त प्रकाश डालती है–

तालिका 4.15

निदर्श वृद्ध सूचनादाताओं के परिवारों में बच्चे की संख्या

क्रमांक	*बच्चों की संख्या*	*परिवारों की संख्या*	*प्रतिशत*
1.	कोई बच्चा नहीं	3	1.00
2.	1 बच्चा	10	3.33
3.	2 बच्चे	9	3.00
4.	3 बच्चे	46	15.33
5.	4 बच्चे	51	17.00
6.	5 बच्चे	101	33.67
7.	5 से अधिक बच्चे	80	26.67
	समस्त योग	**300**	**100.00**

(सांख्यकी से) औसत बालक/परिवार 1374/300 = 4.58 (लगभग 5)

क्षेत्रीय तथ्यों के विश्लेषण से विदित होता है कि अध्ययनार्थ चयनित कुल 300 सूचनादाताओं के परिवारों में से 3(1%) परिवार ऐसे पाये गये हैं जिनमें एक भी बच्चा नहीं, 10(3.33%) परिवारों में मात्र 1 बच्चा, 9(3%) परिवारों

में 2 बच्चे तक 46(15.33%) परिवारों में 3 तक बच्चे, 51(17%) परिवारों में 4 तक बच्चे, 101(33.67%) परिवारों में 5 बच्चे तथा 80(26.67%) परिवारों में 5 से भी अधिक बच्चे पाये गये हैं। लेकिन सांख्यिकी से प्रति परिवार बच्चों की संख्या की गणना करने पर विदित हुआ है कि सर्वेक्षितों के परिवारों में औसतन बालक 5 पाये गये हैं।

इसी तथ्य की पुष्टि करने के लिए शोधकर्त्ता ने सर्वेक्षित कुल 300 वृद्धजनों के परिवारों की मासिक आय तथा उनके परिवारों के मासिक व्यय भी ज्ञात किये हैं जिस पर निम्न तालिकाएँ संक्षिप्त प्रकाश डालती हैं–

तालिका 4.16

निदर्श वृद्धजनों के परिवारों की मासिक आय (रुपयों में)

क्रमांक	*मासिक आय वर्ग (रु. में)*	*आवृत्तियाँ*	*प्रतिशत*
1.	0–500	3	1.00
2.	500–1000	8	2.67
3.	1000–1500	13	4.33
4.	1500–2000	43	14.33
5.	2000–2500	53	17.66
6.	2500–3000	99	33.00
7.	3000 से अधिक	81	27.00
	समस्त योग	**300**	**100.00**

औसतन मासिक आय/परिवार 2510 रु.

प्रस्तुत तालिका के आँकड़ों तथा विवेचन से स्पष्ट होता है कि अध्ययन किये गये कुल 300 वृद्धजनों के परिवारों में 3 परिवार ऐसे थे, जिनकी मासिक आय 500 रुपये से कम थी। 8 परिवार की मासिक आय 500 से 1000 रुपये के बीच थी जबकि 56 परिवार ऐसे थे जिनकी मासिक आय 1000 से 2000 रुपये की बीच थी, 152 परिवारों की मासिक आय 2000 से 3000 रुपये थी, शेष 81 परिवारों की मासिक आय 3000 रु. से अधिक थी। शोधकर्त्ता ने सांख्यिकी से सर्वेक्षित वृद्धजनों के परिवारों की मासिक आय का अध्ययन भी ज्ञात किया जो 2510 रुपये पाया गया जबकि औसतन प्रति परिवार सदस्य संख्या

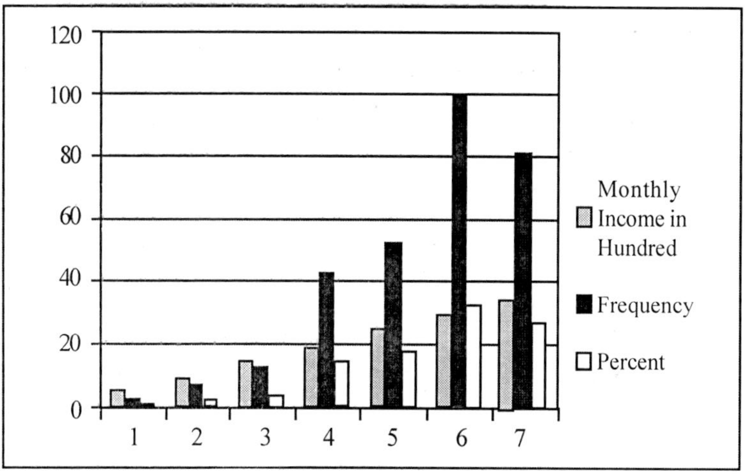

7 पायी गयी है, इस प्रकार स्पष्ट है कि प्रति सर्वेक्षित वृद्धजनों के परिवार में प्रति व्यक्ति आय 358.57 रु. मासिक है।

शोधकर्त्ता ने सर्वेक्षित परिवारों के मासिक व्यय (रुपये में) ज्ञात करने के प्रयास किये हैं। निम्न तालिका सर्वेक्षित वृद्धजनों के परिवारों की संख्या तथा परिवार के मासिक व्यय (रु. में) पर संक्षिप्त प्रकाश डालती है–

तालिका 4.17

वृद्धजनों के सर्वेक्षित परिवारों के मासिक व्यय (रुपयों में)

क्रमांक	*मासिक व्यय (रुपये में)*	*परिवारों की आवृत्तियाँ*	*प्रतिशत*
1.	0–500	5	1.66
2.	500–1000	77	25.67
3.	1000–1500	88	29.33
4.	1500–2000	38	12.67
5.	2000–2500	51	17.00
6.	2500–3000	29	9.67
7.	3000 से अधिक	12	4.00
	समस्त योग	**300**	**100.00**

औसतन मासिक व्यय/परिवार = 1500 रु.

प्रस्तुत तालिका के प्राथमिक आँकड़ों के विश्लेषण तथा विवेचन से स्पष्ट है कि 82(27.33%) परिवार ऐसे हैं जिनका मासिक व्यय 1000 रु से कम, 177(59.00%) परिवार ऐसे पाये गये हैं जिनका मासिक व्यय 1000 रु. से 2500 रु. मासिक के मध्य है तथा 41(13.67%) परिवार ऐसे पाये गये हैं जिनका मासिक व्यय 2500 रु. से 3000 रु. तथा इससे भी अधिक है। शोधकर्त्ता ने सर्वेक्षित परिवारों के मासिक व्ययों की गणना सांख्यिकी से भी की है जो प्रति परिवार 1500 रुपये पायी गयी है। जबकि प्रति परिवार औसतन सदस्य संख्या 7 पायी गयी है दृष्टव्य : तालिका इन तथ्यों से सुस्पष्ट है कि प्रति व्यक्ति मासिक व्यय 214.42 पाया गया है। इन तथ्यों (प्रति व्यक्ति मासिक आय तथा प्रति व्यक्ति मासिक व्यय) रुपयों में जानने के प्रकाश में यह कहा जा सकता है कि वृद्धजनों के परिवारों की आय से उनके परिवारों के व्यय तुलनात्मक अधिक है। भला ऐसी दशा में वृद्धजनों के अच्छे रहन-सहन, पौष्टिक तथा सन्तुलित भोजन/आहार मिलने की बात सोचना कितनी हास्यास्पद प्रतीत होती है।

निम्न तालिका परिवार तथा परिवारीजनों से वृद्ध निदर्श सूचनादाताओं के सन्तुष्ट व असन्तुष्ट होने की दशाओं पर संक्षिप्त प्रकाश डालती है–

तालिका 4.18

परिवार तथा परिजनों से वृद्ध निदर्श सूचनादाताओं के सन्तुष्ट-असन्तुष्ट होने की दशाएँ

क्रमांक	*सन्तुष्ट-असन्तुष्ट विवरण*	*वृद्धजनों की संख्या*	*प्रतिशत*
1.	सन्तुष्ट	11	3.67
2.	उदासीन	75	25.00
3.	असन्तुष्ट	214	71.33
	समस्त योग	**300**	**100.00**

प्रस्तुत तालिका के प्राथमिक तथ्यों से स्पष्ट है कि अध्ययनार्थ चयनित कुल 300 वृद्ध निदर्शितों में से अपने विचार व परिजनों से मात्र 11(3.67%) निदर्शित सन्तुष्ट पाये गये हैं जबकि 75(25%) निदर्शित उदासीन तथा 214 (71.33%) सर्वाधिक निदर्शित असन्तुष्ट पाये हैं। यह प्रश्न किये जाने पर कि वे क्यों उदासीन तथा असन्तुष्ट हैं? तो प्रत्युतर मिला–"विभिन्न समस्याएं उनके समक्ष मुँहबाए खड़ी हैं।" लिकर्ट मनोवृत्ति मापक के आधार पर सीमा विस्तारों पर निम्न तालिका संक्षिप्त प्रकाश डालती है–

तालिका 4.19

परिवार तथा परिजनों से वृद्ध निदर्शितों के सन्तुष्ट तथा असन्तुष्ट सम्बन्धी सीमा-विस्तार–"लिकर्ट मनोवृत्ति मापक के अनुसार"

क्रमांक	*सीमा-विस्तार*	*वृद्धजनों की संख्या*		*प्रतिशत*
1.	पूर्णतः सन्तुष्ट	06	10	2.00
2.	कम सन्तुष्ट	04		1.33
3.	उदसीन/तटस्थ	73		24.33
4.	कम असन्तुष्ट	151	217	50.33
5.	पूर्णतः असन्तुष्ट	66		22.67
	समस्त योग	**300**		**100.00**

प्रस्तुत तालिका में प्रदर्शित प्राथमिक तथ्यों के विश्लेषण तथा विवेचन से स्पष्ट होता है कि अध्ययनार्थ चयनित कुल 300 वृद्ध निदर्श सूचनादाताओं में से–

1. कुल 10 वृद्ध सन्तुष्ट निदर्शितों में से 6(2%) पूर्णतः सन्तुष्ट तथा 4 (1.33%) अपेक्षाकृत कम सन्तुष्ट पाये गये हैं।
2. कुल 217 वृद्ध असन्तुष्ट निदर्शितों में से 151(50.33%) निदर्शित कम असन्तुष्ट तथा 66(22.67%) निदर्शित पूर्णतः असन्तुष्ट पाये गये हैं। असन्तुष्ट होने सम्बन्धी कारणों पर यथोचित स्थानों पर आगामी अध्यायों में प्रकाश डाला जायेगा। निम्न तालिका निदर्श सूचनादाताओं की पृष्ठभूमि ने परिदृश्य पर एक विहंगम दृष्टि में प्रकाश डालती हैं–

तालिका 4.20

निदर्श सूचनादाताओं की पृष्ठभूमि एक विहंगम दृष्टि में

क्र.	*पृष्ठभूमि का सन्दर्भ-विवरण*	*निदर्श सूचनादाता*	*आवृत्तियाँ*	*प्रतिशत*
(1)	*(2)*	*(3)*	*(4)*	*(5)*
1.	धार्मिक संरचना	हिन्दू	300	(100.00)
2.	लैंगिक संरचना	पुरुष	162	(54.00)
		महिलाएँ	138	(46.00)
3.	आयु संरचना (वर्षों में)	60–65	106	(35.34)
		65–70	128	(42.66)

(1)	(2)	(3)	(4)	(5)
		70–75	46	(15.33)
		75–80	12	(4.00)
		80 से ऊपर	5	(1.67)
4.	निवास/अंचल (परिवेश)	ग्रामीण	237	(79.00)
		नगरीय	06	(2.00)
		ग्रामीण–नगरीय	57	(19.00)
5.	जातीय संरचना	सवर्ण जाति	614	(20.34)
		पिछड़ी जाति	167	(55.66)
		अनुसूचित जाति	72	(24.00)
6.	क्षैक्षिक स्तर (संरचना)	अशिक्षित/निरक्षर	97	(32.33)
		साक्षर	35	(11.67)
		शिक्षित	150	(50.00)
		अन्य	18	(6.00)
7.	वैवाहिक स्थिति	अविवाहित	–	(00.00)
		विवाहित	290	(96.67)
		विधुर	5	(1.66)
		विधवा	3	(01)
		परित्यक्ता	2	(0.66)
8.	परिवार की व्यावसायिक संरचना	कृषि	233	(77.67)
		नौकरी/सेवा	28	(9.33)
		दुकानदारी/उद्योग	9	(.3)
		अन्य (मजदूरी, दस्तकारी)	30	(10.00)
9.	पारिवारिक संरचना/प्रकार	संयुक्त परिवार	150	(50.00)
		एकाकी परिवार	150	(50.00)
10.	आवासों के स्वरूप/संरचना	कच्चे	54	(18.00)
		पक्के	93	(31.00)
		कच्चे–पक्के (मिश्रित)	153	(51.00)
11.	सामाजिक–आर्थिक स्तर	निम्न स्तर	175	(58.33)
		मध्यम स्तर	111	(37%)
		उच्च स्तर	14	(4.67)

(1)	(2)	(3)	(4)	(5)
12.	परिवारों में औसतन सदस्य संख्या	औसतन/परिवार	01(7)	–
13.	परिवारों में बच्चों की औसत संख्या	औसतन/परिवार	4.58(5)	
14.	परिवार की आय (मासिक) रु. में	औसतन मासिक आय	2510 रु.	–
15.	परिवार का मासिक व्यय रुपयों में	औसतन मासिक व्यय	1500 रु.	–
16.	परिजनों से सन्तुष्टि-असन्तुष्टि स्तर	सन्तुष्ट	11	(3.67)
		उदासीन	75	(25.00)
		असन्तुष्ट	214	(71.33)
17.	लिकर्ट पैमाने के अनुसार	पूर्णतः सन्तुष्ट	06	(2.00)
	सन्तुष्टि-असन्तुष्टि स्तर	कम सन्तुष्ट	04	(1.33)
		उदासीन	73	(24.33)
		कम असन्तुष्ट	151	(50.33)
		पूर्णतः असन्तुष्ट	66	(22.67)

सन्दर्भ-सूची

1. **तिलारा के.एस.;** व्यवहारिक समाजशास्त्र : समस्याएँ एवं सामाजिक विधान प्रकाशन केन्द्र, लखनऊ (उ.प्र.) 1990, पृ. 132
2. **लवानियाँ एस.एम.;** भारतीय सामाजिक समस्याएं, कृष्णा बुक स्टोर प्रकाशन शिकोहाबाद (उत्तर प्रदेश) 1967, पृ. 203
3. **सारस्वत रमेश पी.;** भारतीय सामाजिक व्यवस्था भदोरिया पब्लिकेसन्स एण्ड बुक सेन्टर (प्रा. लि.) इटावा (उ.प्र.) 1996, पृ. 157
4. **रयूटर एम.आर.;** ऐन इन्ट्रोडक्शन टू सोसियोलॉजी, मैक ग्रो हिल बुक कम्पनी एण्ड हर्ट पी.आर. कोगाकुशा, न्यूयार्क, 1960, पृ. 320
5. **मिश्रा पी.के.;** मानव समाज की रूपरेखा, विकास पब्लिकेसन्स, जवाहर नगर, नई दिल्ली, 1997, पृ. 37
6. **श्रीवास्तव हर प्रकाश;** श्रमिकों में सामाजिक-व्यावसायिक गतिशीलता के विविध आयाम, स्टरलिंग प्रकाशन (प्रा. लिमि.) नई दिल्ली, 1990-91, पृ. 13
7. **अग्रवाल भरत;** भारतीय समाज : अतीत से वर्तमान तक, मनमोहन दास पुस्तक मन्दिर (प्रा. लि.) भरतपुर (राजस्थान) संशोधित संस्करण 1989, पृ. 103
8. **सत्येन्द्र के. एण्ड;** रिसर्च डिजायन इन सोशल साइन्सेज : सोशल कण्डिसन्स भटनागर पी.के. एण्ड प्राबलम्स; जगन्नाथ पब्लिसर्स (प्रा. लिमि.) दरभंगा (बिहार) द्वितीय संस्करण, 1992, पृ. 89

9. **सिन्हा ए.के.;** स्टडी ऑफ द रूरल कल्चर, इण्डियन जर्नल ऑफ रूरल सोसियोलॉजी, वाल्यूम-29 अंक-43, दिसम्बर 1974, पृ. 43।

10. **मैरिल ई.एल.;** इकोनोमिक फाउन्डेशन, मैक मिलन एण्ड कम्पनी (प्रा. लि.), कोगाकुशा, न्यूयार्क, 1956, पृ. 165

11. **मैकाइवर आर.एम.;** सोसाइटी, मैक मिलन एण्ड कम्पनी, (प्रा. लिमि.) न्यूयार्क, 1959, पृ. 243

12. **मिचैल जी.डी;** ए न्यू डिक्शनरी ऑफ सोसियोलॉजी, रूटलैज एण्ड कीगन पॉल, लन्दन (प्रा. लिमि.)1968, पृ. 80

13. **बर्गेस ई. डब्ल्यू;** दि फेमिली, अमेरिकन बुक कम्पनी, न्यूयार्क, 1953, पृ. 218

14. **बर्गेस ई. डब्ल्यू;** दि फेमिली एण्ड इट्स जैनेसिस, रूटलैज एण्ड कीगन पॉल, एण्ड लॉक ईबी. लन्दन (प्रा. लिमि.) 1953, पृ. 107

15. **सक्सैना आर.एन.;** प्रॉबलम्स आफ ऐजिंग पब्लिश्ड पीएचडी. थीसिस, रिसर्च पब्लिकेसन्स राज, जयपुर (राजस्थान), वर्ष 2002, पृ. 81

16. **दाभाडे पूनम के.;** वृद्ध महिलाएँ एवं पारिवारिक समस्याएँ-प्रकाशित शोध-पत्र नॉर्थ महाराष्ट्रा यूनिवर्सिटी, जलगाँव द्वारा प्रायोजित राष्ट्रीय शोध संगोष्ठी, 21, 22 एवं 23 दिसम्बर 2000, पृ. 3

5 वृद्धों की समस्याएँ एवं उनके विभिन्न स्वरूप

प्राय: वृद्धावस्था को जटिल एवं समस्याग्रस्त अवस्था माना जाता है; क्योंकि अनेक प्रकार की समस्याएं एक साथ मनुष्य को घेर लेती हैं जिसके फलस्वरूप व्यक्ति अपना सामंजस्य स्थापित करने में अपने आपको असफल पाता है। **स्वामीनाथन डी.** (1996 : 20) ने वृद्धावस्था की बहुमुखी समस्याओं के सम्बन्ध में लिखा है कि वृद्धावस्था एक विशिष्ट बीमारी के समान है। यह वह बीमारी है जो प्रत्येक व्यक्ति को लगती है, वह व्यक्ति जो जीवित रहता है अन्य सब बीमारियाँ इस बीमारी को निरपवाद रूप से जकड़ लेती हैं। वृद्धावस्था में शारीरिक एवं मानसिक दुर्बलता के साथ-साथ व्यक्ति को परिवार एवं सामुदायिक समायोजन एकाकीपन एवं अलगाव, खाली समय का रचनात्मक (सृजनात्मक) उपयोग न हो पाना तथा स्वयं एवं आश्रितों के पोषण हेतु अपर्याप्त आय आदि अनेकानेक समस्याएँ उसे घेरे रहती हैं। **एन.एस.एस.ओ.** (1989) के अनुसार वृद्धावस्था की विभिन्न समस्याएँ : सामाजिक, आर्थिक, मानसिक, शारीरिक व स्वास्थ्य सम्बन्धी, पर्यावरणीय नवीन व प्राचीन विचारधाराओं में सामंजस्य, समय व्यतीत करने एवं मनोरंजन सम्बन्धी के अतिरिक्त वृद्धों की सत्ता एवं प्रभाव; परिवार के सदस्यों के साथ अन्त:क्रियाएं करने, पारिवारिक गतिविधियों से लगाव किन्तु उनकी उपेक्षा किया जाना, आवश्यकताओं की पूर्ति न हो पाना आदि हैं। **पचौरी जे.पी.** (1992 : 20) के अनुसार समाजशास्त्रीय दृष्टिकोण से वृद्धावस्था की एक प्रमुख समस्या समाज के साथ उनके सही समायोजन न करने की है। अधिकांशत: वृद्ध स्वास्थ्य गिरने, नौकरी से हट जाने और आमदनी में कमी आने आदि के कारण काफी मानसिक तनाव महसूस करने लगते हैं जिसके कारण उनमें निराशा, कुण्ठा, नकारात्मक व्यवहार तथा उत्तेजना आदि की भावनाएँ पनप जाती हैं जो समाज तथा परिवार से उचित समायोजन करने में बाधक होती हैं। **क्रिस्टोफर ए.जे.** (1992 : 36) ने अपने वृद्धों सम्बन्धी आनुभविक अध्ययन के आधार पर लिखा है कि (1) वृद्धावस्था

मानव जीवन की एक गम्भीर, जटिल तथा सार्वभौमिक समस्या है (2) तीव्र परिवर्तनों के वर्तमान दौर में परिवार की संरचना एवं प्रकार्यों में हो रहे परिवर्तनों के फलस्वरूप परिवार, अनाथों, विधवाओं, विधुरों तथा वृद्धों की सहायता एवं सुरक्षा देने का कार्य पूर्व की भाँति कर पा रहे हैं। यही कारण है कि आज वृद्धों और परिजनों के बीच सफल समायोजन नहीं हो पा रहा है; और वृद्धों का जीवन समस्याग्रस्त हो रहा है। **प्रो. रानी वन्दना (1999 : 70)** ने अपने आनुभविक अध्ययन के आधार पर निष्कर्षत: लिखा है कि वर्तमान सन्दर्भों में परिवार की सत्ता एवं प्रभाव वृद्धों के हाथ से छिनकर परिवार के अन्य सदस्यों विशेषकर युवाओं के हाथों में हस्तान्तरित हो रहा है। वृद्धों की स्थिति आज ''आश्रित'' की हो गयी है। **चौधरी डी. पाल (1997 : 203)** ने वृद्धावस्था की समस्याएँ नामक 50 वृद्धाओं के सर्वेक्षण के आधार पर निष्कर्ष दिया है कि–वृद्धावस्था में अनेक समस्याएं मनुष्य को एक साथ घेर लेती हैं जिसके फलस्वरूप व्यक्ति अपना सामंजस्य स्थापित करने में अपने आपको असफल पाता है। इस अवस्था की प्रमुख समस्याओं के अन्तर्गत : समय व्यतीत करने की समस्या, आवास की समस्या, पूँजी व सम्पत्ति की देखभाल की समस्या, नई अर्थव्यवस्था, सामाजिक आर्थिक समस्याएँ, शारीरिक तथा स्वास्थ्य समस्याएँ, पारिवारिक सामंजस्य की समस्या, सत्ता एवं प्रभाव की समस्या आदि प्रमुख हैं। **असरानी (फैक्ट्स अबाउट दि एन्ड : 1998 : 47)** के अनुसार ग्रामीण क्षेत्रों में 45.8% तथा नगरीय क्षेत्रों में 44.1% वृद्ध गम्भीर बीमारियों के शिकार, ग्रामीण क्षेत्रों में 5.34% तथा नगरीय क्षेत्रों में 5.56% वृद्ध शारीरिक रूप से अक्षम, ग्रामीण क्षेत्रों में 7. 98% तथा नगरीय क्षेत्रों में 5.94% वृद्ध अकेले रह रहे हैं तथा आर्थिक रूप से स्वतन्त्र वृद्ध क्रमश: 24.4% तथा 28.94% पाये गये हैं। गहन पूछताछ के दौरान पाया कि 90% सूचनादाताओं के अनुसार–(1) उनकी सत्ता एवं प्रभाव में अन्तर आया है (2) उन्हें आवश्यकताओं की पूर्ति के लिए परिजनों का मुंह ताकना पड़ता है (3) वे स्वयं उपेक्षित अनुभव करते हैं (4) पारिवारिक गतिविधियों से (73.6%) वृद्ध पूर्वव् लगाव रखते हैं जबकि 26.4% वृद्ध लगाव पूर्व की भाँति नहीं रखते हैं। इन उपर्युक्त समस्त तथ्यों के आलोक में निष्कर्षत: यह कहा जा सकता है कि वृद्धों की विभित्र समस्याएं हैं। शोधकर्त्ता ने अन्य विद्वानों की भाँति वृद्धजनों की समस्याओं को गहनता तथा गम्भीरता से अध्ययन करने का प्रयास किया है। इस अध्याय के अन्तर्गत वृद्धों की समस्याओं को 'प्राथमिक तथ्य संकलन' प्रणाली से विश्लेषित करके तथ्यपरक वैज्ञानिक निष्कर्ष प्रस्तुत करने का प्रयास किया है। पूर्व विद्वानों एवं विषयवेत्ताओं द्वारा वृद्धजनों की

समस्याओं को सामान्यत: सामाजिक, आर्थिक, मनो-सामाजिक, शारीरिक व स्वास्थ्य सम्बन्धी, पर्यावरणीय, समय व्यतीत करने एवं मनोरंजन सम्बन्धी सम्पत्ति व पूँजी के उचित रखाव परिजनों के साथ समायोजन (सामंजस्य) करने सम्बन्धी बताया गया है।

शोधकर्त्ता ने समग्र से प्राथमिक तथ्य संकलित करके वृद्धों की समस्याओं का अध्ययन निम्न विन्दुओं के अनुसार करने का प्रयास किया है–

(क) पारिवारिक-सामाजिक समस्याएं–

(i) एकाकीपन अनुभव करना

(ii) अलगाव अनुभव करना

(iii) अपने बच्चों से ही अपनत्व की कमी अनुभव करना

(iv) परिवार के सदस्यों द्वारा उनकी उपेक्षा एवं अनदेखी करना

(v) अपने ही बच्चों द्वारा सम्मान न मिलना

(vi) सामाजिक गतिविधियों से अलगाव

(vii) सामाजिक दूरी अनुभव करना

(viii) सत्ता एवं प्रभाव में कमी अनुभव करना

(ख) आर्थिक समस्याएं

(ग) मानसिक समस्याएं

(घ) शारीरिक व स्वास्थ्य सम्बन्धी समस्याएँ

(ङ) पर्यावरणीय समस्याएं

(च) समय व्यतीत करने एवं मनोरंजन की समस्या

(छ) आवासीय अभाव अनुभव करना आदि।

समय परिवर्तन तथा समय की रफ्तार के साथ समाज में नये-नये परिवर्तन तथा बदलाव होने लगते हैं। नई पीढ़ी के लोग पुरानी विचाधारा के व्यक्तियों को या तो पसन्द ही नहीं करते या फिर कम पसन्द करते हैं। अत: बुजुर्ग लोग जब रहन-सहन व अन्य बातों में बिना पूछे दखल देते हैं तो कम आयु के व्यक्ति

तथा विशेषकर युवा वर्ग वृद्धजनों की उपेक्षा एवं अनसुनी करते हैं, और इस उपेक्षा को वृद्ध व्यक्ति सहन नहीं कर पाता है, वह अपने आप को अपमानित समझता है, जिसके परिणामस्वरूप वृद्धजन एवं युवावर्ग में मानसिक तौर पर शीत संघर्ष रहता है जो पारिवारिक तनाव जनित करता है। वास्तविकता यह है कि वृद्ध व्यक्ति किसी भी प्रकार के परिवर्तन से खुश नहीं होते हैं, और न ही परिवर्तन उन्हें रास (पसन्द) आता है। अतएव ऐसी परिवर्तनशील परिस्थितियों में सामाजिक व पारिवारिक सामंजस्य स्थापित करने में या तो उन्हें समस्याएं आती हैं, या फिर वे परिजनों व समाज के लोगों के साथ सामंजस्य करने में असमर्थ रहते हैं। शोधकर्त्ता ने सर्वप्रथम प्रत्येक सूचनादाताओं से एक ही प्रश्न किया कि–"क्या आप वृद्ध हो जाने पर समस्याएं अनुभव करते हैं? सर्वेक्षण से प्राप्त प्राथमिक तथ्यों पर निम्न तालिका संक्षिप्त में प्रकाश डालती है–

तालिका 5.1

'क्या आप वृद्ध हो जाने पर समस्याएँ अनुभव करते (करती) हैं?'

क्रमांक	*सूचनादाताओं के प्रत्युत्तर*	*आवृत्तियाँ*	*प्रतिशत*
1.	'हाँ' (सकारात्मक)	300	100.00
2.	'नहीं' (नकारात्मक)	–	00.00
3.	अनुत्तरित	–	00.00
	समस्त योग	**300**	**100.00**

प्रस्तुत तालिका में निर्दिष्ट प्राथमिक तथ्यों के विश्लेषण तथा विवेचन से स्पष्ट होता है कि अध्ययनार्थ चयनित कुल 300 वृद्ध निदर्शित में से 300 (100.00%) अर्थात् शतप्रतिशत निदर्शितों ने यह स्वीकार किया है कि वृद्ध हो जाने पर वे विभिन्न प्रकार की समस्याएँ अनुभव करते हैं। अनुत्तरित तथा नकारात्मक प्रत्युत्तर प्रदान करने वाला कोई सूचनादाता नहीं पाया गया है। निम्न तालिका 5.2 लिंग भेदानुसार प्रत्युतरों पर संक्षिप्त प्रकाश डालती है।

निम्न तालिका 5.3 सामाजिक समस्याओं के अनुभव करने के विभिन्न पहलुओं पर सर्वेक्षण से प्राप्त सूचनादाताओं के अभिमतों पर संक्षिप्त प्रकाश डालती है।

प्रस्तुत तालिका 5.3 में प्रदर्शित प्राथमिक आँकड़ों के विश्लेषण तथा तत्सम्बन्धित विवेचन से स्पष्ट होता है कि अध्ययन किये गये कुल वृद्धजनों में

तालिका 5.2

लिंग भेदानुसार समस्याएँ अनुभव करने सम्बन्धी प्रत्युत्तर

क्र.	*सूचनादाताओं के प्रत्युत्तर*	*पुरुष*	*महिलाएँ*	*योग*	*प्रतिशत*
1.	'हाँ'	166	134	300	100.00
2.	'नहीं'	(55.33)	(44.67)	(100.00)	
3.	अनुत्तरित रहे/नहीं	–	–	–	000.00
	समस्त योग	**166**	**134**	**300**	**100.00**

तालिका 5.3

सामाजिक समस्याएँ अनुभव करने के विभिन्न पहलुओं के सम्बन्ध में निदर्शितों के अभिमत/विचार

		सूचनादाताओं की आवृत्तियाँ/प्रतिशत				
क्र.	*सामाजिक समस्याएं*	*हाँ*	*नहीं*	*उदासीन*	*अनुत्तरित*	*योग*
1.	एकाकीपन अनुभव करना	178 (59.33)	23 (7.67)	99 (33.00)	– (00.00)	300 (100.00)
2.	अलगाव अनुभव करना	202 (66.67)	– (00.00)	94 (31.33)	04 (1.33)	300 (100.00)
3.	अपनत्व की कमी की अनुभूति	245 (81.67)	22 (7.33)	33 (11.00)	– (00.00)	300 (100.00)
4.	परिजनों द्वारा अनदेखी करना	268 (89.34)	7 (2.33)	25 (8.33)	– (00.00)	300 (100.00)
5.	परिजनों द्वारा उचित सम्मान न दिया जाना	300 (100.00)	– (00.00)	– (00.00)	– (00.00)	300 (100.00)
6.	सामाजिक गतिविधियों से पृथकता की अनुभूति करना	185 (61.67)	36 (12.00)	76 (25.33)	03 (1.00)	300 (100.00)
7.	सामाजिक दूरी अनुभव करना	222 (74.00)	9 (3.00)	69 (23.00)	(1.00) (00.00)	300 (100.00)
8.	सत्ता एवं प्रभाव में कमी आ जाना	300 (100.00)	– (00.00)	– (00.00)	– (00.00)	300 (100.00)
9.	परिजनों के साथ अन्त: क्रियाओं में कमी की अनुभूति	243 (81.00)	13 (4.33)	38 (12.67)	06 (2.00)	300 (100.00)
10.	पारिवारिक गतिविधियों के साथ लगाव पूर्ववत न होना	251 (83.67)	– (00.00)	49 (16.33)	– (00.00)	300 (100.00)

से (59.33%) वृद्धों ने यह स्वीकार किया है कि इस अवस्था में एकाकीपन अनुभव करते हैं, 202 (66.67%) वृद्धों ने यह स्वीकार किया है कि वे अलगाव अनुभव करते हैं, 245 (81.67%) वृद्धों ने बताया है कि वे अपनत्व की भावना की कमी की अनुभूति करते हैं, 268 (89.34%) वृद्धों ने यह बताया कि उन्हीं के परिवारीजनों द्वारा उनकी अनदेखी/उपेक्षा की जाती है अतः अब वे स्वयं दुखी होते हैं तथा अनुभव करते हैं; शतप्रतिशत वृद्ध निदर्श सूचनादाताओं ने निःसंकोच बताया कि उन्हें अपने ही परिवारीजनों द्वारा उचित सम्मान (आदर) नहीं दिया जाता तो बाहर वाले क्यों देने लगे, 185(61.67) सूचनादाताओं ने यह स्वीकार किया है कि वे सामाजिक गतिविधियों से पृथकता की अनुभूति करते हैं, 222 (74%) सूचनादाताओं ने बताया कि वे परिजनों से तथा परिजन उनसे सामाजिक दूरी का अनुभव करते हैं जबकि शतप्रतिशत सूचनादाताओं ने सत्ता तथा परिवार व परिजनों पर प्रभाव में कमी होना स्वीकार किया है; तथा बताया कि परिवार की सत्ता युवाओं के हाथों में या फिर महिलाओं के हाथों में हस्तान्तरित हुई हैं, 243 (81%) निदर्शितों ने बताया है कि परिजनों के साथ अन्तःक्रियाओं में कमी आयी है जबकि 251 (83.67) निदर्शितों का कहना है कि जबकि उनका परिवार व परिवारीजनों के प्रति लगाव पूर्ववत है। इन तथ्यों के प्रकाश में निम्न निष्कर्ष स्थापित किए जा सकते हैं–

1. वृद्धजन अपने परिजनों से ही एकाकीपन तथा अलगाव की अनुभूति करते हैं।
2. परिजनों के साथ अन्तःक्रियाओं में कमी हुई जिससे अपनत्व कम हुआ है।
3. परिवार की सत्ता युवाओं के हाथ पहुँच जाने के कारण उनके प्रभुत्व में कमी आयी है तथा उनकी स्थिति कर्ता (मुखिया) के बजाय आश्रित की हो गयी है जिससे उनमें हीनता ही भावनाएं पनपी हैं।

उपर्युक्त निर्दिष्ट तालिका 5.4 के प्राथमिक तथ्यों के प्रकाश में वृद्धजनों द्वारा सामंजस्य न करने तथा समायोजन करने में उत्पन्न बाधाएँ निम्नवत् हैं–

1. 275 (91.67) सूचनादाताओं का मानना है कि वृद्धों से सत्ता का युवाओं व महिलाओं में हस्तान्तरण हो जाने से परिवारों में उनकी स्थिति दयनीय हो गयी है।

तालिका 5.4

पारिवारिक-सामाजिक सामंजस्य की विभिन्न समस्याओं के सन्दर्भ में निदर्शितों के अभिमत/विचार

		सूचनादाताओं की आवृत्तियाँ/प्रतिशत				
क्र.	*सामाजिक समस्याएं*	*हाँ*	*नहीं*	*उदासीन*	*अनुत्तरित*	*योग*
1.	परिवार में वृद्धों की दयनीय स्थिति तथा सत्ता का हस्तान्तरण हो जाना	275 (91.67)	25 (8.33)	– (00.00)	– (00.00)	300 (100.00)
2.	परिवार में भौतिकतावादी व व्यक्ति-वादी मूल्यों का प्रभाव अधिक होना	206 (68.67)	37 (12.33)	55 (18.33)	02 (10.67)	300 (100.00)
3.	वृद्धि की स्थितिकर्ता (मुखिया) की न होकर आश्रित की हो जाना	300 (100.00)	– (00.00)	– (00.00)	– (00.00)	300 (100.00)
4.	परिवार पर उनके प्रभाव में कमी होना	236 (78.67)	– (00.00)	59 (19.67)	05 (1.66)	300 (100.00)
5.	नवीन विचारधाराओं से मेल न खाना	300 (100.00)	– (00.00)	– (00.00)	– (00.00)	300 (100.00)
6.	अपर्याप्त आय एवं अपेक्षित व आश्रित अनुभव करना	269 (89.66)	14 (4.67)	12 (4.00)	05 (01.67)	300 (100.00)
7.	अपने लिए आवास का अभाव तथा असहाय हो जाना	300 (100.00)	– (00.00)	– (00.00)	– (00.00)	300 (100.00)
8.	उनकी दक्षता, बौद्धिकता एवं अनुभवों की अनदेखी करना, परामर्श न लेना, विचार-विमर्श न करना	215 (71.67)	85 (28.33)	– (00.00)	– (00.00)	300 (100.00)
9.	सम्पत्ति के रख-रखाव की चिन्ता सताना	192 (64.00)	83 (27.67)	25 (08.33)	– (00.00)	300 (100.00)

2. 206(68.67) सूचनादाताओं का कहना है कि वर्तमान सन्दर्भों में परिवारों में भौतिकतावादी संस्कृति तथा व्यक्तिवादिता हावी है अत: बदलती परिस्थितियों में परिजनों के साथ सामंजस्य करना कठिन हो जाता है।

3. शतप्रतिशत सूचनादाताओं ने यह स्वीकारोक्तियाँ की हैं कि पूर्व में परिवार में उनकी स्थिति कर्ता, (मुखिया) की थी, उनकी सत्ता

चलती थी लेकिन वृद्धावस्था के कारण वर्तमान में परिवार में उनकी स्थिति अब आश्रित की हो गयी है। अत: मस्तिष्क में तनाव रहता है।

4. 236(78.67) सूचनादाताओं ने बताया कि वृद्ध/अशक्त हो जाने के कारण परिवार पर उनके प्रभाव में कमी आ गयी है, परिवारीजनों द्वारा उनकी उपेक्षा की जाती है, पारिवारिक अन्त:क्रियाओं में भी कमी आयी है। फलस्वरूप परिजनों तथा समाज के साथ उनके सम्बन्ध शिथिल हुए हैं। इस कारण परिजनों में बाहर के लोगों के सम्बन्धों में पूर्व जैसी रुचि तथा स्नेह नहीं है। अब इस अवस्था में उदासीन-तटस्थ होकर जीवन जी रहे हैं।

5. शतप्रतिशत सूचनादाताओं ने यह स्वीकार किया कि नवीन विचारधाराओं से उनकी (परम्परागत) विचारधाराओं का मेल नहीं खाता; जो पारस्परिक सामंजस्य में बहुत बड़ी बाधा है।

6. 269 (89.66) वृद्ध निदर्शितों का कहना है कि अपर्याप्त आय हो जाने से आवश्यकता पड़ने पर उन्हें परिजनों का मुँह ताकना पड़ता है अत: वे आश्रित व उपेक्षित अनुभव करते हैं।

7. शतप्रतिशत वृद्ध निदर्शितों ने अपने रहने के लिए अपने ही घर में आवास का अभाव तथा अशक्त व असहाय होना भी गम्भीर समस्या बताया है।

8. 215(71.67) निदर्श सूचनादाताओं ने बताया कि नई पीढ़ी के लोग (परिवारीजन) उनकी दक्षता, बौद्धिकता तथा अनुभवों का लाभ नहीं लेना चाहिए जबकि वे आतुर रहते हैं कि उनसे कोई परामर्श ले व सुझाव मांगे। ऐसा न होने से वे (वृद्धजन) मानसिक तनाव तथा क्षुब्धता का अनुभव करते हैं।

9. 192(64.6) सूचनादाताओं ने बताया कि उन्हें अपनी सम्पत्ति जमीन जायदाद (पूंजी) के रख-रखाव तथा सुरक्षा की चिन्ता सताती रहती है भले ही उन्होंने परिवार तथा परिजनों से लगाव कम कर लिया है, जबकि उनका सम्पत्ति की सुरक्षा के प्रति लगाव बढ़ा है। लेकिन परिजन उस विरासत के प्रति बेखबर व बेसुध रहते हैं।

उपर्युक्त समस्त प्राथमिक तथ्यों के प्रकाश में स्पष्ट है कि उक्त निर्दिष्ट

समस्याएं वृद्धजनों के सोच के अनुसार पारिवारिक सामंजस्य में बाधक सिद्ध हो रही हैं।

शोधकर्त्ता ने पुनः समस्त 300 वृद्ध निदर्श सूचनादाताओं से एक अन्य प्रश्न किया कि: 'क्या आप आर्थिक समस्याएं भी अनुभव करते हैं?' सर्वेक्षण से प्राप्त प्राथमिक तथ्यों सम्बन्धी प्रत्युत्तरों पर निम्न तालिका संक्षिप्त प्रकाश डालती है–

तालिका 5.5

'क्या आप आर्थिक समस्याएँ भी अनुभव करते हैं?'

क्र.	*क्या आप आर्थिक समस्या अनुभव करते हैं?*	*वृद्धों की संख्या*	*प्रतिशत*
1.	हाँ	286	95.33
2.	नहीं	12	4.00
3.	उदासीन प्रत्युत्तर	02	0.67
4.	अनुत्तरितत रहे	–	00.00
	समस्त योग	**300**	**100.00**

प्रस्तुत तालिका के प्राथमिक आंकड़ों के विश्लेषण तथा विवचेन से स्पष्ट होता है कि सर्वेक्षित कुल 300 वृद्ध सूचनादाताओं में से 286(95.33%) सूचनादाताओं ने यह प्रथम दृष्टया स्वीकार किया है कि वे वृद्धावस्था में अर्थाभाव अनुभव करते हैं, 12(4%) सूचनादाताओं ने इस प्रश्न का नकारात्मक उत्तर प्रदान किया तथा मात्र 2(0.67%) सूचनादाता ने उदासीन प्रत्युतर प्रदान किया। इन समस्त प्राथमिक (फर्स्ट हेण्ड) तथ्यों के आलोक में निष्कर्षतः यह कहा जा सकता है कि–

1. वृद्धावस्था में प्रायः अशिकांशतः व्यक्ति अर्थाभाव अनुभव करते हैं।
2. सेवानिवृत वृद्धजन अर्थाभाव अपेक्षाकृत कम अनुभव करते हैं क्योंकि उन्हें अपनी गुजर बसर के लिए पेंशन मिल जाती है, ऐसी स्वीकारोक्तियां सेवानिवृत्त वृद्धों ने की हैं। इन सूचनादाताओं ने रहस्योद्घाटन किया कि "जब उन्हें पेंशन मिलती है तब घर वाले उन की खूब सेवा सुश्रूषा करते हैं किन्तु पैसे खर्च होने पर उनकी पूछताछ तथा सेवा सुश्रूषा में शनैः शनैः कमी आती चली जाती है।"

उल्लेखनीय है कि वृद्धावस्था में सम्पत्ति व पूंजी की देखाभाल व रख-रखाव करना भी इन्हीं के जिम्मे होता है बेटे नौकरी करने गाँव/शहर छोड़कर दूसरी जगह बस जाते हैं, ऐसी दशाओं में वृद्धों को अपनी जमीन जायदाद सम्पत्ति व पूँजी, घर एवं खेती बाड़ी आदि की देख-रेख करनी पड़ती है। उनके सक्षम व अशक्त होने तथा न चाहने पर भी अकेले ही सारा खेत का तथा घर का कार्य करना पड़ता है। जो उनके लिए अत्यन्त गम्भीर प्रकृति की समस्या है।

वृद्धजन, नई अर्थव्यवस्था के कारण बढ़ती हुई मंहगाई के दौर में अपनी आवश्यकताओं की पूर्ति फैशन अपनाकर नहीं कर पाते हैं, अतः अपनी आवश्यकताओं की पूर्ति करने के लिए किसी काम की तलाश करते हैं, परन्तु जहाँ रोजगार की समस्या हो वहाँ पर वृद्ध लोगों को रोजगार मिलना मुश्किल ही होता है। अतः अपनी अनिवार्य आवश्यकताओं की पूर्ति करते हुए नई अर्थव्यवस्था से सामंजस्य करने में अधिक परिश्रम करने के पश्चात् भी असफलता ही हाथ लगती है जो उनमें मानसिक तनाव करती है। **प्रो. सुनील गोयल व अन्य (1997-45)** ने अपने आनुभविक अध्ययन के आधार पर लिखा है कि- "Every fifth senior citizen takes only on meal a day. One third (33%) of the respondent aged are lucky enough to have three meals a day. Aged who are staying with their children or relatives were getting three meals a day."

शोधकर्त्ता ने भी सर्वेक्षण के दौरान यह जानकारी करने का प्रयास किया है कि वृद्धजनों को एक दिन में कितनी बार भोजन मिलता है? सर्वेक्षण से प्राप्त प्राथमिक तथ्यों पर निम्न तालिका संक्षिप्त प्रकाश डालती है-

तालिका 5.6

"आपको दिन में कितनी बार भोजन मिलता है?"

क्रमांक	*भोजन मिलता है*	*निदर्शितों की संख्या*	*प्रतिशत*
1.	एक दिन में एक बार	36	12
2.	एक दिन में दो बार	235	78.33
3.	एक दिन में तीन बार	29	9.67
	समस्त योग	**300**	**100.00**

प्रस्तुत तालिका के प्राथमिक आँकड़ों के विश्लेषण तथा तत्सम्बन्धित विवेचन से स्पष्ट होता है कि अध्ययन किये गये कुल 300 वृद्ध सूचनादाताओं

में से 36(12%) ऐसे दुर्भाग्यशाली वृद्धजन हैं जिन्हें दिन में एक बार ही भोजन उपलब्ध हो पाता है, 235(78.33) सूचनादाताओं को दिन में दो बार भोजन मिल जाता है। मात्र 29(9.67%) ऐसे सौभाग्यशाली वृद्धजन हैं जिन्हें दिन में तीन बार भोजन मिल जाता है। गहन पूछताछ करने पर विदित हुआ है कि इन 29 वृद्धजनों में से 5 व्यवसायी तथा शेष 24 वृद्धजन वे हैं जिनको सेवानिवृत्ति हो जाने पर अच्छी पेंशन मिलती है तथा परिवार भी अच्छी खेती बाड़ी वाले एवं सामाजिक-आर्थिक दृष्टि से सम्पन्न हैं।

शोधकर्त्ता ने अपने समस्त 300 वृद्ध सूचनादाताओं से एक अन्य प्रश्न भी पूछा कि "क्या आपको आर्थिक समस्याओं के कारण मानसिक तनाव भी रहता है?" सर्वेक्षण से प्राप्त प्राथमिक आँकड़ों पर निम्न तालिका संक्षिप्त प्रकाश डालती है–

तालिका 5.7

"आर्थिक समस्याओं के कारण क्या आपको मानसिक तनाव भी रहता है?"

क्र.	*क्या आर्थिक समस्याओं के कारण तनाव रहता है?*	*निदर्शितों की संख्या*	*प्रतिशत*
1.	'हाँ' यदाकदा तनाव जनित हो जाता है	52	17.33
2.	प्राय: मानसिक तनाव रहता है	138	46.00
3.	उदासीन प्रत्युत्तर प्रदान किये	110	36.67
4.	अनुत्तरित रहे	–	00.00
	समस्त योग	**300**	**100.00**

प्रस्तुत तालिका कुल 300 वृद्‌ध सूचनादाताओं के सर्वेक्षण से प्राप्त प्राथमिक तथ्यों पर प्रकाश डालती है। तालिका में प्रदर्शित आँकड़ों के विश्लेषण तथा तत्सम्बन्धित विवेचन से स्पष्ट होता है कि 52(17.33%) सूचनादाताओं ने बताया एवं स्वीकार किया कि आर्थिक समस्याओं के कारण उन्हें यकाकदा मानसिक तनाव जनित हो जाता है, 138(46%) वृद्ध सूचनादाताओं ने यह स्वीकार किया कि आर्थिक समस्याओं के कारण उन्हें प्राय: मानसिक तनाव रहता है एवं 110 (36.67%) सूचनादाताओं ने इस प्रश्न का प्रत्युतर उदासीन/तटस्थ रूप में दिये हैं। इस प्रश्न के उत्तर पर कोई भी सूचनादाता अनुत्तरित नहीं रहा है। इन समस्त तथ्यों के प्रकाश में निष्कर्षत: यह कहा जा सकता है कि आर्थिक

समस्याओं के कारण अधिकांश (63.33%) वृद्धजनों को मानसिक तनाव रहता है। शोधकर्त्ता ने आर्थिक समस्याओं के कारण सूचनादाताओं के लिंग सापेक्ष मानसिक तनाव सम्बन्धी तथ्य भी संकलित किये हैं, जिस पर निम्न तालिका 5.9 संक्षिप्त प्रकाश डालती है–

शोधकर्त्ता ने समस्त वृद्धजनों से आर्थिक समस्याओं का मूल कारण जानने का भी प्रयास किया है। साक्षात्कार करते समय समस्त 300 वृद्धों से पृथक-पृथक एक ही प्रश्न पूछा कि–'क्या आपकी कोई निजी आमदनी है?' तो सेवानिवृत्त पेंशन प्राप्तकर्ता सूचनादाताओं एवं जिन सूचनादाता वृद्धों ने बेटों में भूमि का बंटवारा कर कुछ भूमि अपने लिए बचा ली है तथा आई.आर.डी.पी. योजनान्तर्गत जिन्होंने दुधारू भैंस ले ली है या फिर जिन्हें निराश्रित विधवा वृद्धावस्था पेंशन मिलती है, को छोड़कर शेष सभी सूचनादाताओं का एक ही उत्तर था कि--'उनकी स्वयं की कोई निजी आमदनी नहीं है।' इसीलिए उनके सामने आर्थिक समस्या है। निम्न तालिका सर्वेक्षण से प्राप्त प्राथमिक तथ्यों पर संक्षिप्त प्रकाश डालती है–

तालिका 5.8

''क्या आपकी स्वयं की कोई निजी आमदनी है?"

क्रमांक	*सूचनादाताओं द्वारा प्रदत्त प्रत्युत्तर*	*सूचनादाताओं की संख्या*	*प्रतिशत*
1.	'हाँ'	130	43.33
2.	'नहीं'	170	56.67
3.	अनुत्तरित	–	00.00
	समस्त योग	**300**	**100.00**

प्रस्तुत तालिका सर्वेक्षण से प्राप्त प्राथमिक आंकड़ों पर प्रकाश डालती है तथा यह स्पष्ट करती है कि समस्त 300 वृद्धजनों में से 130(43.33%) वृद्धों ने स्वीकार किया है कि उनकी स्वयं की निजी आमदनी है जबकि 170 (56.67%) वृद्धों का कहना है कि उनकी स्वयं की कोई निजी आमदनी नहीं है, इसलिए हमारे सामने आर्थिक समस्याएं हैं। इन तथ्यों के प्रकाश में यह निष्कर्ष स्थापित किया जा सकता है कि–"अधिकांशतः (56.67) वृद्धों की स्वयं की कोई निजी आमदनी नहीं है।"

तालिका 5.9

''आर्थिक समस्याओं के कारण सूचनादाताओं के लिंग सापेक्ष मानसिक तनाव सम्बन्धी तथ्यों का विवरण

		निदर्शितों की संख्या/प्रतिशत		
क्र.	*क्या आर्थिक समस्याओं के कारण आपको मानसिक तनाव रहता है?*	*पुरुष*	*महिलाएँ*	*योग*
1.	'हाँ' यदाककदा तनाव जनित हो जाते हैं	36(64.28) (21.69)	20(35.72) (14.93)	56 (18.67)
2.	प्राय: मानसिक तनाव रहता है	63(46.43) (37.95)	78(53.57) (58.20)	141 (47.00)
3.	उदासीन प्रत्युत्तर प्रदान किये	67(65.9) (40.36)	36(34.31) (26.87)	103 (34.33)
4.	अनुत्तरित	(00.00)	(00.00)	–
	समस्त योग	**166(55.33) (100.00)**	**134(44.67) (100.00)**	**300(100.00) (100.00)**

नोट: कोष्ठकों के अन्तर्गत प्रदर्शित आंकड़े प्रतिशतता दर्शाते हैं।

प्रस्तुत तालिका के आंकडों के विश्लेषण तथा तत्सम्बन्धित विवेचन से स्पष्ट है कि आर्थिक समस्याओं के कारण भी यदा कदा तनाव अनुभव करने वाले कुल 300 वृद्ध निदर्शितों में से कुल 56 सूचनादाताओं में 36(64.28) वृद्ध पुरुष तथा शेष 20(35.72%) वृद्ध महिला सूचनादाताओं ने अर्थाभाव के कारण तनाव जनित होना स्वीकार किया है, आर्थिक समस्याओं के कारण प्राय: तनाव अनुभव करने वाले 141 सूचनादाताओं में 63(37.95) पुरुष तथा 78(58.20%) महिलाएँ पायी गयी हैं तथा उदासीन उत्तर प्रदान करने वाले 102 सूचनादाताओं में से 67(40.36%) पुरुष तथा शेष 34(26.12) महिलाएँ पायी गयी हैं। स्पष्ट है कि अर्थाभाव के कारण वृद्धजनों को मानसिक तनाव रहता है।

यहाँ पर तथ्य भी अवलोक्य है कि 166 वृद्ध पुरुष सूचनादाताओं में 21(21.69) वृद्धों ने बताया है कि वे यदाकदा तनाव महसूस करते हैं, 63(37.95) वृद्धों ने स्वीकार किया कि वे प्राय: तनावग्रस्त रहते हैं तथा तटस्थ प्रत्युतर प्रदान करने वाले कुल 102 सूचनादाताओं में 67(40.36%) वृद्ध पुरुष तथा 36(26.87) वृद्ध महिलाएँ पायी गयी हैं। इन समस्त तथ्यों के आलोक में

निष्कर्षत: यह कहा जा सकता है कि आर्थिक समस्याओं के कारण वृद्ध महिलाओं की तुलना में वृद्ध पुरुष अधिक मानसिक तनाव महसूस करते हैं एवं चिन्ताग्रस्त रहते हैं। इस निष्कर्ष की पुष्टि **प्रो. सुधा एस. सिलावर्ट** के आनुभविक अध्ययन से भी होती है।

शारीरिक एवं स्वास्थ्य सम्बन्धी समस्याएँ

वृद्धों में अच्छा स्वास्थ्य बहुतों में एकाध को ही मिलता है क्योंकि उनके संसाधन तथा स्वास्थ्य सुविधाएँ सीमित होते हैं, साथ ही स्वास्थ्य सुविधाएँ जुटाना भी उनके लिए असम्भव ही होता है। 6 वृद्ध सूचनादाताओं को छोड़कर शेष सभी 294 वृद्ध प्राय: बीमार अनुभव करते हैं, ऐसा उन्होंने (98%) सूचनादाताओं ने प्रथम दृष्टया स्वीकार किया है। यद्यपि वृद्धजनों का स्वास्थ्य खराब तथा बीमार पड़ जाना सामान्य बात है। बीमार पड़ जाने की दशाओं में अधिकांशत: 238(80%) वृद्ध सरकारी अस्पतालों में जाकर इलाज कराते हैं एवं पुन: बीमार या तकलीफ हो जाने पर सरकारी अस्पताल जाते हैं क्योंकि सरकारी अस्पतालों की तुलना में प्राइवेट चिकित्सक मँहगे पड़ते हैं, 30(10.01) सूचनादाता ऐसे भी पाये जो गम्भीर बीमारियों के कारण (यथा-अस्थमा, डाइविटीज; आँख रोग आदि) नियमित चिकित्सीय सहायता अनुभव करते हैं तथा सरकारी अस्पतालों से दवाईयाँ लेते हैं। शोधकर्त्ता का सुझाव है कि ऐसे 'सीनियर सिटीजन्स' की स्वास्थ्य रक्षा एवं उपचार के लिए स्वैच्छिक अभिकरणों व शासन को नि:शुल्क उपचार के प्रयास करने चाहिए ताकि वे आर्थिक समस्याएँ अनुभव न कर सकें। सर्वेक्षण से प्राप्त तथ्यों पर निम्न तालिकाएँ संक्षिप्त प्रकाश डालती हैं–

तालिका 5.10

"क्या आप प्राय: बीमार अनुभव करते हैं?"

क्रमांक	*क्या आप प्राय: बीमार अनुभव करते है?*	*वृद्धों की संख्या*	*प्रतिशत*
1.	'नहीं'	06	2.00
2.	प्राय: बीमार रहते हैं	98	56.67
3.	उदासीन प्रत्युत्तर	196	32.67
4.	अनुत्तरित	–	00.00
	समस्त योग	**300**	**100.00**

प्रस्तुत तालिका के आँकड़ों के विश्लेषण तथा तत्सम्बन्धित विवेचन से स्पष्ट होता है कि अध्ययन किये गये कुल 300 वृद्ध निदर्शितों में से 98 (32.67) सूचनादाताओं ने स्वीकार किया है कि वे प्रायः बीमार रहते हैं, या फिर उनका प्रायः स्वास्थ्य खराब रहता है जबकि 196(65.33%) सूचनादाताओं ने बताया कि वे शायद ही 10–15 दिन महिने भर में ठीक रहते हों। मात्र 6(2%) सूचनादाता ऐसे पाये गये जिन्होंने बताया कि वे वृद्ध होते हुए भी स्वस्थ रहते हैं। इन प्राथमिक तथ्यों के आलोक में यह कहा जा सकता है कि शारीरिक एवं स्वास्थ्य की दृष्टि से अधिकांशतः (98%) वृद्धजन बीमार/अस्वस्थ रहते हैं। शोधकर्त्ता द्वारा यह पूछे जाने पर कि "बीमार हो जाने पर उपचार कराने कहाँ जाते हैं?" सर्वेक्षण से प्राप्त प्राथमिक तथ्यों पर निम्न तालिका संक्षिप्त प्रकाश डालती है–

तालिका 5.11

''बीमार हो जाने पर आप उपचार कराने कहां जाते हैं?''

क्रमांक	*प्रश्न का प्रत्युत्तर*	*आवृत्तियाँ*	*प्रतिशत*
1.	सरकारी अस्पताल में	238	79.34
2.	प्राइवेट डॉक्टर से	13	4.33
3.	उदासीन प्रत्युत्तर	46	15.33
4.	अनुत्तरित	03	1.00
	समस्त योग	**300**	**100.00**

प्रस्तुत तालिका में प्रदर्शित प्राथमिक आंकड़ों के विश्लेषण तथा तत्सम्बन्धित विवेचन से स्पष्ट होता है कि अध्ययनार्थ चयनित कुछ 300 वृद्ध सूचनादाताओं से 238(79.34) वृद्धों ने यह निःसंकोच बताया कि वे बीमार हो जाने पर सरकारी अस्पताल में उपचार कराते हैं क्योंकि वहां उन्हें पैसा खर्च नहीं करना पड़ता है वैसे ही आर्थिक रूप से परेशान रहते हैं, मात्र 13(4.33%) वृद्धों (सेवानिवृत्त) ने यह बताया कि वे प्राइवेट चिकित्सकों से उपचार कराना पसन्द करते हैं ताकि शीघ्र लाभ मिले भले ही अधिक पैसा खर्च क्यों न हो जाये एवं 46(15.33%) वृद्ध सूचनादाताओं में इस प्रश्न का उत्तर उदासीन होकर मात्र 3 (1.00%) वृद्ध सूचनादाताओं इस प्रश्न पर अनुत्तरित रहे हैं।

सर्वेक्षण काल में शोधकर्त्ता ने अपने समस्त 300 वृद्ध सूचनादाताओं से

उनकी व्यक्तिगत बीमारियों के सम्बन्ध में भी प्राथमिक तथ्य संकलित किये हैं कि उन्हें कौन-सी गम्भीर रोग (बीमारियाँ) हैं? जिनसे वे परेशान हैं। सर्वेक्षण से प्राप्त प्राथमिक तथ्यों पर निम्न तालिका संक्षिप्त प्रकाश डालती है–

तालिका 5.12

चयनित निदर्शितों में पायी गयी गम्भीर बीमारियाँ एवं रोग

	वृद्ध सूचनादाताओं की संख्या		*बीमारीग्रस्त वृद्ध सूचनादाता*		
क्र.	*कुल*	*गंभीर बीमारग्रस्त*	*बीमारी का नाम*	*आवृत्ति*	*प्रतिशत*
1.	300(100.00)	30(10.00)	गठिया	3	1.00
2.			अस्थमा	2	0.67
3.			लकवा	2	0.67
4.			डायबिटीज	8	2.67
5.			आँख रोग/अन्धपन	7	2.33
6.			क्षय रोग	5	1.67
7.			ऊँचा सुनाई देना (बहरापन)	2	00.67
8.			कम्पबाय	1	00.33
	–	–	**समस्त योग**	**30**	**10.01**

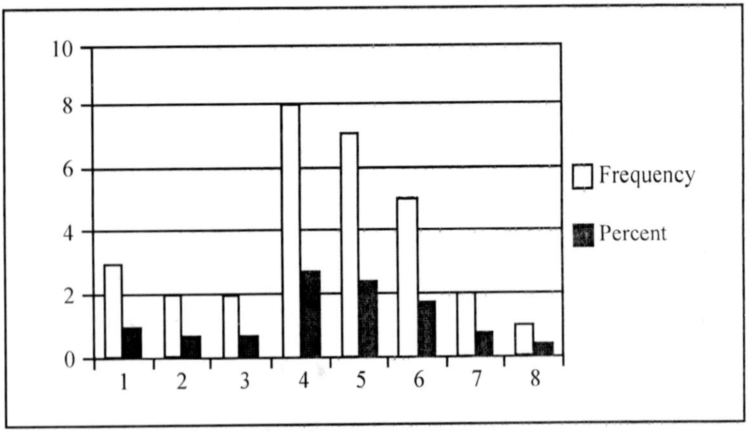

सम्पत्ति (प्रोपर्टी) की सुरक्षा एवं देख-रेख की समस्या

अध्ययन के दौरान शोधकर्त्ता ने समस्त 300 वृद्ध सूचनादाताओं से सम्पत्ति के उचित रख-रखाव (सुरक्षा) तथा देख-रेख के सम्बन्ध में भी जानकारियाँ हासिल की हैं। अधिकांशतः सूचनादाता 'शारीरिक रूप से अक्षम' होते हुए भी प्रोपर्टी की उचित देखभाल के लिए चिन्ताग्रस्त पाये हैं, जो एक प्रमुख समस्या सिद्ध हुई है। वे चिन्तित पाये गये कि : 'हमारे पीछे क्या होगा?' अर्थात् प्रोपर्टी के प्रति वृद्धजनों का लगाव अत्यधिक देखने में आया है। इस तथ्य की पुष्टि **राजौरिया (1998 : 138)** के आनुभविक अध्ययन से भी होती है। अध्ययन क्षेत्र से प्राप्त प्राथमिक सामग्री पर निम्न तालिका संक्षिप्त प्रकाश डालती है–

तालिका 5.13

निदर्शितों को सम्पत्ति (प्रोपर्टी) की सुरक्षा के प्रति चिन्ता

क्र.	*सम्बन्धित विवरण (रूझान)*	*सूचनादाताओं की संख्या*	*प्रतिशत*
1.	प्रॉपर्टी की सुरक्षार्थ अधिक चिन्ताग्रस्त (चिन्तित) पाये गये वृद्ध	233	77.67
2.	चिन्तामुक्त (निश्चिन्त) वृद्ध	14	4.67
3.	उदासीन पाये गये वृद्ध	53	17.66
	समस्त योग	**300**	**100.00**

उपरोक्त तालिका में वृद्ध सूचनादाताओं द्वारा निर्दिष्ट प्राथमिक सूचनाओं के विश्लेषण तथा विवेचन से स्पष्ट होता है कि अध्ययन किये गये कुल 300 सूचनादाताओं में से अपनी सम्पति के उचित रख-रखाव एवं सुरक्षार्थ 233 (77.67%) सूचनादाता अधिक चिन्तित (चिन्ताग्रस्त) पाये गए हैं, 53 (17.66%) सूचनादाता इस सन्दर्भ में उदासीन पाये गये, इनसे उदासीन होने सम्बन्धी कारण पूछे जाने पर बताया कि "हम अशक्त हो गये हैं, चिन्ता करने से क्या होगा, सन्तान जो चाहे करे। हमारे मरे पीछे कुछ भी हो।" मात्र 14 (4.67%) सूचनादाता निश्चिन्त चिन्तामुक्त पाये गए हैं। इनमें से 8 शिक्षित सेवारत वृद्ध हैं जिनके बच्चे भी शिक्षित सेवारत एवं धनाढ्य परिवारों के हैं, 2 निःसन्तान तथा 3 वृद्धाएँ हैं जो नाई तथा कहार जातियों की हैं; जजमान सेवा से जो मिल जाता है, उसी में वे प्रसन्न हैं। उल्लेखनीय है कि अध्ययन में कतिपय

वृद्ध सूचनादाता ऐसे भी पाये जिनकी संतानें उनकी दक्षता, बौद्धिकता एवं सम्पूर्ण जीवन के ज्ञान-भण्डार (अनुभवों) से लाभान्वित होना नहीं चाहती हैं। वृद्धजन परेशान तथा चिन्तित पाये गये कि ऐसा क्यों? उनसे कोई परामर्श लेना क्यों नहीं चाहता? निम्न तालिका ऐसे सूचनादाताओं की आवृत्ति/प्रतिशतता पर संक्षिप्त प्रकाश डालती है-तालिका के आंकड़े यह दर्शाते हैं कि कुल 300 वृद्धों में से 209 वृद्धों की सन्तानें उनसे विचार-विमर्श नहीं करतीं और न उनके अनुभवों का लाभ भी लेना नहीं चाहतीं।

तालिका 5.14

ऐसे निदर्शित जिनकी सन्तानें उनकी दक्षता, बौद्धिकता एवं सम्पूर्ण जीवन के ज्ञान भण्डार (अनुभव) का लाभ लेना नहीं चाहतीं

क्र.	*क्या आप प्राय: बीमार अनुभव करते हैं?*	*वृद्धों की संख्या*	*प्रतिशत*
1.	'हाँ'	209	69.67
2.	'नहीं'	50	16.67
3.	उदासीन	34	11.33
4.	अनुत्तरित	07	2.33
	समस्त योग	**300**	**100.00**

प्रस्तुत तालिका के प्राथमिक आंकड़ों के विश्लेषण तथा सम्बन्धित विवेचन से यह स्पष्ट होता है कि अध्ययन किये गये कुल 300 वृद्ध सूचनादाताओं में से 209 (69.67%) सर्वाधिक वृद्ध ऐसे पाये गये हैं जो अपनी सन्तानें को अपनी बौद्धिकता, दक्षता तथा लम्बे जीवन के ज्ञान भण्डार (अनुभवों) का लाभ देना चाहते हैं लेकिन उन्हें कोई नहीं पूछता, इसलिए वे चिन्तित रहते हैं, 34(11.33%) सूचनादाता इस सन्दर्भ में उदासनी पाये गये हैं जबकि 50(16.67%) सूचनादाता इस सम्बन्ध में निश्चिन्त पाये गये हैं। कारण पूछे जाने पर उन्होंने बताया कि ''हमारी सन्तानें पढ़ी लिखी हैं, हमसे योग्य हैं, हम चिन्ता क्यों करें?'' मात्र 7(2.33%) सूचनादाता इस प्रश्न के उत्तरों पर अनुत्तरित रहे हैं। इस प्रकार इन समस्त तथ्यों के आलोक में निष्कर्षत: यह कहा जा सकता है कि "आधुनिक सन्तानें विशेषकर युवावर्ण, वृद्धजनों के जीवन के अनुभवों तथा ज्ञान भण्डार का लाभ उनसे लेना नहीं चाहतीं। वे इस बात से चिन्तित पाये गये हैं।"

वृद्ध महिलाओं की समस्याएँ

वृद्ध महिलाओं की समस्याएं वृद्ध पुरुषों के समान ही हैं। आर्थिक, सामाजिक, मानसिक व शारीरिक सभी तरह की समस्याएँ वृद्ध पुरुषों के ही समान हैं। पर कुछ विशेष समस्याएं भी हैं।

महिला वृद्धों की अपनी विशेष समस्याएँ

आज खुशहाल रहने वाले संयुक्त परिवारों के विघटन और आपसी सम्बन्धों में आई कड़वाहट का खामियाजा भी वृद्धाओं को भुगतान पड़ता है। एक समय था जब घर पर वृद्धाओं की हुकूमत चलती थी। अब पश्चिमी सभ्यता के बढ़ने से जो बदलाव आया है उसमें वृद्धा की जगह नई पीढ़ी की बहुओं ने ले ली है। आज वधू आशा करती है कि रसोईघर में रहन-सहन, घर की सफाई, बच्चों की देखभाल सब घर का काम घर की वृद्ध महिला ही करें।

गृहकार्यों में सहयोग की भावना वाली वृद्ध महिला की समझ में भी दिक्कत आ जाती है। कभी कमजोर हाथ-पैरों के चलते कार्य बिगड़ जाता है तो कभी स्मरण शक्ति क्षीण हो जाती है। इससे कोई नुकसान हो जाने पर खरी-खोटी सुनना उसकी तकदीर बन जाती है। यदि वह काम न करे तो उसे बैठे-बैठे खाने-पहनने के उलाहने सुनने पड़ते हैं। वह किससे कहे कि वह वृद्धा ही पैदा नहीं हुई थी। बूढ़ी और आशक्त होने से पूर्व वह भी गृहस्थी चलाती थी।

कुछ वृद्ध महिलाओं के विधवा हो जाने के बाद उनके लड़के धन-दौलत, जमीन छीनकर वृद्धा को घर से निकला देते हैं। वृद्धा यदि घर से बाहर अकेलेपन के कारण समवृद्ध महिलाओं के पास जाकर एक-दूसरे की कुशलक्षेम पूछ लेती हैं तो युवा पीढ़ी को पसन्द नहीं है। उनके विचार में ऐसा करने से घर की बात बाहर जाती है। बहू-बेटा समझते हैं कि उनके मान-सम्मान पर आँच आ सकती है। घर में वृद्धा महिला की उपेक्षा का कारण है पेंशन न मिलना?

अधिकांशतः वृद्ध सूचनादाताओं का कहना है कि आज नई पीढ़ी के युवा तथा कम उम्र के लोगों के पास अपने बुजुर्गों से विचार-विमर्श करने, उनसे सलाह लेने (परामर्श करने) तथा उनकी इच्छाएं स्थापित की जा सकती हैं–

1. ऐसी स्थिति में वृद्ध व्यक्ति की मनःस्थिति की कल्पना सहज ही की जा सकती है।

2. आधुनिकतावादी तथा व्यक्तिवादी संस्कृति ने वृद्धावस्था में व्यक्ति को पृथकीकरण की समस्या से ग्रसित कर दिया है। इससे वे अलगाव ही अनुभूति करते हैं।

3. नई तथा पुरानी पीढ़ी के लोग (वृद्ध) परस्पर वैचारिक सामंजस्य/समायोजन करने में असमर्थ हैं। क्योंकि वृद्धजन परम्परावादी रहे हैं जबकि नई पीढ़ी के लोग आधुनिकतावादी हैं।

4. समाज के परिवर्तनशील शून्य हमारी परम्परा को नष्ट करने के साथ-साथ हमारी सांस्कृतिक धरोहर तथा मूल्यों को भी नष्ट कर रहे हैं।

5. पश्चिमी समाज युवजन केन्द्रित, भौतिकतावादी तथा व्यक्तिवादिता की भावना के कारण वृद्ध अपने को असुरक्षित, पृथक व असहाय अनुभव करते हैं।

6. सेवानिवृत्त वृद्ध उस समय अपने को अधिक परेशान तथा असुरक्षित महसूस करते हैं जब आवश्यकता के समय उनकी आर्थिक सहायता करने वाला कोई परिवारीजन न हो तथा वे पराश्रित महसूस करें।

7. नि:सन्तान, अविवाहित एवं परित्यक्त व जीर्णशीर्ण शरीर वाले वृद्ध रोगों के कारण भी अपने को असुरक्षित अनुभव करते हैं। क्योंकि उनकी बीमारी की हालत में भी सेवा सुश्रुषा करने वाला उन्हें कोई दिखायी नहीं देता।

8. नौकरी पेशा से सेवानिवृत्त वृद्धजन, पर्यावरणीय समस्याएं भी अनुभव करते हैं। क्योंकि घर लौटने पर उन्हें वह पर्यावरण नहीं मिल पाता जो उन्होंने लम्बे अर्से तक भोगा है। शौक मौज की जिन्दगी जी है, किन्तु अब सपने हैं। अत: बदलते परिवेश में सामंजस्य करने में कठिनाई होती है एवं वैचारिक भिन्नता के कारण अलगाव महसूस करते हैं।

9. वृद्ध महिलाएँ ग्रामीण अंचलों में भाग्य भरोसे जीवन जीती हैं बीमार पड़ जाने की दशा में भी उनकी कोई नहीं सुनता। बहू बेटे भी दुतकार देते हैं। ऐसा एक वृद्ध निदर्श महिला का कथन है, किसी और का नहीं।

वृद्धजनों की समस्याएँ

1. **आर्थिक समस्याएँ**
   - रोजगार का अभाव
   - अर्थाभाव करना
   - पराश्रितता अनुभव करना
   - आर्थिक सहायता करने वाला कोई न हो

2. **स्वास्थ्य एवं शारीरिक**
   - स्वास्थ्य में गिरावट/असहाय
   - रोग ग्रस्तता एवं उपचार
   - गम्भीर रोग/बीमारियाँ
   - पोषणीय समस्याएँ

3. **मनो सामाजिक एवं पर्यावरणीय**
   - स्वयं को उपेक्षित अनुभव करना
   - परिवार में महत्व कम हो जाना
   - अकेलापन तथा अनावश्यकता की भावना
   - असुरक्षित अनुभव करना

4. **सामाजिक सामंजस्य**
   - परिजनों से सामंजस्य न कर पाना
   - पृथक्कीकरण/अलगाव की अनुभूति
   - वृद्धों के अनुभवों (ज्ञान भण्डार) का लाभ न लेना
   - परामर्श न लेना/विचार-विमर्श न करना

5. **सत्ता, प्रभाव में अन्तः क्रियाएँ**
   - सत्ता का हस्तान्तरण युवाओं के हाथ
   - प्रभाव-प्रताप में कमी की अनुभूति
   - परिजनों द्वारा अन्तःक्रियाएँ कम करना
   - पारिवारिक गतिविधियों से लगाव में कमी

6. **समय व्यतीत करने एवं मनोरंजन**
   - समय व्यतीत करने की समस्याः समय कैसे काटें
   - पृथक आवास तथा एकान्त का अभाव महसूस करना
   - मनोरंजन के लिए चिन्तित रहना
   - मनोरंजन हेतु उपेक्षित अनुभव करना

6 वृद्धजनों की समस्याओं के कारण

आज भारत में वृद्धों की समस्याओं के बढ़ने के बहुत से कारण हैं जो समाज की देन है। भारतीय समाज ऐसा समाज है जहाँ आज भी वृद्धों को सम्मान की दृष्टि से देखा जाता है। परन्तु जैसे-जैसे पश्चिमीकरण बढ़ता गया, वैसे-वैसे हमारे वृद्धजन उपेक्षा का शिकार हुये और समस्याओं में घिर गये।

आज बहुत से ऐसे कारण हैं जिनसे वृद्धों की समस्यायें पनपी हैं। संयुक्त परिवार का विघटन, जनसंख्या में वृद्धि, भौतिक सुख-सुविधा, नगरीकरण, व्यक्तिगत स्वार्थ, अहम् की भावना, धन का महत्व आदि। ऐसे और भी बहुत से कारण हैं जिनके द्वारा वृद्धों की समस्याओं का जन्म होता है।

संयुक्त परिवार का विघटन

आज किसी समाज में संयुक्त परिवार व्यवस्था को नकारा नहीं जा सकता। ये संयुक्त परिवार का विघटन पश्चिमी समाज का परिणाम है। ऐसी गलती करके पश्चिमी समाज उसका दुष्परिणाम भुगत रहा है। इसलिए संयुक्त परिवार व्यवस्था के टूटने से वृद्धों की समस्याओं का जन्म हुआ। भारत में हजारों साल से संयुक्त परिवार व्यवस्था सफलतापूर्वक चलती रही। जिसके कारण वृद्धों की समस्या नहीं खड़ी हुई। परिवार में उनका सम्मान और सेवा-सत्कार बना रहा वे अब परिवार पर भार बनकर जी रहे हैं ऐसा कभी अहसास भी नहीं किया। परन्तु आजादी के बाद विदेशी मानसिकता, फैशन और उनकी संस्कृति की नकल के कारण पारिवारिक विघटन और परिवार के विघटित होने से वृद्धों की समस्यायें पनपी हैं।

कहते हैं कि कई बातों में बच्चे और बूढ़ों का स्वभाव एक जैसा मिलता-जुलता है। जैसे बच्चे को माँ-बाप का प्यार व स्नेहिल छाया की चाह रहती है, वैसे ही बुढ़ापे में मन बहलाने और अपना प्यार उड़ेलने की ललक बच्चे के प्रति होती है। परिवार विखण्डन के कारण उन्हें वह नैसर्गिक सुख और

आनन्द नसीब नहीं होता, जिससे उन्हें घुटन महसूस होती है। हमारे यहाँ माता-पिता अक्सर परिवार के साथ रहते हैं और संयुक्त परिवारों में बहुत कुछ टूटने के बाद भी उनके सम्मान समादर में कोई बड़ा गुणात्मक फर्क नहीं आया, लेकिन सन्देह नहीं कि उनकी दुनियां पर कई तरह के दबाब बढ़ रहे हैं। परिवार साथ रहना चाहकर भी और घर वालों की भी उन्हें साथ-साथ रखने की इच्छा के बाबजूद आज उन्हें कई समस्याओं का सामना करना पड़ रहा है।

अगर किसी माँ-बाप की कई सतानें हैं तो भी जरूरी नहीं कि वे एक जगह रहें। बेकारी और नौकरियों में बढ़ती कठिन प्रतियोगिता के वातावरण में या फिर निरासंयोगवश भी वे बिखरी हुई स्थिति में देखी जा सकती हैं। ऐसी स्थिति में वृद्धों की रहने की समस्या विकराल हो जाती है। अब हालात बदल गए हैं तथा पश्चिमी सभ्यता के बदलते प्रभुत्व से परिवार टूट रहे हैं। आंगन में दीवारें उभर आई हैं। अपनी-अपनी दुनियां अलग बना लेने के कारण समय का अभाव हो गया है। पुत्रवधू मोडेस्ट हो गई है। उसे अपनी अवस्था की महिलाओं से बतियाने में आनन्द आता है। वृद्धा अकेला रह गई है।

आज नगरीकरण व औद्योगीकरण के कारण भी संयुक्त परिवार विघटित हो रहे हैं। भारतीय परिवेश में अनन्तकाल से संयुक्त परिवार का एक विशेष महत्व रहा है। संयुक्त परिवार में सदस्यों में होने वाली बढ़ोतरी के कारण मनमुटाव आना स्वाभाविक होता है। यह मनमुटाव जब सम्पत्ति में बटवारे का रूप धारण कर लेता है तो समस्या खड़ी हो जाती है। जब परिवार की सम्पत्ति सब बेटे आपस में बाँट लेते हैं तो वृद्ध माता-पिता को कौन रखे ये समस्या पनपती है, कहीं-कहीं तो सम्पत्ति के साथ बेटे माता-पिता को भी बाँट लेते हैं। इससे दोनों वृद्ध दम्पति मिलने को तरस जाते हैं और अलग-अलग घुट-घुट कर जीते हैं।

इस प्रकार से कहा जा सकता है कि संयुक्त परिवार का विघटन ही वृद्धों की बहुत-सी समस्याओं की जन्मदाता है।

भौतिक सुख-सुविधा की वृद्धि

भौतिक सुख-सुविधाओं की वृद्धि होने के कारण तथा औद्योगिक व संस्कृतिकरण के परिणामस्वरूप लोगों के रहन-सहन एवं जीवन शैली में पर्याप्त परिवर्तन आ रहा है। संयुक्त परिवार व्यवस्था बड़ी तेजी से विघटित हो रही है। और परिवार का अर्थ केवल पति-पत्नी एवं बच्चों तक सीमित होने लगा है। माँ-बाप परिवार

की परिधि से बाहर होते जा रहे हैं। सुख-वैभव की वस्तुओं की अधिकता के फलस्वरूप मां-बाप व दादा-दादी के लिये जगह की कमी होती जा रही है। बच्चों की शिक्षा एवं लालन-पालन व्यक्ति के भौतिक स्तर की श्रेष्ठता का प्रतीत बन गया है और मां-बाप के वृद्ध होने पर उनकी देखभाल एक बोझ तथा अतिरिक्त दायित्व बनता जा रहा है।

पहले बड़े-बूढ़ों की देखभाल परिवार में सामूहिक रूप में हो जाया करती थी जबकि एकल परिवार व्यवस्था में यह सम्भव नहीं है। यद्यपि भारतीय तथा पूर्वी जीवन मूल्यों में यह बूढ़ों का सम्मान करने तथा उनकी बातों को पूज्य मानने की परम्परा रही है। किन्तु नई परिस्थितियों में इन मान्यताओं का महत्व धूमिल होता जा रहा है और वृद्ध व्यक्ति परिवार के लिये बोझ और समस्या बनते जा रहे हैं।

इस प्रकार बूढ़ों की समस्यायें निरन्तर वृद्धि और व्यक्तिगत व पारिवारिक स्तर पर बढ़ती हुई उपेक्षा के कारण बड़े-बूढ़ों की देखभाल अब सामाजिक चिन्ता का केन्द्र बन रही है। आज व्यक्ति अपनी भौतिक सुख-सुविधाओं के सामान पर अधिक ध्यान देता है वृद्धों पर कम। व्यक्ति को अपने आराम की हर चीज खरीदने के लिये पैसे होते हैं। मां-बाप की बीमारी के लिये पैसे नहीं होते। भारतीय संस्कृति के परिवेश में युगों-युगों से परिलक्षित सभ्यता, संस्कृति का अनुपालन पूर्णरूपेण नहीं हो पा रहा है। अकेले रहने की छटपटाहट है, खुद को आधुनिक सुख-सुविधाओं से लैस करने की चाहत में उन माता-पिता को भूल जाता है। जो पालन-पोषण अनेक कष्ट झेलकर करते हैं और स्वप्न संजोते है कि यही बालक हमारे बुढ़ापे की लाठी बनेगा। जिस श्रवण कुमार को यह ढूंढ रहे हैं वह तो निष्ठुरता, अनैतिकता, भौतिक सुख-सुविधा और पाश्चात्य सभ्यता की गोद में जा कर सो गया है।

वहीं बच्चे आज अपनी सुख-सुविधा के लिए माता-पिता को भी भूल जाते हैं, जिन्होंने बहुत-सी कठिनाइयों का सामना करने के बाद भी उन्हें हर सुख दिया था।

नई और पुरानी पीढ़ी के बीच फासला

नई व पुरानी पीढ़ी के बीच कुछ फासला हमेशा रहा है, जिसको पीढ़ियों का अन्तराल कहते हैं। दरअसल में यह पीढ़ियों के आचार-विचार, जीवन-शैली एवं सोच का अन्तर ही है। हालांकि अगली पीढ़ी पिछली पीढ़ी से विरासत में न

केवल जीवन-शैली वरन् जीवन दर्शन भी पाती है। अपने लिए सारे परिवर्तन या संशोधन भी उसी में से करती है। फिर भी न जाने क्यों पुरानी पीढ़ी उसे बोझ-सी लगती है। इसका कारण है कि बूढ़ी पीढ़ी, युवा पीढ़ी की पद्धति से सहमत नहीं हो पाती। वह अपने अनुभवों और साधनों को ही आदर्श मानकर नए लोगों को उसी पुराने नजरिए से दिखाने का प्रयास करती रहती है। नई पीढ़ी इस नजरिए को अपने ऊपर अंकुश और प्रतिबन्ध के रूप में ग्रहण करती है।

यह हालत पैदा होती है जब दोनों के बीच संवादहीनता की स्थिति आ जाए या दोनों ही अपने-अपने तर्कों को अन्तिम मानकर संवाद को निरर्थक बना दें। नई पीढ़ी यह नहीं सोच पाती कि पुराना सब अर्थहीन नहीं होता और बूढ़ी पीढ़ी यह मान लेती है कि नए लोग उनके द्वारा अर्जित को खत्म कर देंगे। ये यह नहीं समझ पाते कि आज सब नए लोगों के हाथ में ही है। अगर कुछ बिगड़ा तो सम्भालना भी नए लोगों को पड़ेगा, क्योंकि ऐसा करना उनके अस्तित्व की रक्षा के लिए अनिवार्य है। हमारे यहाँ पितृ देवो भवः की अवधारणा भी है और आज्ञाकारी पुत्र व माता-पिता के उद्धार के लिए पुत्र के कर्तव्यों की भी अवधारणा है। कहा जाता है कि ये अवधारणायें श्रद्धा का विषय थी। मनुष्य की भावनाओं और संवेदनाओं से इनका गहरा सम्बन्ध था। इनसे अलग हटकर जीवन की कोई सार्थकता स्वीकार नहीं की जाती थी। आज के मौजूदा दौर में या नई पीढ़ी के लोगों में इनका अन्तर न केवल बढ़ा है बल्कि उसका अर्थ भी बदल गया है। जीवन-शैली और वैचारिक मतभेदो के बाबजूद एक आत्मीय भाव जो रहता था, वह बोझ की नीरसता और खीज में परिणत हो गया है।

यह अभावक नहीं हुआ। इस खोज और नीरसता ने संयुक्त परिवार की अवधारणा को ही खत्म कर दिया। बहुत समय से एक वैचारिक अन्तर तो पीढ़ियों के बीच रहा ही है। विज्ञान के सैंकडों मिथों को सबल मानकर, परिवार और समाज में अपनी श्रेष्ठता व उपयोगिता सिद्ध करते आ रहे थे वे धीरे-धीरे अविश्वसनीय होते गए। इस उपभोक्तावादी युग में हर चीज 'वस्तु' हो गई। जो अभोग्य नहीं उसका मूल्य नहीं। चीजों को बटोरने और एक प्रतियोगिता में हमेशा दौड़ते रहने के कारण, प्रवृत्तियां ही नहीं बदली, सांस्कृतिक मूल्य भी बदल गए। सम्बन्धों को जो कारण आत्मीय बना रहे थे, वही उसके विघटनकारी कारक हो गए। पीढ़ियों के टकराव से मन-मुटाव भी होता है। पर समझौते और सहमति के बिन्दु भी मिल जाते हैं।

इस सम्बन्ध में बूढ़ी पीढ़ी के कुछ लोगों से बातचीत हुई। इनमें दो तरह

के लोगों से मिलना हुआ। एक वे जो पढ़े-लिखे हैं नौकरी के बाद सेवानिवृत्त हो गये हैं या पेंशन पा रहे है। दूसरे वे जो उम्र भर छोटे-मोटे काम-धन्धे करते रहे। लेकिन अब काम करने में समर्थ नहीं हैं। आमदनी का कोई जरिया नहीं है। ऊपरी तौर पर दोनों की पृष्ठभूमि जरूरतें और समस्यायें भिन्न लगती हैं। पेंशन पाने वाले वृद्ध के सामने उतनी आर्थिक मजबूरी नहीं है, जितनी दूसरे वर्ग के सामने थी पर बातचीत से जो तथ्य सामने आए वह आर्थिक कम मानसिक ज्यादा थे। खाने-पीने और रहने की समस्या दोनों के आगे उतनी नहीं थी जितनी अपने उपेक्षित होने की थी। उनका यह भी कहना था कि जिंदगी भर हम अपने हिसाब से चलते रहे और अंतिम समय में खिलौना नहीं बन सकते।

नई पीढ़ी के लोगों से भी इस बारे में बातचीत हुई। उनका एक सामान्य सा उत्तर था हमने तो उनके लिए कोई कमी नहीं कर रखी। फिर हमारे साथ हमारे परिवार की जिम्मेदारी भी तो है। जितना बन पड़ता है हम करते हैं। फिर बूढ़ी पीढ़ी में यह उपेक्षित होने का भाव क्यों आ रहा है? धीरे-धीरे वही असंतोष में बदल जाती है और बूढ़ी पीढ़ी के काम, सोच और आचरण को नकारने लगती है। शयद तब नई पीढ़ी इस भावना का शिकार हो जाती है, कि इतना करने पर भी इन्हें संतोष नहीं। पता नहीं क्या चाहते हैं? मौन गुस्सा कभी-कभी आक्रोश में बदल जाता है। नई पीढ़ी का तर्क है कि पूछने राय लेने में किसी को क्या आपत्ति हो सकती है। पर वे लोग हमसे कभी सहमत ही नहीं हो पाते। पूछेंगे तो वही करने को कहेंगे जो पचास साल पहले करते थे या किया था।

एक बूढ़े दम्पत्ति से बातचीत करते समय उनका बेटे-बहू के प्रति एक शिकायती स्वर और नाती-पोतों के प्रति असीम दुलार व घर की हर चीज के प्रति चिन्ता साफ-साफ झलक रही थी, पर बेटे और बहू के साथ विचारों का मेल न होने से बहुत-सी समस्यायें जन्म लेती हैं।

औद्योगीकरण

औद्योगीकरण नगरीकरण का कारण और परिणाम दोनों ही समस्या का मूल आधार है। औद्योगीकरण आधुनिक युग की एक महत्वपूर्ण सामाजिक क्रिया है। कृषि युग में उत्पादन कार्य परिवार में हाथ से होता था और अब हर कार्य मशीनों द्वारा किया जाता है। औद्योगीकरण का आधार मशीन है क्योंकि मशीनों के बिना बड़े पैमाने पर उत्पादन कार्य नहीं किया जा सकता और बड़े पैमाने पर उत्पादन होने के कारण आज की पीढ़ी इतनी व्यस्त है कि उसे अपने माता-पिता को

देखने व बात करने का वक्त ही नहीं मिलता है। इस औद्योगीकरण के कारण ही आज वृद्ध अकेले व असहाय हो गये हैं। उद्योग के बढ़ जाने पर जब बच्चे व्यस्त हो जाते हैं तो वृद्ध अकेले रह जाते हैं।

परिवार में झगड़े उद्योग की प्रकृति पर भी निर्भर होते हैं। आज के कुछ उद्योग व व्यवसाय इस प्रकार के होते हैं जो कि समस्या को बढ़ावा देते हैं। शोधकर्त्ता ने देखा कि उन वृद्धों की अधिक परेशानी व समस्यायें होती हैं, जिनके बेटे व्यवसाय व उद्योग-धन्धे के लिए घर से बाहर रहते हैं।

कई परिवारों में सर्वेक्षण करते हुए अनुभव हुआ कि उद्योग के छिन्न-भिन्न हो जाने के कारण परिवार में गम्भीर परिस्थितियां उत्पन्न हो जाती हैं। परिवार के खर्चे तो प्राय: वैसे ही रहते हैं, सदस्यों का जीवन या रहन-सहन का स्तर बढ़ा-चढ़ा होता है परन्तु उद्योग-धन्धों के नष्ट हो जाने से आय कम हो जाती है तो सदस्य अभाव अनुभव करते हैं। इन सब कारणों से परिवार के व्यक्तियों का जीवन तो दुखमय हो ही जाता है, परन्तु वृद्धों का जीवन अत्यन्त दु:खमय प्रतीत होता है, क्योंकि पहले की भांति न तो नौकर-चाकर लगे होते हैं और न ही वो अपने को वस्त्राभूषण से सुसज्जित ही रख सकते हैं। व्यापार में घाटा होने, व्यक्ति या बेटे क्रोधी और चिड़चिड़े हो जाते हैं। इधर जब बेटे की पत्नी अपनी सभी आवश्यकताओं को पूरा नहीं कर पाती इस कारण उसके मन में भी झल्लाहट बराबर ही रहती है और ऐसे वृद्धों का और भी बुरा हाल हो जाता है। क्योंकि अगर वे बेटे से अपनी किसी जरूरत की चीज लाने को कहते हैं तो बेटा उन पर बुरी तरह से चिल्ला पड़ता है और पुत्र-बहू भी उन्हें फटकारती है वो दोनों ही कहते हैं कि हम अपनी तो आवश्यकतायें पूरी नहीं कर सकते तो तुम्हारी कहा से करें। ऐसी स्थिति में वृद्ध बोझ लगने लगते हैं। बीमारी, लाचारी, असुरक्षा और अकेलापन उन्हें खलने लगता है। वे अपने को असहाय व मजबूर समझने लगते हैं।

इस औद्योगीकरण का ही परिणाम है कि संयुक्त परिवारों का विघटन हो गया व वृद्धों के सम्मान में कमी आई। आज इसी के कारण बहुत से वृद्ध अकेले घर से निकलने के बाद समाज में भी अपमान व तिरस्कार पाते हैं। कोई उनसे बात तक करना पसन्द नहीं करता लोग समझते हैं कि इनसे बात करना अपना समय बरबाद करना है। इनका क्या है खाली निठल्ले हैं जितनी देर इनसे बात करेंगे उतनी देर में अपना उद्योग का काम-काज निबटा सकते हैं। आज औद्योगीकरण वृद्धों की निम्न स्थिति व समस्याओं का कारण बना हुआ है।

नगरीकरण

नगरों में नाना प्रकार के उद्योग-धन्धे, व्यापार, वाणिज्य होते हैं। इस कारण देश-विदेश के भिन्न भागों से प्रत्येक जाति, प्रजाति, धर्म और वर्ग के लोग नगर में आकर बस जाते हैं। इसलिए नगर की आबादी केवल अधिक ही नहीं होती अपितु उस आबादी में एक रूपता न होकर भिन्नता होती है। आबादी की अधिकता होने के कारण समस्याओं का पनपना स्वभाविक ही है। लोग नगर की चकाचौंध देखकर नगर की ओर भागते हैं। नगर में आकर वे उसी चकाचौंध में खो कर अपने वृद्धजनों को भूल जाते हैं। नगरीकरण के कारण बेटे-बहू अपने-अपने काम में व्यस्त रहते हैं।

आज बूढ़ों की सबसे बड़ी समस्या यह है कि वे अकेलेपन के शिकार हो रहे हैं। बेटे-बेटियों के अपनी-अपनी जगह पर लग जाने के कारण उन्हें घर में अकेले रहना पड़ता है। नगरों में बच्चे अलग-अलग रहने लगते हैं। इससे संयुक्त परिवार का विघटन होता है। बच्चे या तो उसी शहर में रहते हैं और नहीं भी रहते हैं तो नगर में मंहगाई व कम आय के कारण बुजुर्गों को भार समझते हैं इसलिए वृद्ध अपने को असहाय, अकेला महसूस कर रहे हैं। संयुक्त परिवार जब विघटित जाता है तो वृद्धों के सम्मान व प्रतिष्ठा में कमी आ जाती है। वह परिवार का केन्द्र या मुखिया नहीं रहता। यहीं से एक हीनता व व्यर्थता का बोझ मन पर छा जाता है ये-समस्यायें नगरीकरण के कारण हैं। इस अर्थ में ग्रामीण जैसा ही है। वे अपने बड़े संयुक्त परिवार के प्रतिष्ठित बुजुर्ग सलाहकार बने रहते हैं। अत: विषाद, व्यर्थता एकाकीपन जैसे भावात्मक रोग उसके पास भी नहीं भटकते। इसी प्रकार ग्रामीण वृद्धाएँ अपने खटोले पर बैठ कर बहू-बेटियों पर हुक्म चलाती हैं। नाती-पोतों को संभालती हैं अपने से हो सकने योग्य काम भी करती है। जैसे-चरखा चलाना आदि परिवार के बाल-बच्चों में उनकी रागात्मक प्रवृत्ति को आश्रय मिलता है। उसी में वे संतुष्ट रहती हैं। वहाँ न अकेलापन है, न विवाद, न आर्थिक भिन्नता और न सामाजिक उपेक्षा। कठिन, पर संतुष्ट जीवन है उनका।

इसके विपरीत शहरों में विशेषकर दिल्ली-बम्बई जैसे शहरों में एकल परिवार, छोटे मकान, सीमित आय ने वृद्धों की समस्या को विकराल रूप दे दिया है। यहाँ बुजुर्ग या तो बोझ बन जाते हैं या घरेलू नौकर। वे उपेक्षित एवं व्यर्थ का अनुत्पादक जीवन बिताने को मजबूर होते हैं। इनमें से अनेक फैशनयाफ्ता जोड़े अपना स्वतन्त्र जीवनयापन करने में समर्थ होते हैं। पर बीमारी. लाचारी, असुरक्षा

और अकेलापन उन्हें भी सहारा खोजने पर मजबूर कर देता है। आर्थिक सम्पन्नता होने पर भी वे बेहद अकेला, उदास, उपेक्षित जीवन बिताते हैं। ये सब नगरीकरण के कारण है।

नगरीकरण के कारण ही व्यवसाय की बहुलता ही नहीं, आचार, प्रथा, परम्परा, रीति-नीति की भी विविधता बढ़ती जाती है, परम्परागत मूल्य बदलते हैं और नये सामाजिक आदर्श पनपते हैं, जिसके साथ वृद्ध अनुकूलन नहीं कर पाते। मकानों की समसया के कारण एक तरफ संयुक्त परिवार की स्थापना कठिन हो जाती है। इस सम्बन्ध में **डॉ. राधा कमल मुखर्जी** लिखते हैं कि–"मनुष्यता का नि:सन्देह ही निर्दयता के साथ गला घोंटा जाता है, नारीत्व का अपमान होता है, बालकत्व को प्रारम्भ से ही विषपान कराया जाता है और वृद्धों का तिरस्कार सब नगरीकरण का ही परिणाम है।"

व्यक्तिगत स्वार्थ

आज के इस आधुनिक युग में व्यक्ति स्वार्थी हो गया है। वह अपना व्यक्तिगत स्वार्थ होने पर कोई काम करता है। वह अपने बुजुर्गों की द्रेखभाल तभी करता है जब वह समझता है कि उनसे कुछ धन दौलत मिल सकती है। सर्वेक्षिका ने कुछ वृद्धों से बातचीत की तो उन्होंने बताया कि हमने बेटों की सुख-सुविधा आराम के आगे अपने बारे में कछ नहीं सोचा। उनका कहना है कि अपने परिवार, घर व बच्चों से अत्यधिक स्नेह करते हैं और इस स्नेह से अभिभूत होकर ये अपने या अपने बुढ़ापे के बारे में सोचते नहीं थे। क्योंकि वे बच्चों को हर सुख-सुविधा देना चाहते हैं। अपने बारे में सोचने की आदत यदि जीवन संध्या के आगमन से पहले ही डाल ली जाए तो आप अपने प्रति जागरूक हो सकते हैं।

एक वृद्ध से बात करने पर पता चला कि वृद्ध अगर बेटे से दवा लाने को कहते हैं तो उसका जबाब होता है कि पहले अपना काम खत्म कर लूं तब ला दूंगा। पोते से कहें तो वह कहता है कि अपना होमवर्क कर लूं या खेल खत्म हो जाने के बाद जाऊँगा। इस कथन को सोच-सोच कर उन्हें स्वयं को कष्ट होता है और इससे उन्होंने ये निष्कर्ष निकाला है कि नई पीढ़ी के युवा स्वार्थी हैं।

आज नई पीढ़ी के लोग अपने स्वार्थों की सिद्धि हेतु प्रेरित हो रहे हैं। प्रेम, सेवा, दया तथा त्याग कम होता जा रहा है। आज के युवा लोग वृद्धों की सेवा या कर्तव्य को अपनी स्वतन्त्रता में बाधक मानते हैं। युवा लोग अपनी स्वतन्त्रता

व हित के लिये वृद्धों को अनदेखा कर देते हैं। आज के युवा वृद्धों की आय में से तो अपना भाग चाहते हैं, किन्तु उन पर व्यय करने से कतराते हैं। अधिकारों का उपभोग तो वे करना चाहते हैं किन्तु वृद्धों के प्रति उत्तरदायित्वों के निर्वाह हेतु ये आशा रखते हैं कि कोई और करें या खुद करें।

युवा वर्ग के लोगों के स्वार्थी होने के कारण ही आज वृद्ध अनेकों समस्याओं से घिर गये हैं। अपने परिवार व बच्चों की सुख-सुविधा का ध्यान तो रखते हैं पर वृद्ध की देखभाल करने में परेशानी होती है।

धन का महत्व

आज के युग के लोग धन को अधिक महत्व देते हैं। व्यक्ति धन कमाने में इतना व्यस्त है कि उसे किसी दूसरे का ध्यान ही नहीं है। लड़के बड़े होकर माँ-बाप को तभी तक पसन्द करते हैं जब तक उनके पास पैसा है। पैसा न होने पर या खत्म होने पर वृद्ध माता-पिता का उनके लिए कोई काम नहीं रह जाता है। शोधकर्त्ता ने अध्ययन कार्य के दौरान कई ऐसे वृद्ध व वृद्धाओं से वार्तालाप किया जिन्हें बेटों ने घर से निकाल दिया था। उनसे पूछने पर बताया कि जब तक सम्पत्ति उनके नाम थी तथा उनकी नौकरी थी तब तक उनके बहू-बेटों ने उनका सम्मान किया व देखभाल की। नौकरी छूट जाने व सम्पत्ति अपने नाम होते ही उन्हें घर से निकाल दिया। एक वृद्ध महिला तो रो-रो के अपनी कहानी बताती है कहती है कि पति के मर जाने के बाद सम्पत्ति छीनकर हाथ-पैरों के गहने छीनकर घर से निकाल दिया। अब वह विधवा वृद्धा एक धर्मशाला में रहती है और अगर कोई खाने को दे देता है तो खा लेती है। बीमार होने पर खाना नहीं बना पाती तो भूखी रहती है। अब तो उसे आंखों से भी नहीं दिखता। उसके बेटे-बहू उसको देखने तक नहीं आते हैं। आज की नई पीढ़ी के लोगों को पाश्चात्य सभ्यता के कारण माता-पिता की जगह धन अधिक प्रिय है।

आज की युवा पीढ़ी का कहना है कि बड़े-बूढ़ों को धन-दौलत का क्या करना। उनका काम है पूजा-पाठ करना, उनका स्थान मन्दिर में है न कि हमारे बीच रहना। वृद्धों को एक कमरा देकर, खाना-कपड़ा देकर समझा दिया जाता है कि इससे अधिक तुम्हें क्या चाहिए। इतना भर कर देने से ही युवा पीढ़ी समझती है कि उनका कार्य या कर्तव्य पूरा हो गया।

घर का ड्राइंग रूम केवल जवानों के लिए है। मिलने-जुलने वालों की संख्या कम हो जाती है जो मिलने आते हैं उनका आदर सत्कार भी नहीं होता

है। अगर युवा पीढ़ी के दोस्त मिलने आते हैं और उस समय वृद्ध माता-पिता सामने आ जाते हैं तो उन्हें नौकर कहा जाता है। बाद में डाँटा-फटकारा जाता है क्योंकि अब सम्पत्ति बेटे के नाम है इसलिए बेटे को कोई डर भी नहीं लगता कि इनके कहीं चले जाने से सम्पत्ति चली जायेगी।

7 वृद्धों की उपेक्षा एवं शोषण

पाश्चात्य सभ्यता के भौतिकतावादी बढ़ते प्रभाव से परिवार टूट रहे है। मनुष्य हवेली में अपने ही द्वारा खड़ी की गई दीवारों के जाल में फंसकर रह गया है। रात-दिन में पूर्व की भांति वही चौबीस घण्टे होते हैं पर आज किसी के पास समय नहीं है। घर में तीन पीढ़ी के लोग रहते हैं किन्तु एक दूसरे से अनजान। पति दफ्तर आने-जाने के कारण थक कर शीघ्र सो जाते हैं। बच्चों का अधिकांश समय स्कूल व होमवर्क में गुजर जाता है पत्नी पाठशाला व गृह कार्य या फिर नौकरी आदि में उलझी रहती है। प्रत्येक सदस्य की अपनी अलग दुनिया होने के कारण बूढ़े घर में रहते हुए भी उपेक्षित हैं। क्या वे केवल दो समय का भोजन, वस्त्र और सिर छिपाने के लिए चारपाई भर स्थान के मोहताज बनकर रह गये हैं? नई पीढ़ी को अपने कार्यों में पुरानी पीढ़ी का दखल तो दूर, सलाह लेना तक स्वीकार्य नहीं है।

वर्तमान समय में वृद्ध अलग-अलग सा होता जा रहा है। आदर, सम्मान खो चुका है। नई पीढ़ी के लोग उनके जीवन के अनुभवों का लाभ लेना तो दूर उनसे परामर्श लेना तक पसन्द नहीं करते।

वृद्धजन जब रहन-सहन, खान-पान व अन्य बातों में दखल देते हैं तो नई पीढ़ी के लोग (युवजन) वृद्धों की उपेक्षा करते हैं। वृद्धजन इस उपेक्षा को सहन नहीं कर पाते हैं और अपने को अपमानित महसूस करते हैं जिससे वृद्ध एवं युवावर्ग में मानसिक तौर पर शीत संघर्ष चलता रहता है।

वृद्धावस्था एक मानवीय अनिवार्यता, स्वाभाविक जैवकीय प्रक्रिया एवं सांस्कृतिक प्रक्रिया का ही अंग है जिसमें वह शेष जीवन के प्रति उपेक्षित दृष्टिकोण विकसित कर लेता है, जिससे वह स्वयं को विघटित तथा दबा हुआ महसूस करने लगता है।

वृद्धजनों की उपेक्षा एवं आर्थिक शोषण

साक्षात्कार के दौरान शोधकर्त्ता ने यह अनुभव किया कि वृद्धों की सत्ता एवं प्रभाव में अन्तर आया है। वृद्धों को अपनी आवश्यकताओं की पूर्ति के लिए परिवार के सदस्यों का मुंह ताकना पड़ता है। वे स्वयं उपेक्षित अनुभव करते हैं।

नई अर्थव्यवस्था के अन्तर्गत सत्ता एवं रुपया पैसा (धन दौलत) बड़े पुत्र के हाथों में, भाई-भतीजों के हाथों में, बेटी-दामाद के हाथों होती है। वृद्धजनों का शोषण एवं उपेक्षा यही से प्रारम्भ हो जाती है। अपनी दैनिक जीवन की आवश्यकताओं तथा छोटी-मोटी जरूरतों की पूर्ति के लिए वे इन लोगों पर निर्भर करते हैं।

शोधकर्त्ता को एक वृद्ध ने बताया कि धिक्कार है ऐसे पैसों पर जो इंसान को जानवर बना दे। क्या करें बेचारे मां-बाप, यदि बेटा नालायक हो, जब जीवन मौत से बदतर बन जाए तो मरना ही अच्छा, रोज-रोज मरने से तो एक दिन ही मरना अच्छा है।

अध्ययन से यह निष्कर्ष निकलता है कि वृद्ध स्त्री-पुरुषों का शोषण आर्थिक है। जब तक उनके पास धन सम्पत्ति, जेवर, मकान, जमीन आदि हैं तब तक बेटे-बहू उनका भरपूर आदर, सम्मान आवभगत करते हैं। लेकिन जब वे अपनी पेन्शन, फण्ड, धन सम्पत्ति बच्चों को रोजगार करवाने व व्यापार कराने में लगा देते हैं। उनके पास फिर कुछ नहीं रहता, तो उनकी स्थिति परिवार में ऐसी हो जाती है जैसे दूध में से मक्खी निकाल कर फेंक देना। उन्हें बेटे-बहू द्वारा वह आदर व सम्मान नहीं मिलता। बात-बात पर दुत्कारा जाता है। अपनी छोटी-मोटी जरूरतों को पूरा करने के लिए, मनपसंद भोजन करने के लिए परिजनों से झिड़कियां, ताने, उलाहने सुनने पड़ते हैं। परिवार में उनकी पूर्ण रूप से उपेक्षा की जाती है। घर के बाहर एक छोटे से कमरे (बैठक) में उन्हें खांसते हुए व कराहते हुए देखा जा सकता है।

वृद्धजनों का मानसिक उत्पीड़न एवं उपेक्षा

शोधकर्त्ता ने अपने अध्ययन के दौरान साक्षात्कार करते समय कुछ वृद्ध लोगों का मानसिक उत्पीड़न एवं उपेक्षा भी देखी, जिन्हें परिवार के सदस्यों द्वारा परेशान किया जाता था। उनके लिए ऐसी परिस्थितियाँ उत्पन्न कर दी गयी थीं जिनसे उन्हें मानसिक तनाव से गुजरना पड़ा था। परिजनों द्वारा रिश्तेदारों के समक्ष

तथा मिलने-जुलने वाले लोगों के समक्ष उनकी पूर्ण रूप से उपेक्षा की जाती थी। उनमें से कुछ एक व्यक्तिगत केस निम्नवत हैं-

1. जिन बच्चों को उंगली पकड़कर क-ख-ग सिखाया, वही अब डॉक्टर-इंजीनियर बनकर मां-बाप को मूर्ख गंवार समझने लगे हैं अपने अनुभवों के आधार पर यदि बुजुर्गों ने कुछ समझाने का प्रयास भी किया तो कितनी जल्दी खीझ जाते हैं बच्चे को लगता है कि पापा सठिया गये हैं।

   आज की कमरतोड़ महंगाई के दौर में बुजुर्गों के लिए खर्च करना बोझ मानते हैं लोग। बुजुर्गों के साथ रहने से उनकी आवश्यकताओं की पूर्ति को लेकर प्रायः पति-पत्नी में अनबन होती है।

2. सेवानिवृत्ति के बाद कई व्यक्तियों को लगने लगता है कि वे उपेक्षा व अकेलेपन के शिकार हैं घरपरिवार के लिए उन की कोई भूमिका व योगदान नहीं बचा, दूसरी ओर अक्सर पत्नी सहित परिवार के सदस्यों को लगने लगता है कि वह व्यक्ति एकाएक उनके लिए मुसीबत और आफत बन गया है, नतीजतन कई बार घर में कलह और मनमुटाव हो जाता है, आखिर सेवानिवृत्ति क्यों एक तकलीफ बन जाती है?

3. जब बेटे बहू द्वारा बुजुर्गों को ताने सुनने को मिलते हैं तो वे मानसिक रूप से परेशान हो जाते हैं। इसी तरह जब कई घरों में टी.वी. देखने को लेकर भी बुजुर्गों के पास न तो कोई बच्चा या बहू बैठना चाहता है और न ही किसी को उनकी उपस्थिति सहन होती है, बूढ़े माता-पिता कमरे में कैद होकर रह जाते हैं। कितनी मानसिक यातना है इस एकाकीपन में यह कोई मुक्त भोगी ही जान सकता है।

4. एक सेवानिवृत्त वृद्ध का परिवार जहाँ बेटे-बहू दोनों कामकाजी थे। वे दफ्तर जाने के पूर्व उन पर कई जिम्मेदारियां डाल जाते, जिससे उन्हें आराम न मिल पाता और इस बात को सोच-सोचकर वे कुंठित होते, कि इस घर में उनकी औकात एक नौकर जैसी ही है।

5. आधुनिकता के नाम पर रहन-सहन, तौर-तरीकों व बोलचाल में बदलाव आया है, समय बिताने के लिए युवा और बच्चे अपने दोस्तों का साथ अधिक पसंद करते हैं, बेटे और बहुएँ बूढ़े मां-बाप की

देखरेख अथवा सेवाटहल करने के बजाय किट्टी पार्टी, सिनेमा व क्लब को ज्यादा अहमियत देते हैं ऐसे में घर के बुजुर्ग स्वयं को अकेला और असहाय महसूस करते हैं, अपने ही लोगों द्वारा नकारा और बेकार सी वस्तु समझे जाने का दर्द भी ये बुजुर्ग क्षणप्रतिक्षण झेलते हैं वृद्धजन मन मसोस कर रह जाते हैं। एक नई टीस की अनुभूति होती है जिसे वे व्यक्त नहीं कर सकते। एक दुःखी एवं मानसिक रूप से परेशान सेवानिवृत्त वृद्ध निम्न पंक्तियों में अपने उद्‌गार व्यक्त कर बैठा–

पत्थर पर सिर रख कर सो जाने को जी चाहता है।
इतना रुलाया है अपनों ने कि खुद पे हंसने को जी चाहता है॥

आज स्थिति इतनी भयावह है कि अपने बच्चों से प्यार पाने के बजाय बुजुर्ग माता–पिता उनसे सहमे–सहमे से रहते हैं कि न जाने कब उनकी कौन सी बात उनके बच्चों को बुरी लग जाये। शोधकर्त्ता को सबसे गम्भीर चिन्ता यह देखने को मिली कि वृद्धजनों की मनोदशा है, अवसाद की, कुण्ठा की, शोषण की। उम्र के साथ–साथ स्मरण शक्ति का ह्रास स्वाभाविक है। शारीरिक शक्ति भी क्षीण होती जाती है। ऐसे में उपेक्षा और अलग–थलग पड़ जाने से वृद्धजन अवसाद और कुण्ठा के शिकार हो जाते हैं। बूढ़ी पीढ़ी में उपेक्षित होने का भाव भी प्रबल होता जा रहा है जिससे उनमें हीनता की भावना विकसित हो रही है।

(एक सीनियर सिटीजन के मुख से); मैं भी बतौर एक वरिष्ठ नागरिक कहा जाता हूं, ये सारी बातें सुनने को मिलती हैं। बड़ी–बड़ी बातें करने वाले भूल जाते हैं हमारे यहां बुजुर्गों की हालत क्या है। ज्यादातर बुजुर्गों की मानसिक स्थिति चिंतनीय है। पारिवारिक अवहेलना और तमाम दिक्कतों के चलते ही उनका यह हाल है। निराशा और एकाकीपन के बोझ तले उनकी कमर और झुक गई है। हम कभी नहीं सोचते कि क्या सुबह दूध–सब्जी लाना, बच्चों को बस स्टाप तक छोड़ना और स्कूल से लाने के लिए जाना ही उनकी जिंदगी रह गई है? क्या जीबन के अंतिम पड़ाव में दूसरों की झिड़कियां और उपेक्षा भरी नजरों की मार खाने–सहने को ही ये जीवित हैं।

एक बुजुर्ग ने शोधकर्ता को बताया कि आज के भीड़–भाड़ के माहौल में सड़क पर निकलना तो मौत को बुलावा देना ही समझिये। सड़क पार करते समय बुजुर्गों को 'बुड्ढ़े मरना है क्या?' बचन भी अक्सर सुनने को मिलता है, जिससे मानसिक कुण्ठा उत्पन्न हो जाती है।

घर में वृद्ध पति-पत्नी हालात से समझौता कर किसी न किसी प्रकार समय काटते रहते हैं। किन्तु बुजुर्ग जोड़ी के टूट जाने पर अपनों की उपेक्षा का दंश उन्हें जीते जी मार डालता है।

मानसिक विघटन व्यक्ति को लापरवाह, किसी बात का ध्यान न रखने वाले, आत्मकेन्द्रित एवं समाज से सही समायोजन न होने वाला बना सकता है। इसके बावजूद सबसे महत्वपूर्ण व्यक्ति अपने सम्बन्ध में या दूसरों के सम्बन्ध में तथा अपने शेष जीवन के प्रति उपेक्षित दृष्टिकोण विकसित कर लेता है। यह स्थिति किसी भी व्यक्ति को शीघ्र ही अक्षम बना सकती है। जो व्यक्ति प्रौढ़ावस्था में अपने जीवन के प्रति रुचि को खोते जाते हैं, वे शीघ्र ही विघटित व दवा हुआ महसूस करने लगते हैं।

वृद्धजनों का शारीरिक उत्पीड़न एवं उपेक्षा

वृद्धजनों की उपेक्षा एवं शारीरिक उत्पीड़न के कुछ केस शोधकर्त्ती को अध्ययन के दौरान पता चले, जिनमें से कुछ निम्नवत हैं-

1. मि. 'ए' एटा तहसील में रहते थे, उनकी सेवानिवृत्ति कुछ वर्ष पहले हुई थी। कुछ-समृद्ध ऐशोआराम का जीता-जागता नमूना था उनका अपना फ्लैट कुलदीपक या यों कहिए कि इहलोक व परलोक सुधारने वाला एक बेटा-बहू और क्या चाहिए मां-बाप को सब कुछ अच्छा-ही-अच्छा था, लेकिन भाग्य को दुर्भाग्य में बदलते देर नहीं लगती, बेटा जो बुढ़ापे की लाठी कहलाता है, वही लाठी बन मां-बाप पर बरसने लगा, सेवा या सहारे को कौन कहे दो वक्त की रोटी भी दुशवार हो गयी थी उनके लिए यातना व प्रताड़ना दी जाने लगी, बस, त्रास ही त्रास रह गया जीवन में, दबाव डाला जाने लगा कि फ्लैट बेटे के नाम कर दें न मानने पर शारीरिक-मानसिक प्रहार, जीना मुश्किल हो गया, मरने का इन्तजार भी न हो सका उनसे फिर एक दिन ऐसा आया कि इन सबसे ऊबकर उन्होंने आठवीं मंजिल स्थित अपने ही पलैट की खिड़की से छलांग लगा दी, मानसिक-शारीरिक हर प्रकार के कष्ट से सदा के लिए मुक्ति पा ली, दोनों चिरशान्ति में विलीन हो गये, उनका लिखा जो नोट मिला, उसमें लिखा था, 'हम अपने पुत्र व पुत्रबधू द्वारा रोज दी जाने वाली गाली-गलौज व शारीरिक-मानसिक प्रताड़ना से तंग आ चुके हैं।'

2. मि. 'ब' कासगंज तहसील में रहते हैं उनका कहना है कि रिटायर होने के बाद घर में उनका पहले जैसा सम्मान और पूछ नहीं रही, वह खुद को अकेला और उपेक्षित महसूस करते हैं और सोचते हैं हर कोई मुझे अपमानित व प्रताड़ित कर देता है, आजकल के बच्चे तो किसी सलाह या बात को मानने को तैयार ही नहीं हैं पत्नी भी उनके रंग में रंग गई है क्या-क्या सोचा था कि सेवानिवृत्ति के बाद ऐशोआराम की जिंदगी जीऊंगा, रोजरोज की भागदौड़ और खिचखिच से छुटकारा मिलेगा, जो मन कहेगा, करूंगा, किसी की रोकटोक नहीं रहेगी, लेकिन यहां तो जैसे सब मेरे दुश्मन हो गये हैं, इससे तो अच्छा था कि रिटायर ही न हुआ होता, लेकिन अब घर में न रहूं तो जाऊँ कहाँ?
3. एक सेवानिवृत्त वृद्ध की कहानी उनकी ही जुवान में बेटा-बहू द्वारा दी गई शारीरिक व मानसिक प्रताड़ना का दर्द प्रमुख है, लेकिन वे किसी के सामने मात्र इस भय से मुंह नहीं खोलते क्योंकि उनके सम्मुख घर की इज्जत का सवाल है, अपनी मान-मर्यादा का प्रश्न है, गालियाँ खाकर, भूखे रहकर, मार खाकर भी इसीलिए सब कुछ सहन कर जाते हैं वे।

शोधकर्त्ती को साक्षात्कार करते समय एक वृद्ध महिला ने बताया कि वह बहू-बेटों की खरी-खोटी सुनती है, पिटती है फिर भी उनके बच्चों को खिलाती है। जो खाने को मिल जाता है, वह खा लेती है।

ऐसी दुखद तथा दर्दनांक परिस्थितियों में वृद्ध स्त्री-पुरुषों को जीवनयापन कर वृद्धावस्था गुजारनी पड़ती है।

बेटों को ऐसा समझा जाता है कि मानों वे कब्र की ओर लड़खड़ाते पैर बढ़ा रहे हैं। मन और शरीर की बीमारी से तवाह हो चुके हैं।

निदर्शित वृद्ध (उम्र 82 वर्ष) के तीन बेटे हैं जो सभी विवाहित हैं। फिर भी उनका परिवार संयुक्त है, 46 बीघे जमीन तथा भरापूरा परिवार है जिसमें आए दिन पिता के साथ मारपीट इसलिए होती है कि पिता (परिवार का कर्ता-'मुखिया') बेटों में जमीन बांट दे। .....साक्षात्कार करने के समय शोधकर्त्ती एक सूचनादाता ने स्पष्टत: बताया कि "रोज-रोज की मार-पीट तथा समाज में बेइज्जती को देखकर मैंने 39 बीघे जमीन अपने तीनों बेटों को प्रत्येक को तेरह-तेरह बीघे जमीन बांट दी है, एवं अपनी गुजर-बसर के लिए 7 बीघे जमीन अपने पास रख

ली है, जिसे वह बटाई पर कराकर नई अर्थ व्यवस्था के सहारे जीवनयापन कर रहा है। वह बेटे उन्हें दो वक्त रोटियां भी नहीं देते। वह अपना पेट वयोवृद्ध होते हुए भी स्वयं अपने हाथो से खाना बनाकर जीविकोपार्जन करता है। यहां तक कि वह अपने नाती व नातियों को खूब खिलाता है, परिवार की सत्ता उसके पास न होने से बेटों से उसका सामंजस्य नहीं हो पाता है। उसका कहना है कि ऐसे जीने से तो मर जाना अच्छा है।"

शोधकर्त्ता को अध्ययन के दौरान ऐसा भी देखने को मिला कि एक वृद्धा पड़ौसी महिला से बात कर रही थी तभी अचानक घर में से एक लड़का निकला तथा वृद्धा को अचानक मारने-पीटने लगा, वृद्धा चीख पुकार करने लगी। अड़ौस-पड़ौस इकट्ठा हो गया। मैं भी वहां पहुंच गयी तथा मैंने घटना का कारण पूछा तो बताया गया कि 'मारने-पीटने वाला लड़का' बुढ़िया का ही बेटा है जो आए दिन बुढिया को मारता-पीटता है वह इसलिए कि बुढ़िया सुवह शाम उसके घर का कामकाज करे। इस वैयक्तिक घटना से सुस्पष्ट है कि वृद्धावस्था में दो जून की रोटियों के लिए कैसी-कैसी यातनाएँ वृद्धजनों को सहन करनी पड़ती हैं।

8 वृद्धों का परिवार के सदस्यों के साथ कुसामंजस्य या टकराव के कारण

समाजशास्त्रीय दृष्टिकोण से वृद्धजन की एक प्रमुख समस्या परिवार तथा समाज के साथ उनके सही समायोजन न करने की है। विभिन्न वैज्ञानिक अध्ययनों के द्वारा यह देखा गया है कि जो मनुष्य वृद्धावस्था की वास्तविकता को स्वीकार कर लेते हैं वे परिवार व समाज में सफलतापूर्वक संयोजन कर लेते हैं। अधिकांशतः वृद्ध स्वास्थ्य के गिरने, नौकरी से हट जाने तथा आमदनी में कमी आ जाने आदि के कारण काफी मानसिक तनाव महसूस करने लगते हैं जिसके कारण ऐसे व्यक्तियों में निराशा, कुण्ठा, नकारात्मक व्यवहार तथा उत्तेजना आदि की भावनाएँ पनप जाती हैं जो परिवार एवं समाज से सही समायोजन करने में बाधक होती हैं। दूसरे समय की रफ्तार के साथ समाज में नये-नये परिवर्तन होने लगते हैं। इस कारण नई पीढ़ी के लोग पुरानी विचारधारा के लोगों को पसन्द नहीं करते हैं, अतः वृद्ध (बुजुर्ग) लोग जब रहन-सहन व अन्य बातों में दखल देते हैं तो युवावर्ग (नई पीढ़ी के लोग) वृद्धजनों की अनसुनी तथा उपेक्षा करते हैं, और इस उपेक्षा को वृद्ध व्यक्ति सहन नहीं कर पाते हैं एवं स्वयं को अपमानित समझते हैं जिसके फलस्वरूप वृद्ध एवं युवा वर्ग में मानसिक तौर पर शीत संघर्ष चलता रहता है, सामान्यतः वृद्ध व्यक्ति किसी भी प्रकार के परिवर्तन से खुश नहीं होते और न उन्हें वह परिवर्तन रास ही आता है, सम्प्रति ऐसी परिवर्ती परिस्थितियों में वे पारिवारिक सामाजिक सामंजस्य स्थापित करने में असफल (असमर्थ) रहते हैं, जिससे कुसामंजस्य उत्पन्न होता है।

वृद्धों का परिवार के सदस्यों के साथ कुसामंजस्य या टकराव

वृद्धों का परिवार के सदस्यों के साथ कुसामंजस्य या टकराव के निम्नलिखित कारण हैं–

व्यक्तिगत कारण

व्यक्तिगत स्वभाव या व्यक्तिगत दोष भी कुसामंजस्य या टकराव का कारण

बनता है। आज का व्यक्ति स्वार्थी हो गया है। वह अपना अत्यधिक समय एवं आय का अधिकांश भाग केवल अपनी ही आवश्यकताओं की संतुष्टि में खर्च करता है। यह कारण परिवार व वृद्धों की समस्या को उत्पन्न करते हैं। अध्ययन के बीच देखा गया है कि व्यक्तिगत विभिन्नताएँ समस्याओं का बहुत बड़ा कारण है। व्यक्ति के बुरे व्यवसनों तथा अपराधी प्रवृत्ति के कारण भी तनाव व समस्यायें उत्पन्न करता है। धीरे-धीरे जीवन में उदासीनता एवं नीरसता आ जाती है और वृद्ध मानसिक रूप से परेशान हो जाते हैं, जो कि परिवार के लिए घातक हैं। शोधकर्त्ता ने जिन वृद्धों का अध्ययन किया, उससे ज्ञात हुआ है कि परिवार में कुसामंजस्य का कारण, व्यक्तिगत त्रुटियां, कमजोरियां और कमियां भी पायी जाती हैं, जो परिवार में टकराव का करण बनती हैं जैसे-मद्यपान करना, अधिक खर्चा, हर काम में टोका-टाकी, वैचारिक भिन्नता आदि ऐसे कार्य हैं जिसका व्यक्ति स्वयं उत्तरदायी होता है और इसके कारण परिवार नरक बन जाता है। कभी-कभी पुत्र-बधू की अपनी विपरीत रुचियों और विचारों के कारण परिवार में समस्या उत्पन्न हो जाती। इस प्रकार व्यक्तिगत कारण भी पारिवारिक टकराव के कारणों को जन्म देते हैं। व्यक्तिगत कारण के कुछ प्रमुख आधार निम्न हैं-

जीवन का विपरीत दर्शन

उद्देश्य तथा साधन दोनों की ही कार्य के सम्पादन में महत्वपूर्ण भूमिका होती है। किन्तु उद्देश्य का ज्ञान एवं साधन का चुनाव तभी सम्भव है जब एक निश्चित पद्धति का अनुसरण किया जाए, वस्तुतः यही जीवन-दर्शन है जो जीवन की दिशा निर्धारण करता है। जीवन के लक्ष्यों का प्रतिपादन करता है तथा जीवन के आदर्शों व मूल्यों की प्रतिष्ठा करता है।

परिवार एकता के कन्धों पर चलने वाली गाड़ी है। यदि वृद्ध पति-पत्नी के जीवन दर्शन पृथक हैं तो उनके परिवार भी धीरे-धीरे पृथक हो जाते हैं, जिसका परिणाम समस्याओं को जन्म देता है। शोधकर्त्ता ने अपने अध्ययन के अन्तर्गत यह पाया कि 300 वृद्धों में से 35 प्रतिशत वृद्ध ऐसे थे जिनके जीवन दर्शन में अन्तर पाया गया तथा शेष के जीवन-दर्शन में अन्तर नहीं है। अतः स्पष्ट है कि पति-पत्नी के जीवन दर्शन में अधिक अन्तर है तो पारिवारिक टकराव स्वभाविक है। शोधकर्त्ता ने अपने साक्षात्कार के माध्यम से यह जानने का प्रयास किया है कि एटा जनपद के वृद्धों में कितने वृद्ध ऐसे हैं जिनका जीवन दर्शन भिन्न है। इससे संकलित निष्कर्ष निम्नवत है-

तालिका 8.1

जीवन का विपरीत दर्शन प्रदर्शित करती तालिका

क्रमांक	*श्रेणी*	*आवृत्ति*	*प्रतिशत*
1.	विपरीत दर्शन	105	35%
2.	समान दर्शन	195	65%
	योग	**300**	**100%**

उपरोक्त तालिका से ज्ञात होता है कि एटा जनपद के वृद्धों में तथा उनकी पत्नी के बीच जीवन का विपरीत दर्शन 35% वृद्धों में पाया गया है तथा इनमें जीवन का समान दर्शन 65% वृद्धों में पाया गया है।

आत्म प्रशंसा मानव का एक स्वभाविक गुण है तथा इस हेतु वह सारे कार्यों का सम्पादन अपनी सहमति से करवाना चाहता है। जहाँ परिवार में एक और वृद्ध सदस्य उसे छोड़कर अपनी इच्छानुसार कार्य करना चाहते हैं। इन परिस्थितियों में पारिवारिक टकराव होना अनिवार्य है जिसका प्रत्यक्ष कारण जीवन दर्शन में भिन्नता। जीवन दर्शन सम्बन्धी विरोधाभास पारिवारिक कुसामंजस्य को प्रभावित करते हैं। ऐसा शोधकर्त्ता ने अनुभव किया कि यह विषमता पारिवारिक कुसामंजस्य का एक कारण है।

दृष्टिकोण में परिवर्तन

प्राय: पति-पत्नी या अन्य सदस्यों के रहन-सहन का ढंग पृथक होने के कारण से दृष्टिकोणों में भिन्नता आ जाती है। प्राय: प्रत्येक सदस्य के उद्देश्य जीवन के लक्ष्य एवं उन्हें प्राप्त करने के साधन पृथक-पृथक होते हैं। जब तक इन सब कार्यों की पूर्ति पारस्परिक सहयोग से होती है, जब तक परिवार उचित रूप से संचालित होता रहता है, परन्तु जब विचारों में भिन्नता आ जाती है, तो परिवार में समस्या के दर्शन होने लगते हैं और यही परिवार के विघटन का कारण बन जाता है। अध्ययन के दौरान शोधकर्त्ता ने पाया कि लगभग 120(4%) वृद्धों के परिवार के सदस्यों के बीच दृष्टिकोणों में परिवर्तन है तथा 180(6%) वृद्धों के परिवार में समान दृष्टिकोण देखने को मिला। व्यक्तियों के दृष्टिकोण में परिवर्तन कई आधारों में देखा गया।

(अ) आर्थिक आधारों में भिन्नता

परिवार में समस्यायें आर्थिक कारण से उत्पन्न होती हैं। यदि पिता-पुत्र पति-पत्नी, सास-बहू में आर्थिक मामलों में भिन्नता का प्रवेश हो जाता है तो पारिवारिक समस्या स्पष्ट रूप से दिखायी देने लगती है। कभी-कभी किसी वृद्ध की कंजूसी, धन जोड़ने की अभिलाषा, स्त्रियों की फिजूलखर्ची या अपने आभूषण वस्त्रों पर अधिक व्यय आदि से भी परिवार में समस्यायें उत्पन्न हो जाती हैं।

(ब) सामाजिक मामले में भिन्नता

समाज में स्थिति बनाने की इच्छा भी वृद्धों में विशेष रूप से पायी जाती है, परन्तु यह इच्छा वृद्धों के अलावा परिवार के अन्य सदस्यों में भी पृथक-पृथक होती है। कुछ वृद्ध अपने मित्रों एवं सम्बन्धियों के बीच अपने को धनी दिखाने की चेष्टा करते हैं। पत्नी इससे असन्तुष्ट हो जाती है क्योंकि आजकल सामाजिक स्थिति में धन का विशेष महत्व है। जब धन स्थिति बनाने में खर्च हो जाता है तो परिवार में यह इच्छा दृढ़ हो जाती है कि यह दिखावटी बातें न हों और कुछ सदस्य यह आवश्यक मानते हैं। जब दोनों सदस्यों में अनुकूलन नहीं हो पाता, तो परिवार में तथा वृद्धों में समस्या अपना स्थान बना लेती है।

(स) धार्मिक मामले में भिन्नता

धर्म का वृद्धों के जीवन व परिवार में विशेष महत्व रहता है। क्योंकि भारतीयों के लिए धर्म जीवन से भी महत्वपूर्ण वस्तु है। परिवारों में वृद्ध स्त्रियों पुरानी धार्मिक रूढ़ियों में विश्वास करती हैं। पुरुष उन्हें व्यर्थ समझते हैं। किसी-किसी वृद्ध व उनके परिवार में आस्तिकता और नास्तिकता भी समस्या का कारण रही है। इस प्रकार धार्मिक विचारधारा भी वैमनस्य का कारण बन जाती है।

(द) राजनैतिक मामले में भिन्नता

शिक्षित परिवारों में तथा जिन परिवारों में राजनैतिक चेतना है और जिन वृद्धों में राजनैतिक चेतना है उनमें अध्ययन करने से ज्ञात हुआ कि वृद्धों की अपनी अलग तथा परिवार के सदस्यों की भी भिन्न-भिन्न प्रकार की विचारधारायें होती हैं। थोड़े समय तक तो भिन्न विचारधाराओं में समावेश के कारण काम शान्तिपूर्वक चलता रहता है। लेकिन कुछ समय बाद या कालान्तर में परिवार के वृद्ध व अन्य सदस्यों या अपनी पत्नी से ही विवाद उत्पन्न हो जाता है और इसका परिणाम यह होता है कि वृद्धों का परिवार व पत्नी से टकराव होता है।

इन कारणों के अतिरिक्त कुछ अन्य कारण भी थे जिनमें परिवार व वृद्धों में कुसामंजस्य चल रहा था। निम्नलिखित तालिका से स्पष्ट हो जाता है कि उपर्युक्त कारणों से प्राय: वृद्धों और परिवार में कुसामंजस्य की स्थिति उत्पन्न हुई है–

तालिका 8.2

विपरीत दृष्टिकोण प्रदर्शित करती तालिका

		टकराव हैं		*टकराव नहीं हैं*		
क्र.	*श्रेणी*	*आवृत्ति*	*प्रतिशत*	*आवृत्ति*	*प्रतिशत*	*योग*
1.	विपरीत दृष्टिकोण	120	40%	180	60%	300
2.	आर्थिक मामलों में भिन्नता	60	20%	240	80%	300
3.	सामाजिक मामलों में भिन्नता	75	25%	225	75%	300
4.	धार्मिक मामलों में भिन्नता	120	40%	180	60%	300
5.	राजनैतिक मामलों में भिन्नता	30	10%	270	90%	300
6.	अन्य मामलों में भिन्नता	45	15%	255	85%	300

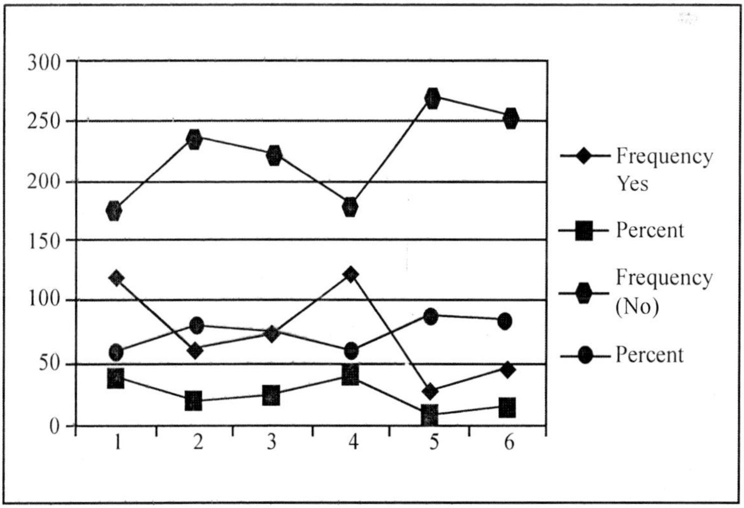

वृद्धों के जीवन में तथा परिवारों में यदि टकराव रहता है तो वृद्धों के जीवन में कुसामंजस्य उत्पन्न हो जाता है। पति–पत्नी या परिवार के सदस्यों के साथ उपरोक्त किसी भी कारण से या विचारों में परिवर्तन हो जाता है तो कुसामंजस्य या टकराव परिवार में अपना स्थान बना लेता है। उपरोक्त तालिका से स्पष्ट है कि 300 वृद्धों के अध्ययन में 120(40%) वृद्धजन ऐसे प्राप्त हुए जिन वृद्धों के पारिवारिक जीवन में व उनकी पत्नी की विचारधारा में भिन्नता थी, तथा 60% ऐसे वृद्ध थे जिनके पारिवारिक व उनकी पत्नी के विचारों में समानता थी। अध्ययन से ज्ञात हुआ कि आर्थिक मामलों में भिन्नता 60(20%) वृद्धों में थी। इन वृद्धों में आर्थिक समस्या रहती है और यह समस्या व कुसामंजस्य इनके बीच स्थायी रूप से उत्पन्न हो चुका है और शेष 240(30%) वृद्ध ऐसे थे जिनमें आर्थिक मामले में भिन्नता नहीं थी। अध्ययन के दौरान 75(25%) वृद्ध ऐसे थे, जिनमें सामाजिक मामलों में भिन्नता थी इस भिन्नता के कारण ही वृद्धों का परिवार के साथ टकराव का जन्म हुआ। 225(75%) वृद्ध ऐसे थे जिनकी सामाजिक मामलों में कोई भिन्नता नहीं थी।

इस प्रकार अध्ययन के 300 वृद्धों में 120(40%) वृद्ध ऐसे है जिनमें धार्मिक मामलों में भिन्नता स्पष्ट है तथा 180(60%) वृद्ध ऐसे हैं जिनमें धार्मिक मामलों में भिन्नता नहीं स्पष्ट होती है।

राजनैतिक धारा में भिन्नता रखने वाले 30(18%) थे, इन वृद्धों में राजनैतिक भिन्नता के कारण पारिवारिक टकराव व समस्यायें उत्पन्न हो जाती हैं। 45(15%) वृद्ध ऐसे भी हैं जिनकी अन्य मामलों में भिन्नता थी तथा 255(85%) वृद्धों में अन्य मामलों में भिन्नता नहीं है। संक्षेप में ये कहा जा सकता है कि आधुनिक युग के वृद्धों में तथा वृद्धों के दृष्टिकोण में परिवर्तन हो गया है। वृद्धों में तथा उनके परिवारों में रहन–सहन, उदारता, शिक्षा, आन्तरिक विचारों आदि में परिवर्तन हो रहे हैं। आज के वैवाहिक दृष्टिकोण में भी परिवर्तन हो रहे हैं, जो शिक्षित हैं तथा नौकरी करते हैं वे आर्थिक रूप से स्वतन्त्र होकर प्रेम विवाह में विश्वास रखते हैं, जो कि उनके परिवार के वृद्धों को पसन्द नहीं तथा वृद्धों के अनुकूलन भी नहीं होता इस कारण वृद्धों के परिवार के सदस्यों के साथ टकराव होता है।

विरोधी स्वभाव

स्वभाव मानव के जीवन में महत्वपूर्ण स्थान रखता है। एक ही स्वभाव के व्यक्ति

या वृद्ध हो तो संघर्ष व टकराव समाप्त हो जाता है। जबकि विरोधी स्वभाव वाले वृद्ध पति-पत्नी और अन्य परिवार के सदस्य छोटी-छोटी बातों पर एक दूसरे का विरोध करते हैं, जिससे परिवार में कुसामंजस्य होता है। विरोधी स्वभाव का अध्ययन करते समय जो सूचना प्राप्त हो सकी, वो निम्न तालिका से स्पष्ट हो सकती है–

तालिका 8.3

वृद्धों में विरोधी स्वभाव

क्र.	*श्रेणी*	*हाँ*	*प्रतिशत*	*नहीं*	*प्रतिशत*	*योग*
1.	शीघ्र क्रोधी हो जाना	135	45%	165	55%	300
2.	शान्ति प्रियता या अकेलापन	120	40%	180	60%	300
3.	आशावादी या निराशावादी	195	65%	105	35%	300
4.	घटिया साहित्य पढ़ने का	30	10%	270	90%	300
5.	मना करने की प्रवृत्ति	75	25%	275	75%	300

उपयुक्त तालिका से स्पष्ट है कि विरोधी स्वभाव के कारण वृद्धों के परिवार में टकराव होता है। सर्वेक्षण के 300 वृद्धों से ज्ञात हुआ कि 135(45%) वृद्ध ऐसे हैं जो शीघ्र क्रोधी हो जाते हैं तथा 165(55%) वृद्ध ऐसे हैं जो शीघ्र नहीं होते हैं। 120(40%) वृद्ध ऐसे हैं जो शान्ति व अकेलापन पसन्द करते हैं पर घर में बधुओं और पोते-पोतियों के कारण वह पूर्ण इच्छित शान्ति प्राप्त नहीं कर पाते, इस कारण वह वृद्ध झुंझलाहट से परिवार के वातावरण को खराब करते हैं और वृद्धों के परिवार में कुसामंजस्य पनपता है। परन्तु अध्ययन में 180(60%) वृद्ध ऐसे हैं जिनको शान्ति प्रियता पसन्द नहीं है उन्हें कोलाहल पूर्ण परिवार का वातावरण पसन्द है।

शोधकर्त्ता को अपने अध्ययन में एक अत्यन्त महत्वपूर्ण तथ्य और देखने को मिला वह यह कि प्रायः वृद्ध सदस्य निराशावादी तथा युवा सदस्य आशावादी हैं। 300 में 195 (65%) वृद्ध निराशावादी हैं तथा शेष 105(35%) निराशावादी नहीं है। परिवार में आशावादी युवा और निराशावादी वृद्ध के विचारों के कारण परिवार में कुसामंजस्य की स्थिति पैदा हो जाती है।

300 वृद्धों में 30(10%) वृद्ध ऐसे हैं जो प्रायः सस्ते और घटिया साहित्य पढ़ते हैं। इस कारण उनके विचार भी वैसे ही होते हैं। इन विचारों को परिवार

के सदस्य पसन्द नहीं करते, इस कारण दोनों में टकराव उत्पन्न हो जाता है। जबकि 270(90%) वृद्ध ऐसे हैं जिनमें इस प्रकार का शौक नहीं है।

300 वृद्धों में 75(25%) वृद्ध ऐसे हैं जिनमें परिवार के युवा व्यक्तियों के हर कार्य को पसद नहीं करते और मना करते रहते हैं। वृद्धों की इस प्रवृत्ति के कारण परिवार में कुसामंजस्य पनपता है। जबकि 225(75%) वृद्ध ऐसे हैं जिनमें ये प्रवृत्ति नहीं है तथा उनके परिवार में भी कुसामंजस्य नहीं है।

इस प्रकार कहा जा सकता है कि वृद्धों में विरोधी स्वभाव परिवार के सदस्यों के साथ टकराव का महत्वपूर्ण कारण रहा है। जब स्वभावों का अनुकूल नहीं हो पाता, तब परिवार में वृद्ध अपने को पृथक महसूस करते हैं। यही पृथककरण कुसामंजस्य का कारण बन जाता है।

आयु में विषमता

आयु तथा व्यक्ति का व्यवहार दोनों ही परस्पर प्रत्यक्ष रूप से सम्बन्धित हैं। वृद्ध, प्रौढ़, युवा तथा वाह्य चारों ही अवस्थाएं भिन्न-भिन्न व्यवहारों के लिए उत्तरदायी होती हैं। प्रत्येक अवस्था में व्यक्ति के विचार भिन्न होते हैं। क्रियायें भिन्न होती हैं, अपेक्षाएं भिन्न होती हैं आवश्यकताएँ भिन्न होती हैं तथा उत्तरदायित्व भिन्न होते हैं। परिवार में इन सभी अवस्थाओं के सदस्य होते हैं तथा यदि उपयुक्त वर्णित एक-दूसरे के विपरीत हो तब परिवार में टकराव अवश्यम्भावी हो जाता है।

आयु विषमता जनित समस्याएं वृद्धों में कोई नवीन समस्या नहीं। जब एक सदस्य के विचार दूसरे से भिन्न हों, एक के उत्तरदायित्व व अपेक्षाएँ दूसरे के अधिकार क्षेत्र का अतिक्रमण करें तथा एक ही आवश्यकताएँ दूसरे की आवश्यकता पूर्ति में बाधक हो, तब उनका व्यवहार परिवर्तित होना स्वभाविक हो जाता है। आयु विषमता सदैव परिवार में टकराव व समस्या को जन्म दे, यह अनिवार्य नहीं। यदि सभी सदस्य एक दूसरे की भावनाओं को सम्मान देते हुए सामंजस्यपूर्ण व्यवहार करें तो कोई कारण नहीं कि वृद्धों का परिवार के साथ टकराव हो। यहाँ पर यह ध्यान रखना आवश्यक है कि अपने से अधिक आयु के सदस्यों से सामंजस्य स्थापित रखना चाहिए और वृद्धों को अपने से कम आयु के व्यक्तियों के साथ सामंजस्य स्थापित करना चाहिए, वृद्धों को ये अपेक्षा नहीं करनी चाहिए कि युवा लोग हमारे अनुकूल हों। स्वयं को उनके अनुकूल ढालना चाहिए। युवाओं को भी ये अपेक्षा नहीं करनी चाहिए कि वृद्ध हर कार्य उनके

अनुकूल ही करें। जिस परिवार के वृद्धों में व युवाओं में ऐसी भावना होगी, वहाँ के वातावरण में टकराव होने का प्रश्न ही नहीं हो सकता।

शोधकर्त्ता ने एटा जनपद के वृद्धों के साक्षात्कार में यह जानने का प्रयास किया कि वृद्ध परिवार के अन्य सदस्यों से किस प्रकार व किस सीमा तक अनुकूलन करते हैं एवं अन्य सदस्यों से सम्पर्क कर यह जानने का प्रयास किया कि वे वृद्धों के साथ किस सीमा तक अनुकूल कर सकते हैं। दोनों ही से प्राप्त सारिणीकृत निष्कर्ष निम्नवत् हैं–

तालिका 8.4

वृद्धों का परिवार के अन्य सदस्यों से वैचारिक अनुकूलन

क्रमांक	*श्रेणी*	*आवृत्ति*	*प्रतिशत*
1.	पूर्णतः अनुकूलन	195	65%
2.	आंशिक अनुकूलन	105	35%

तालिका 8.5

परिवार के सदस्यों का वृद्धों के साथ अनुकूलन

क्रमांक	*श्रेणी*	*आवृत्ति*	*प्रतिशत*
1.	पूर्णतः	153	51%
2.	अंशतः	135	45%
3.	नगण्य	12	4%
	योग	**300**	**100%**

उपरोक्त निष्कर्षों से स्पष्ट है कि एक ओर जहां वृद्ध परिवार के सदस्यों से प्रायः पूर्णतः अनुकूलन कर पाते हैं, वहाँ दूसरी ओर परिवार के अन्य सदस्य आंशिक अनुकूलन करने का प्रयास करते हैं। जहाँ वृद्धों पर उत्तरदायित्व तथा सभी सदस्यों के सन्तुष्ट करने की आकांक्षा होती है, वहीं सदस्य परस्पर सहयोग के आधार पर आयुगत विषमताओं को तिलांजलि देकर यथा सम्भव पूर्णतः व अंशतः अनुकूलन स्थापित करना चाहते हैं। इनमें कभी-कभी असफलता वृद्धों के साथ परिवार के कुसामंजस्य का कारण बन जाती है। किन्तु आय, विषमता वृद्धों के जीवन की एकरसत्ता को दूर करती है। जीवन के अंग के रूप में होती है, बाधा के रूप में नहीं।

व्यक्तिगत व्यवहार प्रतिमान

प्रेम, सेवा तथा त्याग ये तीन मानवीय गुण परिवार के संवेगात्मक स्वरूप को पुष्ट करते हैं। परिवार में सदस्य एक दूसरे के प्रति जैसी भावनाएँ रखते हैं उसी के अनुरूप गुणों की मात्रा होती है, जिससे पारिवारिक सम्बन्ध निर्धारित व परिसीमित होते हैं। दूसरे व्यक्ति से अच्छे व्यवहार की अपेक्षा मानव का स्वभाव है। इस सन्दर्भ में वह अपने पक्ष को विस्तृत कर देता है। इन परिस्थितियों में परिवार का वातावरण प्रभावित होता है, क्योंकि जब परिवार के सदस्यों व वृद्धों की उपेक्षा एक दूसरे से टकराती है तो परिवार में टकराव की स्थिति उत्पन्न होती है।

प्रत्येक वृद्ध चाहे वह उच्च वर्गीय हो, मध्यवर्गीय हो या निम्न वर्गीय हो, उनमें प्रत्येक सदस्य के प्रति तीन प्रकार का व्यवहार का मानदण्ड भी उनके अनुकूल होता है।

द्वितीय में जिन सदस्यों के साथ वृद्धों का सम्बन्ध तटस्थ होता है, उनके प्रति उसका व्यवहार मात्र एक औपचारिकता रह जाती है।

तृतीय में जिन सदस्यों के साथ वृद्धों के सम्बन्ध कटु होते हैं उनके प्रति वह न तो कोई उपेक्षा ही रखता है और न ही उनसे आशा करता है कि वे उससे किसी का सम्बन्ध रखें।

शोधकर्त्ता ने यह जानने के लिए कि एटा जनपद के वृद्धों के परिवार के सदस्यों का उनके प्रति व्यवहार कैसा है तथा परिवार के सदस्यों के प्रति वृद्धों का व्यवहार प्रतिमान कैसा है। उनके परस्पर सम्बन्धों के विषय में उत्तरदाताओं से प्रश्न किया किन्तु उन्हें यह जानकर आश्चर्य हुआ कि प्रायः सभी परिवारों में आपस में सम्बन्ध मधुर हैं। पूरक प्रश्न के रूप में आगे पुनः यही पूछने पर वास्वतिकता से परिचित हो सके। तब बाद में पता चला कि वृद्ध ऐसे थे जिनमें परिवार के सदस्यों के साथ सम्बन्ध तटस्थ या कटु हैं।

ऐसे वृद्धों में शोधकर्त्ता ने अनुभव किया कि इन परिस्थितियों के लिए उनके घर के सदस्य या बेटे-बहू उत्तरदायी हैं। किसी सदस्य का वृद्धों के प्रति परिवर्तित व्यवहार ही उनके आपस के सम्बन्धों को विकृत करता है। किन्तु उसे प्राथमिक स्तर पर ही रोक कर उसके कारण का पता लगा कर उसका निवारण या रोका भी जा सकता है। अध्ययन के द्वारा इन दशाओं में वृद्धों की ओर से जो प्रतिक्रियाएँ दी गयी हैं वे निम्न हैं–

तालिका 8.6

परिवार के सदस्यों का व्यवहार परिवर्तित होने पर वृद्धों की प्रतिक्रियाएं

क्रमांक	*श्रेणी*	*आवृत्ति*	*प्रतिशत*
1.	समझाने का प्रयास	156	52%
2.	स्वयं भी व्यवहार बदल लेना	33	11%
3.	डाँटना	18	6%
4.	कुछ भी नहीं करना	93	31%
	योग	**300**	**100%**

उपर्युक्त तालिका से स्पष्ट है कि सदस्यों का व्यवहार परिवर्तन वृद्धों को सकारात्मक तथा नकारात्मक दोनों ही प्रतिक्रियाओं को करने पर बाध्य करता है किन्तु इसके लिए एक पक्षीय दृष्टिकोण पर्याप्त नहीं। इसके लिए शोधकर्त्ती ने वृद्धों से भी ज्ञात किया उनके प्रति अन्य सदस्यों का कैसा व्यवहार है। प्राप्त निष्कर्ष अधोलिखित हैं–

तालिका 8.7

परिवार के सदस्यों का वृद्धों के प्रति व्यवहार

क्रमांक	*श्रेणी*	*आवृत्ति*	*प्रतिशत*
1.	सम्मानजनक	162	54%
2.	सामान्य	120	40%
3.	निन्दनीय	18	6%
	योग	**300**	**100%**

वस्तुत: यदि परिवार के सदस्य अपने वृद्ध को उसकी स्थिति के अनुकूल आदर न करें तो धीरे-धीरे वह भी उनके प्रति आपत्तिजनक व्यवहार करने लगेगा। वृद्ध न तो उनकी इच्छाओं का ध्यान रखेगा न वह उनके प्रति जागरूक रहेगा। परिणामस्वरूप वृद्धों में चिड़चिड़ापन और उपेक्षा का भाव जाग्रत होगा फिर परिवार के साथ वृद्ध के मन में टकराव की भावना जाग्रत हो जाती है। कासगंज नगर के वृद्धों में सर्वेक्षिका ने अनुभव किया कि जिन वृद्धों के परिवार के सदस्यों के व्यवहार प्रतिमान एक-दूसरे से अनुकूलन स्थापित हुए सामंजस्य पूर्ण

स्थिति में हैं वहाँ न वृद्धों का सम्मान है और न परिवार के सदस्यों के साथ अनुकूलन।

स्थिति प्राप्त करने की आशंका

मानव प्रगतिशील सामाजिक प्राणी है, उसकी महत्वाकांक्षा उसे उत्तरोत्तर उन्नति की ओर प्रेरित करती है। प्रत्येक व्यक्ति समाज में अपना स्थान उच्च बनाने का अभिलाषी होता है, चाहे वह इसे किसी भी प्रकार से प्राप्त करे। वृद्धों को भी परिवार व समाज में उच्च स्थान पाने की आशा होती है। सामान्यत: इस स्थिति की तीन श्रेणियाँ होती हैं–

1. उच्च वर्गीय वृद्ध।
2. मध्यम वर्गीय वृद्ध।
3. निम्न वर्गीय वृद्ध।

इनमें निम्नवर्गीय वृद्ध सदैव यह प्रयास करते हैं कि वे मध्यवर्गीय बने तथा मध्यवर्गीय, उच्चवर्गीय हेतु प्रयासरत रहते हैं कि उनका परिवार में उच्च वर्गीय स्थान बना रहे। किन्तु इसका होना तभी सम्भव है जबकि परिवार के सभी सदस्य एक साथ वृद्धों के प्रति सकारात्मक पक्ष उठाएँ क्योंकि परिवार में उनकी उच्च स्थिति, सामाजिक स्थिति को वरीयता देने वाले व्यक्ति वृद्धों के प्रति अन्याय करता है तो दूसरी ओर सामाजिक स्थिति को प्राप्त करने की चाह में परिवार की स्थिति को वरीयता देते हैं।

एटा जनपद में वृद्धों के विषय में साक्षात्कार द्वारा शोधकर्त्ता को ज्ञात हुआ कि कुछ ऐसे वृद्ध हैं, जिनकी सामाजिक तथा पारिवारिक स्थिति एक दूसरे से टकराव को उत्पन्न करती है। कहीं वृद्ध परिवार के प्रति कहीं समाज के प्रति अपनी भूमिका के निर्वाह में शिथिल पड़ जाते हैं। परिणाम यह होता है कि अन्य सदस्यों का उनके प्रति व्यवहार परिवर्तित हो जाता है तथा उनकी ओर से की गयी प्रतिक्रिया परिवार के साथ कुसामंजस्य उत्पन्न करती है।

ऐसे वृद्ध उपर्युक्त विरोधाभास नहीं हैं, स्थिति अपेक्षाकृत भिन्न है। लगभग 240 वृद्ध अपने पारिवारिक सम्बन्धों में तथा परस्पर स्थितियों के निर्वाह में सन्तुष्ट हैं। किन्तु सामाजिक दृष्टि में नहीं। परिवार के भिन्न-भिन्न सदस्य इस सम्बन्ध में अपने-अपने दृष्टिकोण प्रस्तुत करते हैं तथा वृद्धों को इन सब के

दृष्टिकोणों से अपमान महसूस होता है और वह परिवार के साथ टकराव करने में नहीं चूकते। क्योंकि महत्वाकांक्षा के सम्बन्ध में अधिकांश वृद्ध दूसरे से समझौता नहीं करना चाहते। यद्यपि 264 परिवार ऐसे हैं जहाँ पर व्यक्ति अपने हित के लिये वृद्धों के हितों को वरीयता देना चाहते हैं। परिणाम यह होता है कि वृद्धों का परिवार के साथ कुसामंजस्य हो जाता है।

कुछ वृद्ध के परिवार में देखा गया है कि उनकी वृद्धा पत्नी अशिक्षित एवं बुद्धिहीन है। जिसके कारण घर की स्थिति व बच्चों की स्थिति सुधर ही नहीं पाती और घर में पत्नी से व बच्चों से वृद्धों का झगड़ा हो जाता है और ऐसी अवस्था में पारिवारिक जीवन कुसामंजस्य हो जाता है। इसी प्रकार यदि बेटा किसी बड़े पद पर है और बाप किसी छोटे पद पर काम करता था तो बेटे को किसी से पिता का परिचय कराने में संकोच होता है जो कि वृद्ध पिता के लिए घातक सिद्ध होता है। सुखी परिवार के लिए इससे बड़ी कोई बाधा नहीं है। बेटे और पिता को एक दूसरे पर नाज नहीं है और उन्हें पिता-पुत्र कहकर स्वीकार करने में शर्म का अनुभव होता है। इस प्रकार स्पष्ट है कि वृद्धों का परिवार के साथ कुसामंजस्य का कारण स्थिति प्राप्त करने की आकांक्षा है।

शिक्षा सम्बन्धी परिस्थितियां

शिक्षा तथा पारिवारिक टकराव को परस्पर सम्बन्धित करना असम्भव है वस्तुतः शिक्षा परिवार के वातावरण को सुखद तो बना सकती है किन्तु दुखद कदापि नहीं। लेकिन शिक्षित व्यक्तियों का आचरण इसे अवश्य प्रभावित कर सकता है। शिक्षित व्यक्तियों का स्वयं को अन्यों से श्रेष्ठ समझना प्रत्येक कार्य अपनी इच्छा से करना प्रायः अभिमान प्रदर्शन आदि परिवार में कहाँ तक शान्ति बनाये रख सकता है? दूसरी ओर अशिक्षित वृद्ध भी आधुनिक परिवेश में सरलतापूर्वक अनुकूलन नहीं कर सकते। अतएव उनसे भी अव्यवहारिक या टकराव की उपेक्षा स्वभाविक है। एटा जनपद के 300 वृद्धों की शैक्षिक स्थिति निम्नवत् तालिका 8.8 में है।

तालिका 8.8 से स्पष्ट होता है कि एटा जनपद में 168(56%) वृद्धजन शिक्षित हैं। जबकि 35(11.67%) वृद्धजन अर्द्धशिक्षित तथा 97(32.33%) अशिक्षित हैं। बहुत से वृद्धों ने अपने अनुभवों के आधार पर परिवार के शिक्षित सदस्यों से तादात्म्य स्थापित कर लिया है वहाँ इस कारण कोई कुसामंजस्य की स्थिति नहीं है।

तालिका 8.8

वृद्धों की शैक्षिक स्थिति को दर्शाती तालिका

क्रमांक	*श्रेणी*	*आवृत्ति*	*प्रतिशत*
1.	अशिक्षित	97	32.33%
2.	अर्द्धशिक्षित	35	11.67%
3.	शिक्षित	168	56%
	योग	**300**	**100%**

वस्तुत: कुसामंजस्य शिक्षित तथा अशिक्षित सदस्यों में ही नहीं शिक्षित एवं अर्द्ध-शिक्षित सदस्यों में भी कुसामंजस्य होता है, विशिष्टता वृद्ध माता-पिता व पुत्र में सामान्यत: पिता आयु में बड़ा होता है, किन्तु यदि बेटा पिता से अधिक शिक्षित हो तो वह इस पर स्वयं गर्भित अनुभव करता है। पिता को पागल व हेय समझे, तब दोनों के सम्बन्धों में कटुता अवश्य आयेगी वृद्ध पिता में हीन भावना तथा पुत्र में अहम् की भावना जाग्रत होगी, इससे वृद्ध परिवार के साथ कुसामंजस्य करने पर मजबूर हो जाते हैं।

शोधकर्ती ऐसे 150 वृद्धों से परिचित हुई, जहाँ पुत्र पिता से अधिक शिक्षित हैं, एवं 90 वृद्धों ने भी स्वीकार किया कि अपने बेटे के गर्भित भाव से प्राय: मानसिक तनाव हो जाता है, इन दशाओं में परिवार के अन्य सदस्य भी वृद्धों के साथ उचित आदर व सम्मान नहीं करते, जिसके कारण परिवार में कुसामंजस्य का जन्म होता है।

असन्तुष्ट इच्छाएँ

सर्वेक्षण से ज्ञात हुआ कि 300 वृद्धों में 168(56%) वृद्ध ऐसे हैं, जिनकी परिवार के तनाव के कारण किसी न किसी रूप में इच्छाओं की असन्तुष्टि है। अधिकांश वृद्ध ऐसे हैं जो धन की कमी और व्यय की अधिकता के कारण इच्छाओं को पूर्ण नहीं कर पाते, जिसका परिणाम परिवार के सदस्यों के साथ कुसामंजस्य उत्पन्न करती है। 216 वृद्ध ऐसे हैं जो भाग्य में विश्वास करने के कारण अपनी वर्तमान स्थिति से सन्तुष्ट हैं, परन्तु फिर भी किसी-न-किसी रूप में असन्तुष्ट अनुभव करते ही हैं।

तालिका 8.9

वृद्धों की असन्तुष्ट इच्छाएँ दर्शाती तालिका

क्रमांक	*श्रेणी*	*आवृत्ति*	*प्रतिशत*
1.	असन्तुष्ट इच्छाएँ हैं	168	56%
2.	असन्तुष्ट इच्छाएँ नहीं हैं	132	44%
	योग	**300**	**100%**

उपर्युक्त तालिका से यह स्पष्ट होता है कि अध्ययन इकाइयों में 168(56%) वृद्ध ऐसे हैं जिनकी इच्छाओं की पूर्ति नहीं हो पाती परिणामत: वे चिड़चिड़े व असन्तुष्ट रहते हैं, जिससे उनका परिवार के साथ टकराव उत्पन्न होता है। दूसरी 132(44%) वृद्ध ऐसे हैं जो परिस्थितियों से समझौता कर अपनी इच्छाएँ सीमित कर लेते हैं। परन्तु वे भी किसी न किसी रूप में असन्तुष्टता का अनुभव करते हुए दिखाई दिए।

पारिवारिक कारण

परिवार एक सार्वभौम संस्था है। इस संस्था को चलाने वाले प्रमुख सदस्य पति-पत्नी हैं। पति-पत्नी जीवन रूपी गाड़ी के दो मजबूत पहिए हैं। इनमें से यदि एक पहिया या सदस्य मानसिक रूप से अस्वस्थ है तो गाड़ी का सन्तुलन बिगड़ जाता है। अर्थात् समस्या व तनाव उत्पन्न हो जाता है। इन तनावों के प्रभाव से परिवार में समस्यायें पनपती हैं। इनका प्रभाव परिवार के अन्य सदस्यों पर पड़ता है, तो पारिवारिक सदस्यों में मनमुटाव हो जाता है। परिवार समाज की इकाई है। जब समस्याओं और तनावों का प्रभाव परिवार में बढ़ रहा है तो समाज पर भी इसका प्रभाव पड़ना स्वभाविक है। इस प्रकार ये पारिवारिक समस्यायें व तनाव वृद्धों को भी और उनके व्यक्तित्व को प्रभावित करता है। पारिवारिक कुसामंजस्य के प्रमुख आधार निम्न प्रकार हैं–

वैवाहिक भूमिकाएँ

विवाह और परिवार दोनों में ही कुछ भूमिकाओं को अदा करना आवश्यक हो जाता है। प्रत्येक परिवार में सदस्यों की एक स्थिति होती है और उस स्थिति के अनुरूप प्रत्येक को कुछ भूमिकाएं निभानी पड़ती हैं। जब परिवार के सदस्य विशेषकर पति-पत्नी अपनी-अपनी भूमिकाओं को अदा करने में असफल रहते

हैं तो उससे भी पारिवारिक कुसामंजस्य उत्पन्न हो जाता है। पति अपनी पत्नी से सामान्य देखभाल तथा सेवाओं की आशा करता है। उसी प्रकार पति से पत्नी अपनी आर्थिक सुरक्षा व संरक्षा की उम्मीद करती है। जहाँ पति या पत्नी अपनी भूमिकाओं आशानुरूप नहीं निभा पाते हैं, वहीं पर पारिवारिक कुसामंजस्य उत्पन्न होता है। अध्ययन के दौरान शोधकर्त्ती ने देखा कि 132(44%) वृद्ध व वृद्धा ऐसे थे जो अपनी भूमिका निभाने में असफल थे तथा 168(56%) वृद्ध पति व वृद्धा पत्नी ऐसे रहे थे, जो वृद्ध व वृद्धा या पति-पत्नी अपनी भूमिका निभाने में असफल रहे उन्हीं में पारिवारिक कुसामंजस्य उत्पन्न होता है।

यौन सम्बन्धों में असन्तुष्टि

आधुनिक युग में परिवार के अन्तर्गत असन्तुष्टि व कुसामंजस्य का यह प्रमुख कारण है। सर्वेक्षण से ज्ञात हुआ कि यौन सम्बन्ध सम्बन्धी इच्छाओं की पूर्ति न होने पर परिवार में असन्तोष उत्पन्न हो जाता है। यही असन्तोष धीरे-धीरे बढ़ कर कुसामंजस्य का रूप ले लेता है। कभी-कभी यह देखा गया है कि पति-पत्नी एक दूसरे के साथ बात करने की अपेक्षा मित्रों और परिचितों में विशेष रुचि लेते हैं। इस कारण से वृद्ध व वृद्धा या पति व पत्नी में एक दूसरे के प्रति घृणा व असम्मान की भावना पनप जाती है।

इस विषय की जानकारी प्राप्त करने के लिए शोधकर्त्ती को अनेक कठिनाइयों को सामना करना पड़ा। प्रायः वृद्ध व वृद्धायें दोनों ही इस प्रकार के असन्तोष को हृदय में रखते हुए उन्हें प्रत्यक्ष रूप से स्वीकार करने का साहस नहीं करते थे और इसीलिए वे प्रश्न का जबाब देना नहीं चाहते थे। 300 वृद्धों में 30(10%) वृद्ध ऐसे थे जिनमें यौन-सम्बन्धों में असन्तुष्टी का कारण ही कुसामंजस्य का एक मात्र कारण था जबकि 255(85%) वृद्धों में ये शिकायत नहीं थी। शेष 15(5%) की पत्नी ही नहीं थी। यह तालिका 8.10 से स्पष्ट किया जा सकता है।

सास-ससुर व माता-पिता का अनावश्यक हस्तक्षेप

मानव स्वतन्त्रता प्रिय होता है तथा अपने किसी भी कार्य में दूसरे के द्वारा हस्तक्षेप सहन नहीं कर पाता। क्योंकि इसमें उसकी मानसिक इच्छाओं को धक्का लगता है, जिससे व्यक्तिगत कुण्ठाएँ जाग्रत हो जाती हैं। प्रत्येक परिवार में सास-ससुर अथवा माता-पिता के व्यवहार की अत्यन्त महत्वपूर्ण भूमिका होती है। बेटे-बहू के व्यक्तिगत जीवन में सास-ससुर तथा माता-पिता का अनर्गल

तालिका 8.10

वृद्धों में यौन सम्बन्धों में असन्तुष्टि को दर्शाती तालिका

क्रमांक	*श्रेणी*	*आवृत्ति*	*प्रतिशत*
1.	यौन सम्बन्धों में असन्तुष्टि है	30	10%
2.	यौन सम्बन्धों में असन्तुष्टि नहीं है	255	85%
3.	पत्नी नहीं है	15	5%
	योग	**300**	**100%**

इस प्रकार देखा गया है कि अधिकांश वृद्ध असन्तुष्टि नहीं है।

हस्तक्षेप पारिवारिक कुसामंजस्य को जन्म देने वाली विषम परिस्थितियों को जन्म देता है। एटा जनपद के वृद्धों का अध्ययन करते समय शोधकर्त्ता ने 57 वृद्ध ऐसे पाए जो बेटे-बहू के कार्यों में हस्तक्षेप करते हैं। 63 वृद्धों ने स्वीकार किया कि उनका हस्तक्षेप बेटे-बहू के वैवाहिक जीवन को त्रस्त कर रहा है।

यदि माता-पिता अपनी सन्तान के वैवाहिक जीवन में उतना ही हस्तक्षेप करें, जितना वे अपने वैवाहिक जीवन में अपने माता-पिता से चाहते थे, तब पारिवारिक वातावरण अनिवार्यतः सुखद रहेगा। बेटे-बहू के क्रिया-कलापों, रुचियों, सम्बन्धों, आचरण, वेशभूषा, सन्तान पालन-पोषण, समाज में व्यवहार, आवागमन तथा आर्थिक समस्याओं पर बिना माँगे माता-पिता द्वारा दिया गया परामर्श चाहे वह आदेश रूप में हो, या सलाह के रूप में उनके जीवन में कटुता ही उत्पन्न करेगा। 78 वृद्ध के परिवार में या वृद्धों में इसी सामंजस्य का अभाव पाया गया, जिससे पारिवारिक कुसामंजस्य उत्पन्न हुआ, क्योंकि बहू-बेटे का उन्हें दिया जाने वाला आदर कम हो गया तथा वृद्ध माता-पिता का भी अहं सन्तुष्ट न हो सका और उनका परिवार के साथ कुसामंजस्य हो जाता है।

यहाँ पर यह स्मरणीय है कि प्रत्येक परिवार के वयोवृद्ध सदस्य हर कार्य में अपना आदेश देने के अधिकार की औपचारिकता का निर्वाह करना चाहते हैं। इसके बिना किया गया कोई भी कार्य उनके असन्तोष को उग्र कर सकता है। एटा जनपद के वृद्धों के परिवार में शोधकर्त्ता ने देखा कि सास द्वारा बहू के व्यवहार पर की जाने वाली अनर्गल टिप्पणियाँ अनुचित हस्तक्षेप के प्रतीक रूप में कार्य करती हैं। एक दूसरे पर अविश्वास रखते हुये उसके उचित कार्य पर भी असन्तोष व्यक्त करते हुए पुनः स्वयं करना इसका नकारात्मक पक्ष है।

अध्ययन के द्वारा ज्ञात हुआ कि भोजन, आवास, अभिरुचियों तथा वेश-भूषा को लेकर सास-ससुर का हस्तक्षेप कभी-कभी सारी सीमाओं का अतिक्रमण कर जाता है तथा बहू भी सास व ससुर की अवहेलना व तिरस्कार करने लगती है जो कि वृद्धों को बुरा लगता है और ये ही पारिवारिक कुसामंजस्य का कारण बन जाता है।

माता-पिता और सन्तान के सम्बन्ध

आज माता-पिता और सन्तान के सम्बन्ध के दृष्टिकोण में भी अन्तर हो गया है। माता-पिता सन्तान को अपने अनुरूप बनाना चाहते हैं जबकि सन्तान स्वतन्त्र व पाश्चात्य संस्कृति के अनुसार बनना या जीना चाहती है। जब वे अधिक आवास एवं धन को व्यय करने वाले हो जाते हैं तब वे वृद्धों की एक बात नहीं मानते हैं। पाश्चात्य संस्कृति अपनाने के बाद वे वृद्ध माता-पिता को हेय दृष्टि से देखते हैं उनका तिरस्कार करते हैं। इससे वृद्धों या वृद्ध माता-पिता को मानसिक वेदना का अनुभव होता है। अपना अपमान सहन नहीं कर पाते तथा इससे वृद्धों का परिवार के साथ कुसामंजस्य हो जाता है या इन कारणों से पारिवारिक कुसामंजस्य उत्पन्न हो जाता है।

पारिवारिक निर्णय

सहयोग एकता पारिवारिक संगठन की अनिवार्य आवश्यकताएँ हैं। परिवार का प्रत्येक सदस्य, अन्य सदस्यों के प्रति तथा समाज के प्रति अपने दायित्वों को मिलकर वहन करता है। ऐसी परिस्थिति में पारिवारिक निर्णय, सभी की सहमति पर हो यह भी आवश्यक है, विशेष रूप से महिलाएँ तथा वृद्ध इस सम्बन्ध में अत्यधिक संवेदनशील होते हैं। प्रत्येक परिवार में आवास, वेशभूषा, जीविका, शिक्षा, व्यवसाय, कार्य पद्धति, भोजन व्यवस्था, जीवन दर्शन, सदस्यों की स्थिति व भूमिकाएं आदि के सम्बन्ध में कदापि पूर्ण मतैक्य नहीं होता, इनके सम्बन्ध में सारे परिवार द्वारा सम्मिलित रूप से लिया जाने वाला निर्णय जिसे पारिवारिक निर्णय कहा जाता है इसकी महत्वपूर्ण भूमिका होती है।

प्रायः सभी परिवारों में पारिवारिक निर्णय सम्बन्धित दायित्व वृद्ध पर होता है। यह भी वृद्ध पर निर्भर करता है कि वह उन्हें अपने बेटे-बहू या पत्नी से सहमति लेकर करें या सभी सदस्यों से पूछकर, अपने विवेक का प्रयोग करें।

तालिका 8.11
पारिवारिक निर्णय तथा अन्य सदस्यों की भूमिका

क्रमांक	श्रेणी	आवृत्ति	प्रतिशत
1.	बड़े बेटे-बहू की सलाह लेना	30	10%
2.	पत्नी की सलाह लेना	60	20%
3.	सभी परिवार के सदस्यों (छोटे-बड़े) की सलाह लेना	45	15%
4.	स्वयं के विवेक से	165	55%
	योग	**300**	**100%**

उपर्युक्त सारणी से स्पष्ट है कि एटा जनपद के वृद्धों के परिवार में जहाँ वृद्ध स्वयं निर्णय लेते हैं किन्तु यह दशा परिवार के लिए हितकर तो हो सकती है किन्तु तात्विक रूप से पारिवारिक कुसामंजस्य अवश्यम्भावी है। इसका कारण है परिवार के बहुत से सदस्यों को फैसला पसन्द नहीं होता है।

शोधकर्त्ता का व्यक्तिगत निष्कर्ष है कि ऐसे वृद्ध कम हैं जो निर्णय सर्व सम्मति से लेते हैं। इस कारण परिवार में लड़ाई व समस्यायें उत्पन्न हो जाती हैं तथा पारिवारिक असन्तुलन भी पैदा हो जाता है। स्त्रियों का भी इसमें अत्यधिक योगदान होता है क्योंकि पुरुष प्रधान समाज होने के कारण परिवार में स्त्रियों का स्थान पुरुषों के बाद आता है। एटा जनपद के वृद्धों के परिवार में 45% परिवार ऐसे पाये गये, जहाँ स्त्रियों को निर्णय लेने की स्वतन्त्रता है। किन्तु वहाँ पर भी पुरुषों का हस्तक्षेप किन्हीं रूपों में पाया गया, चाहे वह सलाह के रूप में परामर्श के रूप में सहमति के रूप में या निर्णय बदलने की बाध्यता के रूप में। इस प्रकार तालिका द्वारा ये निष्कर्ष निकलता है कि 55% वृद्ध स्वयं परिवार के निर्णय लेते हैं।

जब निर्णय लेने के सम्बन्ध में सभी से सलाह न ली जाये तो परिवार में टकराव हो सकता है। अधिकांश जगह ऐसा भी पाया गया, जहाँ पारिवारिक निर्णय बेटे लेते हैं, जो वृद्धों को मानसिक वेदना का शिकार बनाता है। जब परिवार में वृद्धों से बिना परामर्श के निर्णय बेटे लेने लगते हैं तब वृद्ध कुसामंजस्य या पारिवारिक टकराव की स्थिति उत्पन्न हो जाती है। इस प्रकार ये निष्कर्ष निकलता है कि एटा जनपद के अधिकांश वृद्ध पारिवारिक निर्णय स्वयं लेते हैं तथा जब ये निर्णय परिवार के सदस्यों की इच्छा के विरुद्ध होते हैं, तब परिवार में टकराव या कुसामंजस्य की स्थिति हो जाती है।

पारिवारिक अनुशासनहीनता

व्यक्ति के समुचित विकास तथा प्रगति हेतु स्वतन्त्रता से भी महत्वपूर्ण है– अनुशासन/अनुशासन व्यक्ति को प्रगति के उचित मार्ग पर अग्रसर करने में अत्यन्त सहायक सिद्ध होता है तथा प्रत्येक संस्था, समूह एवं समुदाय मात्र अनुशासन के कारण ही प्रगति कर सकता है। चाहे वह राज्य हो या परिवार हो। व्यक्ति का सर्वप्रथम सम्बन्ध परिवार से होता है। अतः पारिवारिक अनुशासन इनमें अत्यन्त महत्वपूर्ण है।

यदि परिवार में वृद्ध बच्चों के प्रति और बच्चे वृद्धों के प्रति कर्तव्य वहन करते हों तो यह भी पारिवारिक अनुशासन ही तो है। परिवार के अनुशासन में सर्वप्रथम भूमिका वृद्धों की होती है तथा वृद्ध अनुशासित होंगे तो उनके बच्चे भी अनुशासित होंगे, पर बहुत से परिवारों में वृद्ध तो अनुशासन से चलते हैं पर बच्चे बुरी संगत में पड़कर अनुशासनहीन हो जाते हैं बड़ों से गलत व्यवहार करना, वृद्धों का आदर न करना आदि कार्य करते हैं। जब बच्चे अपने वृद्धों को अपने अनुशासन में रखने की कोशिश करते हैं या बच्चे वृद्धों को आज्ञा देने व उनका कहना न मानना तथा उनका अपमान करने तथा तिरस्कार करने लगते हैं, तब परिवार में टकराव बच्चों या बेटों में तथा कुसामंजस्य की स्थिति उत्पन्न हो जाती है।

एटा जनपद के वृद्धों के परिवारों में 90 वृद्ध ऐसे हैं जिनके परिवार में अनुशासन है तथा 210 वृद्धों के परिवार ऐसे हैं जहाँ अनुशासन नहीं है जो तालिका द्वारा स्पष्ट है।

तालिका 8.12

वृद्धों के परिवार में अनुशासनहीनता के कारण

क्रमांक	*श्रेणी*	*आवृत्ति*	*प्रतिशत*
1.	बुरी संगत	60	20%
2.	आवश्यकता से अधिक स्वतंत्रता	30	10%
3.	पुत्रवधू के कारण	75	25%
4.	आवश्यकताओं पर ध्यान न देना	45	15%
	योग	**210**	**70%**

उपर्युक्त सारिणी में मात्र तीसरा कारण उत्तरदाताओं द्वारा प्रत्यक्ष रूप से बताया गया है, शेष सभी शोधकर्त्ता द्वारा अवलोकन के आधार पर निकाले गये

व्यक्तिगत निष्कर्ष हैं। सारिणी से ज्ञात होता है कि इन कारणों से अनुशासनहीनता करने के लिए बच्चे, खुद उत्तरदायी हैं।

इस प्रकार ये निष्कर्ष निकलता है कि 90 वृद्धों के परिवार में अनुशासन है शेष 210 में नहीं है। बच्चे अनुशासनहीन होने के लिए खुद उत्तरदायी हैं। माता पिता नहीं जब बच्चे अनुशासनहीन हो जाते हैं तो वृद्ध माता-पिता का आदर व आज्ञा पालन नहीं करते, जिससे परिवार में कुसामंजस्य पैदा होता है।

पारिवारिक टकराव तथा स्त्रियाँ

पारिवारिक जीवन की असफलता में स्त्रियों या टकराव में स्त्रियों का महत्त्वपूर्ण योगदान होता है। एक माँ, बहन, पुत्री तथा पत्नी के रूप में स्त्रियों के असीमित उत्तरदायित्व होते हैं, जिनका समुचित निर्वाह कर स्त्री घर को स्वर्ग बना सकती है। तो मुँह मोड़ कर परिवार को नरक भी बना सकती है। किसी भी पुरुष का व्यक्तित्व युवावस्था तक माँ तथा मृत्यु तक पत्नी द्वारा ही व्यवस्थित किया जाता है। पग-पग पर सुखद पारिवारिक जीवन स्त्रियों पर ही निर्भर करता है।

उपर्युक्त सभी दायित्वों तथा सदस्यों का उसी सफलता से निर्वाह करना जिससे सभी सन्तुष्ट रह सकें, प्रत्येक नारी के लिए सम्भव नहीं। पत्नी के रूप में असफल रहने पर पति, पुत्री के रूप में असफल रहने पर पिता, माँ के रूप में असफल रहने पर सन्तान, बधू के रूप में असफल रहने पर सास-ससुर संक्षेप में प्रत्येक भूमिका से सम्बद्ध पक्ष उसकी असफलता पर असन्तुष्ट होकर पारिवारिक कुसामंजस्य का शुभारम्भ कर देता है। जहाँ तक दायित्वों के निर्वाह का प्रश्न है, शोधकर्त्ता ने ऐसे 90% वृद्धों के परिवार पाए, जहाँ स्त्रियाँ अपने दायित्वों का समुचित वहन कर रही हैं। इन परिस्थितियों में स्त्रियों को पारिवारिक कुसामंजस्य का कारण नहीं माना जा सकता। किन्तु अत्यन्त दु:ख की बात है आज के विचार ही परिवार में स्त्रियों को टकराव का कारण बना देते हैं। 10% वृद्धों के परिवार ऐसे है जहाँ स्त्री (पुत्रबधू) टकराव का कारण है।

सर्वाधिक वैचारिक मतभेद वधू के सास तथा ननद के मध्य तथा वधू के सास-ससुर के मतभेद पाये गये, जिनका कारण पारिवारिक कुप्रथाएं, सामंजस्य का अभाव, आर्थिक समस्याएँ, असहिष्णु व्यवहार तथा पश्चिमी सभ्यता है। इसके लिए अल्प शिक्षित होना, पाश्चात्य संस्कृति का प्रभाव उत्तरदायी है। पाश्चात्य संस्कृति के प्रभाव के कारण आज वधू सास-ससुर का तिरस्कार व अपमान करने से नहीं चूकती है तथा वृद्धों के कुछ कहने पर तुरन्त जबाब देती है, जिस कारण पारिवारिक कुसामंजस्य की उत्पत्ति होती है।

यदि परिवार में स्त्रियां मर्यादित व्यवहार करें तो पारिवारिक टकराव का प्रश्न ही नहीं हो सकता। किन्तु उसकी उच्छृंखलता ही उन्हें इसका कारण भी बना सकती है व परिणामत: उन्हें ही मंत्रणा भी दे सकती है।

वृद्धों के व्यवहार में परिवर्तन

आज के वृद्धों में बहुत परिवर्तन हो रहा है। वृद्धों का परिवार सीमित हो या बड़ा उनके सामने एक समस्या यह होती है कि वे अपने परिवार के सदस्यों में किस प्रकार का व्यवहार एवं किस प्रकार सद्भाव बनाये रखें। परिवार बढ़ने के साथ-साथ शुरू में माहौल अच्छा रहता है परन्तु धीरे-धीरे ऐसा लगता है कि वृद्धों के व्यवहार में पहले की अपेक्षा परिवर्तन हुआ है। पुरानी एवं वर्तमान पीढ़ी में टकराव होने लगते हैं।

उत्तरदाताओं से बात करने पर उनका कहना था कि बहुत से वृद्ध कहते हैं जब जैसा व्यवहार हमारे साथ होता है हम भी वैसा ही करते हैं। परिवार के सदस्य अच्छा व्यवहार करते हैं तो मन खुश रहता है, वरना हम भी उन्हें कोसते हैं और बुराई करते हैं। वृद्धों से शोधकर्त्ता ने पूछा कि आप ऐसा क्यों करते हैं तो उनका उत्तर था-क्या करें स्वभाव ही ऐसा हो गया है? कुछ वृद्ध तो परिवार व समाज के लिए कोई भी विचार नहीं रखते न अच्छा, न बुरा। कुछ का परिवार के सदस्यों और समाज के लोगों के साथ भी सामान्य व्यवहार होता है। जब वृद्धों के व्यवहार में परिवर्तन आता है तो वे परिवार के साथ समायोजन नहीं कर पाते और परिवार में टकराव की स्थिति पैदा हो जाती है।

प्राप्त तथ्यों से स्पष्ट है कि अधिकांश वृद्धों के व्यवहार में कोई परिवर्तन नहीं हुआ है। जो वृद्धों ने स्वयं बताया कि अपने आप में परिवर्तन न कर पाने के कारण सन्तानों के साथ समायोजन नहीं कर पाते हैं। प्राप्त तथ्यों से स्पष्ट है कि अधिकांश वृद्ध-वृद्धाओं के व्यवहार में अन्य लोगों के प्रति पहले की अपेक्षा परिवर्तन हुए हैं और जो परिवर्तन नहीं कर पाते उनका परिवार के साथ टकराव या कुसामंजस्य होता है।

अधिकांश वृद्ध समाज के व परिवार के साथ अपने को बदल लेते हैं तथा जैसे नई पीढ़ी के लोग चाहते हैं वो वैसा ही अपने को बना लेते हैं तथा बच्चों की व समाज की इच्छा से चलते हैं। कुछ वृद्ध अपने पुराने नियमों और विचारों को नहीं बदल पाते हैं तथा वे समाज की व परिवार की नई या पाश्चात्य संस्कृति के विचारों को पसन्द नहीं करते तथा उनके अनुसार अपने को नहीं बदल सकते

और बच्चे पाश्चात्य संस्कृति से प्रभावित हैं। इस कारण पारिवारिक कुसामंजस्य होना स्वभाविक है।

वृद्धों के प्रति लोगों के व्यवहार में परिवर्तन

आज पाश्चात्य संस्कृति के प्रभाव व संयुक्त परिवार विघटन के कारण वृद्धों की स्थिति निम्न हो गई है तथा वृद्धों की समस्यायें भी बड़ी हैं। आज नई पीढ़ी के लोग वृद्धों को बेकार समझते हैं। समाज में भी आज वृद्धों को हेय दृष्टि से देखा जाता है। 60 साल का होते ही व्यक्ति को काम से रिटायर कर दिया जाता है। वह जगह नई पीढ़ी के लोगों के लिए खाली की जाती है, जिससे वृद्ध को मानसिक रूप से दु:ख होता है तथा उसकी आर्थिक व मनोवैज्ञानिक समस्यायें बढ़ जाती हैं तथा वृद्ध यह सोचने लगता है कि अब समाज में वह बेकार है, उसकी किसी को जरूरत नहीं है।

आज समाज के लोग वृद्ध को बेकार समझते हैं तथा वृद्धों को हेय दृष्टि से देखते हैं। पहले वृद्ध को समाज में व परिवार में सम्मान दिया जाता था। परिवार में वृद्ध की सलाह से हर कार्य किया जाता था समाज में भी वृद्धों की सलाह व सुझाव लिये जाते थे।

भारत में हजारों साल से संयुक्त परिवार प्रणाली सफलतापूर्वक चली आ रही है, जिसके कारण वृद्धों की समस्या नहीं खड़ी हुई। परिवार में उनका सम्मान और सेवा सत्कार बना रहा तथा समाज में भी उनका सम्मान किया जाता था। पर आज वे परिवार पर भार बन कर जी रहे हैं, ऐसा कभी अहसास भी नहीं था। परन्तु आज विदेशी मानसिकता, फैशन और पाश्चात्य संस्कृति की नकल के कारण पारिवारिक विखण्डन हो रहा है तथा वृद्धों का सम्मान व सेवा सत्कार भी कम गया है। लोगों के विचारों में परिवर्तन ही वृद्धों की समस्याओं को बढ़ाता है जिससे परिवार में टकराव का जन्म होता है। आज बढ़ती बेकारी के कारण भी वृद्धों को उनकी योग्यता के अनुसार या इच्छा के अनुसार काम नहीं मिलता जिससे आर्थिक समस्या बढ़ती हैं क्योंकि आज वृद्धों को समाज के लोग बेकार समझते हैं। समझते हैं कि वृद्ध होने पर व्यक्ति काम करने योग्य नहीं रह जाता है।

इस प्रकार यह निष्कर्ष निकलता है कि समाज के लोगों में वृद्धों के प्रति आज व्यवहार में परिवर्तन आया है जो पहले नहीं था।

9 समस्याओं के समाधान हेतु प्रयास

सरकारी एवं स्वयंसेवी संगठनों की भूमिकाएँ एवं कल्याण सेवाएँ

अब समय आ गया है कि खुले मन से सामाजिक चुनौतियों व शासकीय एवं स्वैच्छिक संगठनों की भूमिकाओं पर विचार किया जाये। यद्यपि हमारा संविधान समता की गारण्टी देता है फिर भी वृद्धों को वस्तु एवं सेवाएं प्रदान नहीं कर सकती, सम्प्रति प्रत्येक कल्याण सेवान्तर्गत लोगों की भागीदारी एवं जनचेतना आवश्यक है। क्योंकि हमारी स्थिति दिन प्रतिदिन विषम होती जा रही है। हम मानवीय कौशल में बहुत ऊपर हैं परन्तु प्रति व्यक्ति खाद्य, दीर्घायु, स्वास्थ्य की देखभाल, सफाई तथा सामान्य जीवन स्तर के मामलों में बहुत पीछे हैं। लाखों व्यक्तियों को भोजन, पानी, आश्रय तथा बुनियादी स्वास्थ्य सेवाएं प्रदान करने के लिए हमारे पास तकनीक उपलब्ध है फिर भी असन्तुलन और असमानता विषमता मौजूद है, इससे ऐसा प्रतीत होता है कि कहीं कुछ कमी या गलत अवश्य है। सुस्पष्ट है कि योजनाओं के दृष्टिकोण एवं सामाजिक-आर्थिक ढाँचे के दृष्टिकोणों में अन्तर्विरोध अवश्य है। अत: निराशा, असफलता तथा कुण्ठा की भावनाएं पनप रही हैं जिससे संकल्प शक्ति में कमी हुई है। जिससे सामाजिक परिवर्तन के प्रति आकांक्षा का अभाव तथा समन्वय की कमी हममें दृष्टिगत है। उल्लेखनीय है कि ज्वलन्त मानवीय समस्याओं के प्रति जन चेतना उत्पन्न होने से संकल्प शक्ति तथा कानून निर्माण में सहायता मिलती है। इसलिए जन सहयोग प्राप्त करने के लिए ऐच्छिक क्षेत्र (स्वैच्छिक संगठनों) को और अधिक प्रोत्साहित करने की आवश्यकता है। भले ही आज हजारों ऐच्छिक संगठन क्रियाशील हैं जो निराश्रितों, गरीबों, वृद्धों तथा बेसहाराओं तक पहुंचने के लिए प्रयत्नशील हैं। केन्द्रीय समाज कल्याण बोर्ड अपने विभिन्न सहायता कार्यक्रमों को क्रियान्वित करने तथा सफलता के लिए लगभग 7000 ऐच्छिक संगठनों को सहायता प्रदान करता है। राष्ट्रीय और अन्तर्राष्ट्रीय संगठनों, जिन्हें दानी, उपहार देने वाले, अथवा सेवा संगठनों के रूप में मान्यता प्रदान की जाती है उनमें यूनिसेफ,

यूनेस्को, विश्व स्वास्थ्य संगठन आदि ऐसे सक्रिय संगठन हैं जो जन सामान्य के बीच जन चेतना जाग्रत करने एवं सामाजिक न्याय के प्रति सरकार की प्रतिबद्धता में सहायता प्रदान करने के कार्य करते हैं।

आंग्ल भाषा के सुप्रसिद्ध साहित्यकार शैक्सपियर का कथन है कि–"दया की भावना को दोहरी शुभकामनाएं प्राप्त होती हैं, जो प्रदर्शित करता है और जो प्राप्त करता है उसे भी यह बात ऐच्छिक समाजकार्य के सन्दर्भ में भी सत्य साबित होती है, जिसमें स्वेच्छा से पूर्ण निष्ठा के साथ कार्य किया जाता है, करुणा व दया के उच्चतम और उदारतम मानवीय मूल्यों प्रेम, सौहार्द्र तथा मानव का मानव के प्रति लगाव की एक अभिव्यक्ति निहित होती है। समाज कोई भी हो, चाहे वह कितना भी शक्तिशाली और सम्पन्न क्यों न हो, जब तक अपने नागरिकों, अभाव ग्रस्त लोगों, निर्बलों, वृद्धों, विकलांगों और उपेक्षित वर्गों के प्रति सामाजिक चेतना एवं लगाव की भावनाएं जनित नहीं कर पाता, तब तक वह सामंजस्यता और अखण्डता को बनाए रखने मे सफल नहीं हो सकता। अतः इस प्रकार ऐच्छिक समाजकार्य एक एकसा उदारतम सृजनात्मक/रचनात्मक कार्य है जो सामाजिक आर्थिक परिवर्तन का प्रक्रिया में सुधार व एकीकरण (समन्वय) सम्बन्धी कार्यों को सुदृढ़ बनाने में महती भूमिका निर्वाह कर सकता है क्योंकि-प्रेरणादायक भूमिका ऐच्छिक समाजकार्य की सृजनात्मक रचनात्मक क्षमता की प्रतीक होती है।"

हमारे पास एक उत्कृष्ट सामाजिक/सांस्कृतिक विरासत है जिसके मूल्यों व आदर्शों के आधार पर हम सृजनात्मक ऐच्छिक समाजकार्य का एक सुदृढ़ भवन खड़ा कर सकते हैं, बशर्ते हम में इच्छा शक्ति हो। भले ही हमारी सामाजिक सेवाओं पर भारी दबाव है, और इसीलिए जन हितार्थ नए दृष्टिकोण अपनाने की परम आवश्यकता है। साथ ही अब समय आ गया है कि सरकारी तथा गैर सरकारी स्वैच्छिक संगठनों जिन्हें योजना आयोग, केन्द्रीय समाज कल्याण बोर्ड, मानव संसाधन मंत्रालय, स्वास्थ्य मंत्रालय, विकास एवं शिक्षा मंत्रालय तथा विभिन्न ऐच्छिक संस्थाओं के मध्य सुदृढ़ सम्बन्ध स्थापित किये जाने चाहिए तभी कार्यक्रमों का सफल क्रियान्वयन सम्भव हो सके।

विश्व स्वास्थ्य संगठन ने 7 अप्रैल 1999 में नारा दिया था कि–"स्वास्थ्य सबके लिए" यदि गम्भीरता से विचार किया जाये तो अन्य शब्दों में इसका आशय यह कहा जा सकता है कि–"सब के जीवन के वर्ष बढ़ जायें तो इसके लिए आवश्यकता इस बात की है कि हम वृद्ध सेवा की विशेष आवश्यकता पर

ध्यान केन्द्रित करें तथा ध्यान दें। क्योंकि वृद्धावस्था बुढ़ापा केवल एक शारीरिक क्रिया ही नहीं है अपितु एक मानसिक स्थिति भी है। अभी तक विशेषकर विकसित राष्ट्रों के नागरिकों में यह धारणा थी कि बुढ़ापा ऐसी बीमारी है जिसका उपचार सम्भव नहीं है। वहां लोग बूढ़ों को बीमार बच्चा समझते हैं। विश्व स्वास्थ्य संगठन के महानिदेशक डॉ. महालर का कहना है कि-बूढ़ों को ऐसा समझा जाता है मानो वे कब्र की ओर लड़खड़ाते हुए पैर बढ़ा रहे हैं।" मन और शरीर की बीमारी से तबाह हो चुके हैं उनमें दूसरों के प्रति प्रेम तथा ममता की भावनाएं समाप्त हो गयी हैं, वे अपनी देखरेख नहीं कर सकते हैं। ये समस्त धारणाएं नितान्त झूठी हैं भ्रामक हैं। वे समाज में उपयोगी काम कर सकते हैं। उनमें सहानुभूति है, लगाव है, ममता है, प्रेम है। उनका मन और बुद्धि धुंधली नहीं है। वृद्धों को निस्सहाय तथा निरर्थक समझने की भावना हमें त्यागनी होगी। इसीलिए आज राष्ट्र संघ तथा उसके स्वास्थ्य संगठनों द्वारा वृद्धजनों के प्रति आदर, सेवा तथा समाज द्वारा उनकी देखरेख सम्बन्धी अभियान चलाया जाना चाहिए। उल्लेखनीय है कि अपने देश में वृद्धों का आदर उनकी सेवा तथा परिवार में उनका मान-सम्मान हमारी सभ्यता एवं संस्कृति का पवित्र अंग है। परन्तु संयुक्त परिवारों के टूटने से स्थिति शनै-शनै-बदल रही है, अत: वृद्धों की सेवा तथा सामाजिक पुनर्वास के लिए समाज कल्याण कार्यों की परम आवश्यकता है।

भारत में समाज कल्याण की अवधारणा लोचदार एवं गतिशील रही है। विभिन्न देशों में विभिन्न काल एवं विभिन्न आर्थिक तथा सामाजिक परिस्थितियों के अनुसार इसके अर्थ एवं क्षेत्र में परिवर्तन होते रहे हैं। इसी परिवर्तनशीलता के कारण आज भी समाज कल्याण की स्पष्ट, संक्षिप्त तथा परिभाषा देना कठिन नहीं तो दुष्कर अवश्य है। विगत वर्षों में कुछ विद्वानों ने समाज कल्याण की अवधारणा को स्पष्ट करने का प्रयास किया है। **सर्वश्री एलिजाबेथ विकेडेन (1997 : 35) के अनुसार समाज कल्याण के अन्तर्गत** ऐसी विधियां, कार्यक्रम, लाभ तथा सेवाएं आती हैं जो उन सामाजिक आवश्यकताओं को आश्वस्ति प्रदान कर तथा शक्तिशाली बनाती हैं जिन्हें जन कल्याण तथा सामाजिक व्यवस्था के सुचारू कार्यान्वयन के लिए आधारभूत माना जाता है।

प्रो. जॉन एम. रोमाधुनिशिन (1999 : 60) के दृष्टिकोण में समाज कल्याण में, "सामाजिक हस्तक्षेप के वे सभी रूप आते हैं जिनका प्राथमिक तथा प्रत्यक्ष उद्देश्य अधिकाधिक व्यक्तियों तथा सम्पूर्ण समाज दोनों के कल्याण को

बढ़ावा देना है। इस रूप में समाज कल्याण के अन्तर्गत वे प्रावधान तथा प्रक्रियाएं आती हैं जो समस्याओं के उपचार तथा निवारण, मानवीय साधनों के विकास तथा जीवन के गुण में सुधार से प्रत्यक्ष रूप में सम्बन्धित होती हैं।"

सर्वश्री वाल्टर ए. फ्रीडलैंडर (1992:102) के समाज कल्याण की परिभाषा देते हुए कहा है, "समाज कल्याण सामाजिक सेवाओं तथा संस्थाओं की एक संगठित व्यवस्था है जिसका कार्य मानव जीवन तथा स्वास्थ्य के संतोषजनक स्तर को प्राप्त करने हेतु व्यक्तियों और समूहों की सहायता करना है इसका उद्देश्य ऐसे व्यक्तिगत तथा सामाजिक सम्बन्ध स्थापित करना है जो व्यक्तियों को परिवार तथा समुदाय की आवश्कताओं से समन्वय रखते हुए अपनी क्षमताओं का पूर्ण विकास करने और अपने कल्याण की वृद्धि करने का अवसर अधिकाधिक प्रदान करते हैं।"

इस प्रकार उपयुक्त अवधारणाओं के प्रकाश में स्पष्ट है कि समाज कल्याण उन वैयक्तिक एवं सामूहिक प्रयासों, प्रावधानों तथा प्रक्रियाओं का समनन्वय है जिसका मुख्य उद्देश्य मान्य मूल्यों के आधार पर व्यक्तियों तथा उनके मानव समूहों को सुरक्षा एवं संरक्षा प्रदान करना या उनका बहुआयामी विकास तथा सामाजिक पुनर्वास करना है। साथ ही–

- समाज कल्याण सामाजिक सेवाओं, संस्थाओं, प्रावधानों, प्रयासों तथा प्रक्रियाओं का सम्मिलन है जिसके द्वारा वैयक्तिक या सामूहिक कल्याण किया जाता है।
- समाज कल्याण व्यक्ति, समूह या पूरे समाज की ऐसी आवश्यकताओं की पूर्ति का एक प्रयास है जो जनहित परक एवं तत्कालीन सामाजिक मूल्यों द्वारा स्वीकृत हों।
- समाज कल्याण के क्षेत्र में राज्य तथा सार्वजनिक संगठनों के योगदान के अतिरिक्त ऐच्छिक संस्थाओं तथा व्यक्तियों के प्रयास भी आते हैं।
- समाज कल्याण के अन्तर्गत निर्धनों, महिलाओं, आश्रितों, वृद्धों, विकलांगों तथा समाज के अन्य दुर्बल व्यक्तियों की आवश्यकताओं की पूर्ति के लिए सेवाएं प्रदान तो की ही जाती हैं और अधिक महत्वपूर्ण रूप से सर्वसाधारण की सामर्थ्य को बढ़ाने, नागरिकों के जीवन स्तर को ऊँचा करने, समाज की कुरीतियों को दूर करने, जन समुदाय के लिए विकास के अवसर प्रदान करने, स्वस्थ वातावरण का

निर्माण करने तथा समाज कल्याण कार्यों के साथ-साथ समाज की पुनर्संरचना के लिए चेष्टाएं की जाती हैं।

- समाज कल्याण का स्वरूप परिवर्तनशील होता है। जैसे-जैसे समाज में परिवर्तन होते रहते हैं, वैसे-वैसे समाज कल्याण के उद्देश्य और सेवा सम्बन्धी क्षेत्र बदलते रहते हैं।

यदि ऐतिहासिक दृष्टि से विचार करें तो प्राचीन तथा मध्यकालीन युग में समाज कल्याण कार्य मुख्यत: दान या परोपकार की भावना से किया जाता था। बाद में कल्याणकारी राज्य के विचार के प्रादुर्भाव के साथ, समाज कल्याण का मुख्य उद्देश्य समाज के अल्प सुविधा प्राप्त व्यक्तियों की संरक्षा एवं सुरक्षा तथा सामान्य नागरिकों की मूलभूत सामाजिक समस्याओं जैसे निर्धनता, बेरोजगारी अशिक्षा, स्वास्थ्य तथा आवास आदि समस्याओं के समाधान हेतु राजकीय एवं सामूहिक प्रयास करना था। औद्योगीकरण के विस्तार तथा मजदूरों के स्थायी वर्ग की संख्या में वृद्धि के फलस्वरूप समाज कल्याण कार्यों के अन्तर्गत जीवन के खतरों जैसे वृद्धावस्था, मातृत्व, मृत्यु, बीमारी, दुर्घटना आदि के प्रति सामाजिक सुरक्षा की अवस्था पर अधिक जोर दिया जाने लगा। बाद में सामाजिक सुरक्षा के स्थान पर 'सामाजिक नियोजन' समाज कल्याण का मुख्य विषय बना। आज विश्व के अनेक देशों में समाज कल्याण के अन्तर्गत कल्याणकारी समाज की परिकल्पना अधिक व्यापक हो गई है। इनका विश्लेषण इस प्रकार किया जा सकता है कि–

दान अथवा परोपकार

मानव कल्याण की दृष्टि से जन हिताय सर्वोपरि मानवीय मूल्य माने जाते हैं तथा कहा जाता है कि दान, वित्त समान 'परहित सरिस धर्म नहिं भाई' अर्थात् परोपकार सर्वोपरि मानवीय धर्म है।

इस प्रकार समाज कल्याण के पीछे दान या परोपकार की भावना प्राचीन समय से ही सबसे प्रबल प्रेरणा का कार्य करती रही है। विभिन्न धर्मों के अन्तर्गत परोपकार या दान को धर्म का अंग माना गया है। प्राय: सभी प्राचीन धर्मों विशेषकर हिंदू, यहूदी, ईसाई, रोमन आदि धर्मों के उपदेशों में ईश्वर की कृपा प्राप्त करने तथा पारलौकिक जीवन को सुखमय बनाने के लिए दानशीलता तथा परोपकार को व्यापक महत्व दिया गया है। ग्रीस, मिस्र. बेबीलोन आदि प्राचीन सभ्यताओं में भी जिन्हें संस्कृति के आदि स्रोत माना जाता है इसी धार्मिक भावना

से उत्प्रेरित होकर राजा, धनी-मानी उदारमना तथा परोपकारी व्यक्तियों तथा सर्वसाधारण लोगों ने भी दान पुण्य के रूप में निर्धनों, विकलांगों, अनाथों तथा अन्य दीनों एवं दलितों की सहायता की। अनेक स्थानों में धार्मिक संस्थाओं जैसे मठों, आश्रमों तथा विहारों में निर्धनों के लिए भोजन, वस्त्र, आवास आदि की व्यवस्था की गई। भारत में सदियों से तीर्थ स्थानों तथा धार्मिक केन्द्रों में निर्धनों को सहायता दी जा रही है। धार्मिक उद्देश्य के किए गए समाज कल्याण की एक मुख्य विशेषता कल्याणकारी कार्य के पीछे दाता की महानता तथा आत्मसंतोष की भावना का सबसे प्रबल उत्प्रेरक के रूप में होना रहा है।

मध्यकालीन युग में कई यूरोपीय देशों में दान का एक बड़ा उत्तरदायित्व पादरियों तथा स्थानीय पुरोहितों को सौंपा गया। कालांतर में धार्मिक संस्थाओं द्वारा किए गए कल्याणकारी कार्य इसी प्रकार व्यापक होते गए। अनेक स्थानों में निर्धनों के लिए आश्रमों की स्थापनाएं की गई। इनमें अनाथ, वृद्धों, बीमारों तथा अशक्तों के लिए कल्याणकारी कार्य विभिन्न रूपों में किये जाते थे एवं आज भी हो रहे हैं क्योंकि दानवीरों की कभी कमी नहीं रही है।

भारत के संविधान ने भी कल्याणकारी राज्य की अवधारणा को स्वीकार किया है। संविधान के अन्तर्गत नागरिकों के मूल अधिकारों के अतिरिक्त कल्याण सम्बन्धी अन्य बातों का विशेष उल्लेख है। राजनीति के नीति निर्देशक सिद्धान्तों में कल्याणकारी राज्य के कई तत्व निहित हैं। नीति निर्देशक सिद्धान्तों में यह स्पष्ट कहा गया है कि सरकार ऐसी सामाजिक व्यवस्था की भरसक कारगर रूप में स्थापना करके और उसका संरक्षण करके लोक कल्याण को प्रोत्साहन देने का सतत् प्रयास करेगी जिसमें राष्ट्रीय जीवन के सभी क्षेत्रों में सामाजिक, आर्थिक तथा राजनीतिक न्याय का पालन हो। सरकार ऐसी नीति का निर्देश करेगी कि वह सभी स्त्री-पुरुषों को जीवन यापन के लिए यथेष्ट तथा समान अवसर दे सके। समान कार्य के लिए समान वेतन की व्यवस्था की जाएगी। अपनी आर्थिक क्षमता तथा विकास की सीमाओं के अनुसार सबको काम और शिक्षा पाने का समान अधिकार दिलाया जाएगा। बेरोजगारी, बुढ़ापे बीमारी तथा अशक्तता या आवश्यकता की अल्पपूर्ति की अन्य दशाओं में सरकार सबको वित्तीय सहायता प्रदान करेगी। सरकार को इसके लिए भी प्रयत्नशील होना चाहिए कि कर्मचारियों को निर्वाह वेतन कार्य की मानवीय दशाओं, सहन-सहन के अच्छे स्तर तथा अवकाश के अवसर और सामाजिक तथा सांस्कृतिक सुविधाओं का पूर्ण आनन्द उठाने की व्यवस्था हो।

यह सर्वविदित है कि समाज में दुर्घटना, बीमारी, वृद्धावस्था, बेरोजगारी, प्रसूति के समय अथवा कमाने वाले की मृत्यु आदि से उत्पन्न समस्याएं अत्यन्त ही जटिल होती हैं। औद्योगीकरण तथा नगरीकरण के विकास के साथ, जीवन के इन खतरों से उत्पन्न आर्थिक असुरक्षा व्यापक होती गई। परिवर्तित आर्थिक एवं सामाजिक व्यवस्था में इन खतरों के प्रति आर्थिक सुरक्षा प्रदान करने में परिवार एवं ऐच्छिक संस्थाएं असमर्थ हो गई। इन खतरों की व्यापकता तथा उनसे उत्पन्न समस्याओं को देखते हुए राज्य की ओर से सुरक्षा के अनेक महत्वपूर्ण कदम उठाए गए। इनमें दुर्घटना के लिए क्षतिपूर्ति, बीमारी की स्थिति में अवकाश तथा लाभ, प्रकृति की अवस्था में अवकाश एवं अनुदान, वृद्धावस्था के लिए भविष्य निधि एवं पेंशन, जीविकोपार्जक की मृत्यु की स्थिति में परिवार के सदस्यों को अनुदान तथा पेंशन, बेरोजगारी के समय अनुदान, स्वास्थ्य बीमा तथा निर्धनता की स्थिति में सामाजिक सहायता आदि उल्लेखनीय है। इस प्रकार समाज कल्याण कार्यों के अन्तर्गत सामाजिक सुरक्षा सबसे अधिक महत्वपूर्ण हो गई।

भारत में भी वृद्धावस्था, दुर्घटना, प्रसूति, जीविकोपार्जक की मृत्यु आदि से उत्पन्न आर्थिक असुरक्षा के प्रति महत्वपूर्ण कदम उठाए गए हैं लेकिन अन्य विकसित देशों की तुलना में ये कम हैं। समय के परिवर्तन के साथ अनेक विकसित देशों में समाज कल्याण के अन्तर्गत 'सामाजिक सुरक्षा' के स्थान पर 'सामाजिक नियोजन' को अधिक महत्व दिया जाने लगा है। सामाजिक नियोजन में सामाजिक तथा आर्थिक व्यवस्था से उत्पन्न कुप्रभावों का निवारण तथा सभी व्यक्तियों के बहुआयामी विकास के लिए उचित जीवन दशाओं का निर्माण राज्य के क्रियाकलापों के मुख्य तत्व बन गए। इसके अन्तर्गत आय की असमानता में कमी, शोषित वर्गों की रक्षा, आवास, शिक्षा, चिकित्सा, मनोरंजन आदि सेवाओं की व्यवस्था पर अधिक जोर दिया जाने लगा। सामाजिक नियोजन में सर्वसाधारण के विकास के लिए सुनिश्चित ध्येय एवं कार्यक्रमों के अनुसार भारत में भी विभिन्न कार्य किए जाते हैं। भारत की पंचवर्षीय योजनाओं के अन्तर्गत सामाजिक नियोजन पर निरन्तर जोर दिया गया है। लेकिन आज निरन्तर रूप से कल्याणकारी समाज के निर्माण पर जोर दिया जा रहा है। समाज के प्रत्येक व्यक्ति का अधिक से अधिक विकास ही कल्याणकारी समाज का मुख्य लक्ष्य है। इसमें मानवीय प्रतिष्ठा तथा समुदाय के उत्थान को अत्यधिक महत्व दिया जाता है। राज्य के साथ-साथ समाज की विभिन्न संस्थाएं इस लक्ष्य की

प्राप्ति में अपना योगदान देती हैं। सरकार अपनी योजनाओं तथा कार्यक्रर्मों से और गैर शासकीय संस्थाएं अपने योगदान से इन आदर्शों को वास्तविकता में परिणत करने में लगी हुई हैं।

वर्तमान सन्दर्भों में भारत में सामान्यत: 60 वर्ष की आयु के व्यक्ति को वृद्धों की श्रेणी में गिना जाता है। 58 वर्ष की आयु में नौकरी से निवृति पाकर जब उसे घर बैठना पड़ता है तब वह सचमुच ही अपने आप को हारा हुआ, थका हुआ, बेकार महसूस करने लगता है। टूटी आराम कुर्सी पर अखबार पढ़ना, घर के छोटे मोटे काम कर देना या अपने बूढ़े दोस्तों में अपने बीते हुए दिनों की चर्चा करना ही उसकी दिनचर्या बन जाती है। परिवार के सदस्य अक्सर उसकी पीठ पीछे उसके 'सठिया जाने' की बात करते हैं। घर के वे बच्चे जो कभी उसकी आवाज से थर्रा जाया करते थे अब उसकी हर बात को मुस्करा कर उड़ा देते हैं। ऐसे में पुरुष तो फिर भी घर से बाहर जा कर अपने संगी साथियों में सब कुछ भुला सकता है किन्तु वह स्त्री जो बुढ़ापे में अपने पुत्र या पुत्रियों के आसरे जीवन जीती है, अब आदेश देने के स्थान पर, मजबूरी में उनका आदेश मानती है। चाहे वह कामकाजी स्त्री रही हो या केवल गृहस्थिन, घर वालों की मर्जी के बिना वह मंदिर भी नहीं जा सकती। ज्यों-ज्यों उसकी उम्र बढ़ती जाती है, त्यों-त्यों उसके घर वालों की उसके प्रति उपेक्षा और बढ़ती जाती है। उसे यह अपमान, यह उपेक्षा सहनी ही पड़ती है और कोई चारा भी तो नहीं होता उसके पास। असुरक्षा, अकेलेपन का तनाव और बढ़ती बीमारियों का दबाव उसे सनकी बनाने लगता है। ऐसे में अधिकतर वृद्ध स्वयं पर ही खीजते एवं झुंझलाते रहते है। क्योंकि उन्हें हर पल हर क्षण विभिन्न समस्याएं घेरे रहती हैं जिससे वे तनावग्रस्त रहते (रहती) हैं। कहने को भारत का यह वृद्ध समुदाय संयुक्त परिवारों के घेरे में सुरक्षित है। किन्तु वास्तव में क्या ऐसा है? आज की नव वधू सास-ससुर के बिना अपनी गृहस्थी की कल्पना करती है। यह भी सत्य है कि उसकी इस कामना के पीछे बहुत से ठोस कारण होते हैं। वे सास-ससुर जो स्वयं कभी अपना स्वतंत्र संसार बसाने की कल्पना करते थे, आज अपनी बहू से आशा करते हैं कि वह केवल उन्हीं के अंकुश में रहे। उनमें से कुछ अधिक से अधिक दहेज पाने की लालसा में उस बेचारी की जान लेने से भी नहीं चूकते। इसी प्रकार की अनेक परेशानियों तथा तनावों के कारण संयुक्त परिवारों का रिवाज भी भारत में निरन्तर घटता जा रहा है। इसलिए वृद्धों की फजीहत भी हो रही है। लिखना अनुपयुक्त न होगा कि सबसे अधिक नुकसान उन वृद्धों को होता

है जिन्होंने समय रहते अपनी पूंजी जमा न करके अपनी संतान पर इस आशा में खर्च की थी कि बच्चा बड़ा होकर हमारी देखभाल करेगा, हमारे बुढ़ापे का सहारा बनेगा। यह समस्या न केवल निम्न वर्ग के वृद्धों की है अपितु मध्यम तथा उच्च वर्ग के वृद्ध भी इससे अछूते नहीं रहते। विधवा वृद्ध तथा असहाय से यदि जायदाद छीन कर उसे बेघर बार करके निकाल देने की घटनाएं हैं तो विधुर तथा वृद्ध को ठीक से भोजन न देने, घर के अधिकतर काम करवाने पर भी हर समय प्रताड़ित करने की घटनाएं भी आम बात है। वृद्ध माता-पिता पर हाथ उठाना आज नई बात नहीं रही है। इस पर यदि वृद्ध या वृद्धा बीमार हो तो फिर केवल उसकी दुर्दशा का कल्पना बतौर अनुमान ही लगाया जा सकता है। अधिकतर लोग इन आरोपों को झूठ कह कर टालना चाहेंगे, किन्तु कितने बंद दरवाजों के पीछे इन वृद्धों के साथ कैसा-कैसा व्यवहार होता है. यह तो वे बेचारे ही जान सकते हैं जिनके साथ बीतती है या बीती है।

वृद्धों की इस प्रकार की समस्याओं के बारे में साक्षात्कार करते समय शोधकर्त्ता की एक ऐसी गृहिणी से बात हुई जो विधवा सास के साथ रहती है, क्योंकि इस बेटे के अतिरिक्त उसका और कोई नहीं है। इस गृहिणी की झुंझलाहट सुनिए, "माताजी सारा दिन घर बैठी मुझ पर रौब झाड़ती रहती है। खाना कैसे बनाना है, बच्चे कैसे पालते हैं? किस पड़ौसिन से दोस्ती करनी है? किन रिश्तेदारों की खातिरदारी करनी है? यहाँ तक तक कि पति के पास किस समय बैठना है? इस बात का भी निर्णय वही स्वयं ही लेना चाहती है। किन्तु मैं उनकी सारी बातें इस कान से सुनकर उस कान से निकाल देती हूँ। फिर भी मन में कभी-कभी बहुत घुटन होती है कि आखिर मैं कोई गुड़िया हूँ जो यह बुढ़िया मुझे चाबी से चलाती रहे?"

ठीक इसी तरह सर्वेक्षण काल में शोधकर्त्ता को एक वृद्धा ने बताया कि (अभी हाल ही में एक बोर्डिंग स्कूल की नौकरी से रिटायर हुई महिला की व्यवस्था सुनिए) "मेरे एक लड़का और तीन लड़कियां हैं। किन्तु लड़के की बहू अपने घर में रखना तो क्या, बेटे से मेरा बात करना भी बर्दाश्त नहीं कर सकती। एक लड़की ने अन्तर्जातीय कोर्ट मैरिज (विवाह) किया है, उसके यहां तो सास के रहने को अच्छा ही नहीं माना जाता है। रह गई दो लड़कियाँ जिसके भी घर जाती हूँ पति-पत्नी में मुझे लेकर तनाव हो जाता है। न तो मेरी खुराक ही अधिक है, न मैं उनकी किसी बात में दखल देती हूँ। फिर भी न जाने क्यों, उन्हें मेरी उपस्थिति खटकती रहती है। शरीर मेरा अब ठीक नहीं रहता। 65 वर्ष

की आयु में ही अपाहिज जैसी बन गई हूँ। कुछ पैसा रिटायर होने पर मिला था, अकेली रहूंगी तो कितने दिन चलेगा? फिर कौन, कब, अकेला जान कर मार डाले, यह भी तो डर लगता है। समझ में नहीं आता, कहाँ गुजारूं बाकी के दिन?"

.... "एक वृद्ध दंपत्ति जिनकी कोई संतान नहीं है, उनका दुखड़ा सुनिए, दोनों से ही काम नहीं होता। बुढ़िया को गठिया है, दिन-रात पड़ी कराहती रहती है जैसे-तैसे मैं खाना बनाता हूँ। हाथ पांव मेरे भी चलते नहीं। शरीर हम दोनों का चलता नहीं, लेकिन खाना पूरा मांगता है। अब जमा पूंजी खत्म होने को है। सोचता हूँ कुछ दिन बाद हमारा क्या होगा? और अगर मान लो बुढ़िया से पहले मैं ही चल बसा तो इस अभागी का क्या होगा? इस रूप में बुढ़ापा बड़ी लानत है। क्योंकि वृद्धों की समस्याओं का अंत नहीं। किन्तु हल आसपास दीखता नहीं। बच्चों, महिलाओं, अपाहिजों आदि के लिए तरह-तरह की व्यवस्था की जा रही है। केवल वृद्ध ही समाज का वह हिस्सा है जिसे सहारा देने का कोई प्रयत्न नहीं किया जा रहा है। यहां तक कि इन वृद्धों की सरकार से भी शिकायत है कि वहां न उनकी सुनवाई होती है न कोई पूछता है वृद्ध जो हैं।

शोधकर्त्ती आज से दो वर्ष पूर्व अवकाश प्राप्त करते ही 'एज केयर' नामक एक संस्था की स्थापना की, से मिली उनकी संस्था का एक मात्र ध्येय वृद्धों की सहायता करना है। इस ओर इनका पहला चरण था उन वयोवृद्ध नागरिकों का अभिनंदन करना जिन्होंने अपना सम्पूर्ण जीवन एक स्वस्थ समाज की स्थापना में व्यतीत कर दिया और आज भी अपनी वृद्धावस्था से मजबूर होकर चुपचाप नहीं बैठे हैं बल्कि घर बाहर के लोगों के लिए आदर्श बने हुए हैं। उन का कहना है "लोग ऐसे पुण्य कार्य में आगे आने से झिझकते हैं। वृद्धों को आज समाज का बेकार अंग माना जाता है। उनकी उपेक्षा तथा अवहेलना की जाती है। उनके पास पैसा है तो ठीक है, वरना उन्हें खाना भी ठीक से नहीं मिलता। उनकी अपनी संतानें उनसे दुर्व्यवहार करती हैं। वृद्ध लोग अपनी तरह से खाना चाहते हैं अपनी तरह से रहना चाहते हैं और मैं 'एज केयर' के जरिए उन्हें यह सुविधा देना चाहता हूँ। हालांकि हमारे पास अभी वृद्धों के रहने की कोई सुविधा नहीं है। केवल हमारे यहां डाक्टरों का एक पैनल है जो 65 वर्ष से ऊपर के स्त्री पुरुषों की चिकित्सा मुफ्त करने को तैयार है। इस प्रकार के अनेक कैंप हम लोग लगा चुके हैं जहां रक्तचाप, शारीरिक जांच-पड़ताल व छोटे-मोटे आपरेशनों की मुफ्त सेवा दी गई। मैं चाहता हूँ कि वृद्धों का एक ऐसा रेनबसेरा बना सकूं जहां वे

बैठे-बैठे काम करके भी थोड़ा पैसा कमा सकें। जो बिल्कुल ही लाचार हों, उनका खर्चा हम सब मिलकर चलाएं। वे वृद्ध जिनकी जमीन जायदाद आदि को उनके रिश्तेदार आदि हड़पने की चेष्टा में हों, उन्हें कानूनी सहायता मुफ्त देने की भी व्यवस्था हो।

'एज केयर' एटा के अतिरिक्त एक आध अन्य ऐच्छिक संस्थाएं हैं जो वृद्धों की सहायता करने का संकल्प किए हैं। किन्तु जो कुछ किया जा रहा है, बहुत कम ही नहीं अत्यन्त न्यून है। शोधकर्त्ता को सुनने में आया है कि मथुरा में एक जगह वृद्धा विधवाओं को एक मुट्ठी चावल और पचास पैसे रोज अपने जीवन-यापन के लिए दिये जाते हैं और इसके एवज में उन्हें कई घण्टे कीर्तन भजन करना पड़ता है। वहां की एक महिला जो अपने घर सर्वेक्षित क्षेत्र में आयी है, से पूछने पर कि क्या इतने में उसका पेट भर जाता है? वह आकाश की ओर हाथ उठा कर बोली 'का बताऊँ बाकी दया ते तो मिल जाइ। अर्थात्............. क्या कहूं-भगवान की दया है जो इतना मिल रहा है। ऐसा उस वृद्धा ने कहा।' हमें बिल्कुल नहीं भूलना चाहिए कि कल के युवक समय और अनुभवों की सीढ़ी चढ़ कर आज के वृद्ध बनते हैं। चाहे वे निम्न वर्ग के हों, या उच्च वर्ग के हों। परिवार, समाज व राष्ट्र के लिए अनावश्यक अंग नहीं है अपितु अमूल्य निधि हैं। इस बात को समझते हुए यदि इन वृद्धों को कुछ काम पर लगाकर इनकी शक्ति और अनुभव को उपयोग किया जाए तो वास्तव में इन वृद्धों का जीवन अभिशाप नहीं अपितु वरदान साबित होगा। इसके साथ ही हमारी समाज कल्याण संस्थाओं और कालेज, विश्वविद्यालयों में पढ़ने वाले युवक युवतियों को भी वृद्धों की समस्याएं समझने और हल करने के काम में लगाया जाना चाहिए ऐसा करने से युवा शक्ति का जनहित में उपयोग हो सकेगा एवं ऐच्छिक संस्थाएं भी श्रेष्ठ भूमिका निभाने में सफल हो सकेंगी ऐसा शोधकर्त्ता का सुझाव है।

शोधकर्त्ता ने वृद्धजनों के सामाजिक पुनर्वास तथा कल्याण सेवाओं के अन्तर्गत शासकीय तथा गैर शासकीय विभिन्न अभिकरणों द्वारा निर्वाह की जा रही भूमिकाओं को दो भागों में वर्गीकृत किया है-

1 शासन द्वारा निर्वाह की जा रही भूमिकाएं।

2 स्वैच्छिक संगठनों तथा संस्थाओं द्वारा निभाई जा रही भूमिकाएं।

शोधकर्त्ता ने सर्वेक्षण काल में साक्षात्कार करते समय प्रत्येक सूचनादाता से

पृथक-पृथक प्रश्न किया कि–'क्या शासन भी आपकी कोई मदद करता है?' सर्वेक्षण से प्राप्त सूचनादाताओं के उत्तरों पर निम्न तालिका संक्षिप्त प्रकाश डालती है-

तालिका 9.1

क्या शासन भी आपकी कोई मदद करता है? प्रश्न का प्रत्युतर सूचनादाताओं के अभिमतों के अनुसार

क्रमांक	*प्रश्न का प्रत्युत्तर*	*सूचनादाताओं की संख्या*	*प्रतिशत*
1.	'हाँ'	23	7.67
2.	'नहीं'	60	20.00
3.	उदासीन	207	69.00
4.	अनुत्तरित	10	3.33
	योग	**300**	**100**

प्रस्तुत तालिका के प्राथमिक आकड़ों के विश्लेषण तथा सम्बन्धित विवेचन से स्पष्ट होता है कि अध्ययनार्थ चयनित कुल 300 वृद्ध सूचनादाताओं में से 23(7.67%) सूचनादाताओं ने यह स्वीकार किया है कि शासन वृद्धों की मदद करता है लेकिन अपेक्षित नहीं, 60(20%) सूचनादाताओं ने बताया कि शासन वृद्धजनों की कोई मदद नहीं करता केवल योजनाओं की घोषणाएं करके खानापूर्ति की जाती है जबकि 207(69%) सूचनादाता सर्वाधिक साक्षात्कार के दौरान इस प्रश्न पर तटस्थ रहे हैं एवं मात्र 10(3.33%) सूचनादाता इस प्रश्न पर अनुत्तरित रहे हैं। इन समस्त तथ्यों के प्रकाश में यह निष्कर्ष स्थापित किया जा सकता है–(1) शासन वृद्धजनों के हितार्थ केवल खानापूर्ति के बतौर योजनाओं के घोषणा करता है (2) अधिकांशतः वृद्धजन उदासीन हैं। निम्न तालिका 9.2 इस प्रश्न के प्रत्युत्तरों पर संक्षिप्त प्रकाश डालती है कि शासन वृद्धजनों को क्या-क्या सहायता (मददें) प्रदान करता है–

प्रस्तुत तालिका के प्राथमिक आकड़ों के विश्लेषण तथा तत्सम्बन्धित विवेचन से स्पष्ट होता है कि अध्ययनार्थ चयनित कुल 300 निदर्श वृद्ध सूचनादाताओं में से–

1. निराश्रित विधवा वृद्धावस्था पेंशन योजनाओं के सम्बन्ध में 160 (53.33%) सूचनादाताओं को जानकारी है, 132(44.00%) सूचनादाताओं

तालिका 9.2

शासन द्वारा विभिन्न योजनान्तर्गत वृद्धजनों को प्रदत्त सहायताएँ सूचनादाताओं द्वारा प्रदत्त प्राथमिक सूचनाएँ

क्र.सं.	शासन द्वारा विभिन्न योजनान्तर्गत प्रदत्त एवं तत्सम्बन्धित जानकारी सम्बन्धी विवरण	सुविधाएँ सूचनादाताओं की संख्या तथा प्रतिशत				योग (%)
		हाँ	नहीं	उदासीन	अनुत्तरित	
1.	निराश्रित विधवा वृद्धावस्था पेंशन योजनान्तर्गत 125 रु. प्रतिमाह पेंशन	160 (53.33)	132 (44.00)	08 (2.67)	– (00.00)	300 (100.00)
2.	निर्धनता की सीमारेखान्तर्गत जीवनयापन करने वाले वृद्धों को 2 रु. प्रति किलो राशन (गेहूं) तथा 3 रु. प्रति किलो चावल	210 (70.00)	80 (26.67)	10 (3.33)	– (00.00)	300 (100.00)
3.	रेलवे टिकट में (यात्रा करने पर) 'सीनियर सिटीजन्स कन्सेसन' प्रति टिकट 25%	241 (80.33	56 (18.33)	04 (1.33)	– (00.00	300 (100.00)
4.	65 वर्ष से अधिक आयु के सीनियर सिटीजन्स को स्टेण्डर्ड टैक्स डिडक्शन के अतिरिक्त 15000 रु. की अतिरिक्त छूट	104 (34.67)	130 (43.33)	62 (20.67)	04 (1.33)	300 (100.00)
5.	निर्धनता की सीमारेखान्तर्गत जीवनयापन करने वाले निराश्रित वृद्धों को 125 रु. प्रति माह पेंशन सुविधा	250 (83.33)	50 (16.67)	– (00.00)	– (00.00)	300 (100.00)
6.	सेवानिवृत्त शासकीय एवं अर्द्धशासकीय कर्मचारियों को शासन के मानदण्डों के अनुरूप पेंशन	190 (63.33)	100 (33.33)	– (00.00)	10 (3.33)	300 (100.00)

नोट–कोष्ठकों के अन्तर्गत प्रदर्शित आंकड़े प्रतिशतता दर्शाते हैं।

को जानकारी नहीं है तथा मात्र 08(2.67%) सूचनादाताओं ने उदासीन उत्तर प्रदान किये हैं।

2. निर्धनता की सीमारेखान्तर्गत जीवनयापन करने वाले वृद्धों को मिलने वाले राशन के सम्बन्ध में 210(70.00%) सूचनादाताओं को जानकारी है, 80(26.67%) सूचनादाताओं को इसकी जानकारी नहीं है तथा 10(3.33%) सूचनादाताओं ने इसका उत्तर उदासीन होकर दिये हैं।

3. रेल से यात्रा करने पर सीनियर सिटीजन को रेलवे टिकट में कन्सेंसन के सम्बन्ध में-241(80.33%) सूचनादाताओं को इसकी जानकारी है, 55(18.33%) सूचनादाताओं को इसकी जानकारी नहीं है तथा मात्र 4(1.33%) सूचनादाताओं ने इस प्रश्न पर उदासीन अभिमत प्रकट किये हैं तथा कोई भी सूचनादाता सर्वेक्षण के दौरान अनुत्तरित नहीं पाया गया।

4. 65 वर्ष से अधिक आयु के सीनियर सिटीजन्स को स्टेण्डर्ड टैक्स डिडक्शन के अतिरिक्त 15000 रु. की आयकर में अतिरिक्त छूट के सम्बन्ध में 104(34.67%) सूचनादाताओं को इसकी जानकारी है, 130(43.33%) सूचनादाताओं को इसकी जानकारी नहीं है, 62(20.67%) सूचनादाताओं ने इस सम्बन्ध में उदासीन उत्तर प्रदान किये हैं तथा मात्र 4(1.33%) सूचनादाता साक्षात्कार देते समय इस प्रश्न पर अनुत्तरित रहे हैं।

5. निर्धनता की सीमारेखान्तर्गत जीवनयापन करने वाले वृद्ध, जिनका कोई नहीं है के सन्दर्भ में–250(83.33%) सूचनादाताओं को 125 रुपये प्रति माह मिलने वाली पेंशन के बारे में जानकारी पायी गयी है, जब कि मात्र 50(16.67%) सूचनादाताओं को इसकी जानकारी नहीं है, कोई भी सूचनादाता अनुत्तरित तथा उदासीन उत्तर प्रदान करने वाला नहीं पाया गया है।

6. शासकीय तथा अर्द्धशासकीय सेवानिवृत्त कर्मचारियों को शासन के मानदण्डों के अनुरूप मिलने वाली पेंशन के सम्बन्ध में कुल 300 निदर्शितों में से 190(63.34%) सूचनादाताओं को इसकी जानकारी नहीं है, साक्षात्कार के दौरान कोई भी सूचनादाता इस सम्बन्ध में उदासीन नहीं पाया गया, जबकि 10(3.33%) सूचनादाता इस प्रश्न पर अनुत्तरित रहे हैं।

तालिका 9.3

शासकीय योजनाओं की जानकारी होते हुए भी लाभान्वित न हो पाने सम्बन्धी विभिन्न उत्तरदायी कारण सूचनादाताओं के अभिमतों के अनुसार जानकारी

क्र.सं.	योजनाओं से वृद्धों के लाभान्वित न होने सम्बन्धी विवरण	सूचनादाताओं के अभिमत (आवृत्तियां/प्रतिशत)				योग (%)
		हाँ	नहीं	उदासीन	अनुत्तरित	
1.	वृद्धजनों के निररक्षर तथा अशिक्षित होने के कारण	240 (80.00)	– (00.00)	52 (17.33)	08 (2.67)	300 (100.00)
2.	योजनाओं के क्रियान्वित में विभिन्न दोषों के कारण	300 (100.00)	– (00.00)	– (00.00)	– (00.00)	300 (100.00)
3.	नियम होते हुए भी आवेदन पत्रों की खानापूर्ति न कर पाना	180 (60.00)	36 (12.00)	79 (26.33)	05 (1.67)	300 (100.00)
4.	सरकारी विभागों में व्याप्त खुला भ्रष्टाचार तथा बिना रिश्वत लिए दिए कोई काम न होना	300 (100.00)	– (00.00)	– (00.00)	– (00.00)	300 (100.00)
5.	थोड़े से लाभ के लिए अधिक प्रयास न करना और अशक्त होने के कारण भाग दौड़ कर पाना सम्भव नहीं	130 (43.33)	80 (26.67)	90 (30.00)	– (00.00)	300 (100.00)
6.	शासकीय योजनाएँ 'सफेद हाथी के समान'	160 (53.33)	92 (30.67)	41 (13.67)	07 (2.33)	300 (100.00)
7.	शासन की करनी तथा कथनी में अन्तर	265 (88.34)	25 (8.33)	10 (3.33)	– (00.00)	300 (100.00)

नोट–कोष्ठकों के अन्तर्गत प्रदर्शित आंकड़े प्रतिशतता दर्शाते हैं।

इन उपर्युक्त समस्त प्राथमिक आंकड़ों के प्रकाश में निष्कर्षत: यह कहा जा सकता है कि अधिकांशत: सूचनादाताओं को विभिन्न योजनान्तर्गत प्रदत्त लाभ सम्बन्धी शासकीय योजनाओं तथा क्रियान्वित कार्यक्रमों की जानकारी तो है लेकिन वे अशक्त तथा अशिक्षित होने के कारण योजनाओं से लाभ प्राप्त नहीं कर पाते हैं। सूचनादाताओं द्वारा इसके सम्बन्ध में बताए गए कारणों पर तालिका 9.3 संक्षिप्त प्रकाश डालती है–

प्रस्तुत तालिका में निर्दिष्ट प्राथमिक आंकड़ों के विश्लेषण तथा तत्सम्बन्धित विवेचन से स्पष्ट होता है कि अध्ययनार्थ चयनित कुल 300 वृद्ध सूचनादाताओं में से–

1. 240(80%) सूचनादाताओं ने यह बताया है कि वृद्धजनों के निरक्षर तथा अशिक्षित होने के कारण वे शासकीय विकास योजनाओं से लाभान्वित होने में असमर्थ रहते हैं जबकि 52(17.33%) सूचनादाताओं ने इस सम्बन्ध में उदासीन अभिमत व्यक्त किये हैं तथा मात्र 08 (2.67%) सूचनादाता अनुत्तरित पाए गए हैं।
2. शासन द्वारा क्रियान्वित योजनाओं के अन्तर्गत व्याप्त विभिन्न दोष होने के कारण लाभान्वित न होने के सम्बन्ध में शत प्रतिशत सूचनादाताओं ने सकारात्मक प्रत्युत्तर प्रदान किये हैं नकारात्मक उत्तर प्रदान करने वाला कोई भी सूचनादाता नहीं पाया गया है, और न कोई सूचनादाता उदासीन उत्तर देने वाला, और न कोई अनुत्तरित सूचनादाता पाया गया है। इससे स्पष्ट होता है कि विकास योजनाएँ केवल दिखावा मात्र हैं।
3. वृद्धजनों का कहना है कि आवेदन पत्रों की खानापूर्ति करने में अत्यधिक कठिनाई आती है, बताने वाले 180(60.00%) सर्वाधिक सूचनादाता पाए गए हैं, 36(12.00%) सूचनादाता नकारात्मक उत्तर प्रदान करने वाले तथा मात्र 5(1.67%) सूचनादाता इस बिन्दु पर अनुत्तरित पाए गए हैं।
4. सरकारी विभागों में व्याप्त खुला भ्रष्टाचार तथा बिना रिश्वत लिए दिए कोई काम न होना बताने वाले 300(100.00%) शतप्रतिशत (सर्वाधिक) सूचनादाता पाए गए हैं। इस सम्बन्ध में नकारात्मक, उदासीन उत्तर प्रदान करने वाला तथा अनुत्तरित एक भी सूचनादाता नहीं पाया गया है। उल्लेखनीय है कि शासकीय योजनान्तर्गत खुला भ्रष्टाचार व्याप्त है। इसलिए योजनाएँ असफल हो रही हैं।

5. अशक्त तथा जर्जर शरीर के कारण थोड़े से लाभ के लिए भाग दौड़ तथा प्रयास न कर पाने वाले 130(43.33%) सूचनादाता पाए गए हैं। इस सन्दर्भ में नकारात्मक उत्तर प्रदान करने वाले 80(26.76%) सूचनादाता पाए गए जब कि 90(30.00%) सूचनादाता इस प्रश्न पर उदासीन प्रत्युत्तर प्रदान करने वाले पाए गए हैं। कोई भी सूचनादाता अनुत्तरित नहीं पाया गया है। इससे स्पष्ट है कि जर्जर शरीर वृद्धों के लिए अभिशाप है।
6. शासकीय योजनाएं सफेद हाथी के समान बताने वाले 160(53.33%) सूचनादाता पाए गए, 41 (13.67%) सूचनादाता साक्षात्कार देते समय इस प्रश्न पर उदासीन उत्तर प्रदान करने वाले पाए गए हैं, जबकि 7(2.33%) सूचनादाता साक्षात्कार के दौरान इस प्रश्न पर अनुत्तरित रहे।
7. विकास तथा सहायता योजनान्तर्गत शासन की कथनी और करनी में अन्तर होना, बताने वाले 265(88.34%) सूचनादाता पाए गए हैं जब कि 25(8.33%) सूचनादाताओं ने इसके विरोध में (नकारात्मक) उत्तर प्रदान किए हैं एवं 10(3.33%) सूचनादाता साक्षात्कार के समय इस प्रश्न के उत्तर, पर उदासीन/तटस्थ रहे हैं और कोई भी सूचनादाता अनुत्तरित नहीं पाया गया है।

इन समस्त प्राथमिक तथ्यों के प्रकाश में निम्न निष्कर्ष स्थापित किया जा सकता है कि 'अधिकांशतः वृद्धजन शासन द्वारा उनके लिए चलाई जा रही विभिन्न विकास योजनाओं से विभिन्न कारणों की वजह से लाभान्वित नहीं हो पा रहे हैं।'

शोधकर्त्ता ने वृद्धजनों के हित एवं सामाजिक पुनर्वास में गैरशासकीय स्वैच्छिक संगठनों व संस्थाओं द्वारा निर्वाह की जा रही सक्रिय भूमिका के सम्बन्ध में भी निदर्श सूचनादाताओं से प्राथमिक तथ्य संकलित किए हैं। शोधकर्त्ता ने साक्षात्कार के दौरान सर्वप्रथम प्रश्न किया कि–'क्या आपको वृद्धों के सामाजिक पुनर्वास एवं हित में कार्य कर रही स्वैच्छिक संस्थाओं व संगठनों की जानकारी है?' सर्वेक्षण से प्राप्त प्राथमिक सूचनाओं पर निम्न तालिका 9.4 संक्षिप्त प्रकाश डालती है–

प्रस्तुत तालिका 9.4 के प्राथमिक आकड़ों के विश्लेषण तथा तत्सम्बन्धित विवेचन से स्पष्ट होता है कि अध्ययनार्थ चयनित कुल 300 वृद्ध सूचनादाताओं में से मात्र 56(18.67%) सूचनादाताओं ने यह स्वीकार किया है कि उन्हें

तालिका 9.4

क्या आपको वृद्धों के सामाजिक पुनर्वास व हित में कार्य कर रही स्वैच्छिक संस्था/संगठनों की जानकारी है?

प्रश्न के प्रत्युत्तर में सूचनादाता के अनुसार

क्र.	*स्वैच्छिक संस्थाओं व संगठनों की जानकारी*	*सूचनादाताओं की संख्या*	*प्रतिशत*
1.	'हाँ' (जिन्हें पूर्ण जानकारी है)	56	18.67
2.	'नहीं है'	232	77.33
3.	उदासीन उत्तर दिए	12	04.00
4.	अनुत्तरित रहे	–	00.00
	योग	**300**	**100.00**

ऐच्छिक संस्थाओं व संगठनों की जानकारी है, 232(77.33%) सूचनादाताओं ने बताया कि उन्हें इस सम्बन्ध में कोई जानकारी नहीं है, 12(4.00%) सूचनादाताओं ने इस प्रश्न का उदासीन होकर उत्तर प्रदान किए हैं। उल्लेखनीय है कि इस प्रश्न पर एक भी सूचनादाता अनुत्तरित नहीं पाया गया है। इन समस्त प्राथमिक तथ्यों के प्रकाश में निम्न निष्कर्ष उद्घाटित किया जा सकता है–'वृद्धजनों को उनके हित में कार्य करने वाली स्वैच्छिक संस्थाओं व संगठनों की कम जानकारी है अर्थात् वृद्धजनों में ऐच्छिक संस्थाओं की जानकारी के प्रति ज्ञान का अभाव है।'

तालिका 9.5

'ऐच्छिक संगठनों की भूमिकाओं के प्रति अभिज्ञान के स्तर'– सूचनादाताओं के अनुसार

क्र.	*सूचनादाताओं में अभिज्ञान के स्तर*	*सूचनादाताओं की संख्या*	*प्रतिशत*
1.	निम्न	300	100.00
2.	मध्यम	–	00.00
3.	उच्च	–	00.00
	योग	**300**	**100.00**

प्रस्तुत तालिका के प्राथमिक आंकड़ों के विलेषण तथा तत्सम्बन्धित विवेचन से स्पष्ट है कि अध्ययनार्थ चयनित वृद्ध सूचनादाताओं में ऐच्छिक

तालिका 9.6

'क्या आपको निम्न संस्थाओं/संगठनों की जानकारी है?' के सम्बन्ध में सूचनादाताओं के अभिमत/विचार

क्र.सं.	समाजसेवी संगठन/ संस्था का नाम	सूचनादाताओं के अभिमत (आवृत्तियां/प्रतिशत)					योग (प्रतिशत)
		पूर्ण जानकारी है	जानकारी नहीं है	कुछ-कुछ जानकारी है	उदासीन	अनुत्तरित	
1.	एज केयर एटा	20 (6.67)	275 (91.67)	5 (1.66)	– (00.00)	– (00.00)	300 (100.00)
2.	क्रिश्चियन वृद्धाश्रम, निधोली कलां (एटा)	30 (10.00)	250 (83.33)	20 (06.67)	– (00.00)	– (00.00)	300 (100.00)
3.	लाइन्स क्लब, एटा	– (00.00)	300 (100.00)	– (00.00)	– (00.00)	– (00.00).	300 (100.00)
4.	वृद्ध छात्रावास, एटरा	10 (3.33)	265 (88.34)	16 (05.33)	9 (03.00)	– (00.00)	300 (100.00)
5.	वृद्ध सेवा सदन आश्रम एटा	15 (5.00)	253 (84.33)	32 (32.67)	– (00.00)	– (00.00)	300 (100.00)

नोट–कोष्ठकों के अन्तर्गत प्रदर्शित आंकड़े प्रतिशतता दर्शाते हैं।

तालिका 9.7

'ऐच्छिक संस्थाओं/संगठनों द्वारा अध्ययन क्षेत्र में विगत दो वर्षों में किए गए सेवा कार्य'–निदर्शित सूचनादाता द्वारा प्रदत्त प्राथमिक जानकारी

क्र.सं.	संस्था/संगठन का नाम	सेवा कर्यों का विवरण जो कराए गए (आवृत्तियां/प्रतिशत)				
		वृद्धों का अभिनन्दन किया गया	कानूनी सहायताएँ प्रदान की गयी	भोजन व फल वितरित किए	वस्त्रों, कम्बलों का वितरण	चिकित्सीय जांच कराई एवं मुफ्त दवाएँ वितरित की गयी
1.	एज केयर एटा द्वारा	– (00.00)	– (00.00)	300 (100.00)	300 (100.00)	– (00.00)
2.	क्रिश्चियन वृद्धाश्रम, (एटा) द्वारा	205 (68.33)	– (00.00)	299 (96.67)	28 (9.33)	300 (100.00)
3.	लाइन्स क्लब, एटा द्वारा	– (00.00)	244 (81.33)	298 (99.33)	254 (84.67)	44 (14.67)
4.	वृद्ध सेवा सदन आश्रम एटा	296 (98.67)	24 (8.00)	300 (100.00)	– (00.00)	70 (23.33)

नोट–कोष्ठकों के अन्तर्गत प्रदर्शित आंकड़े प्रतिशतता दर्शाते हैं।

संगठनों तथा संस्थाओं की जानकारी एवं भूमिकाओं के संदर्भ में 'अभिज्ञान का स्तर' शत प्रतिशत सूचनादाताओं में निम्न स्तरीय पाया गया है। यही कारण है कि वे लाभ नहीं ले पा रहे हैं।

निदर्श सूचनादाताओं से कतिपय ऐच्छिक संगठनों तथा संस्थाओं (जो वृद्धजनों के हितार्थ काम कर रही हैं) के सम्बन्ध में जानकारी है या नहीं, के सम्बन्ध में पूछा गया तो इस सम्बन्ध में प्राप्त प्राथमिक तथ्यों पर तालिका 9.6 संक्षिप्त प्रकाश डालती है।

तालिका 9.6 में निर्दिष्ट प्राथमिक आंकड़ों के विश्लेषण तथा तत्सम्बन्धित विवेचन से स्पष्ट होता है के अध्ययनार्थ चयनित कुल 300 वृद्ध सूचनादाताओं में से वृद्धजनों के हितार्थ क्रियान्वित व संचालित समाजसेवी संस्थाओं (स्वैच्छिक संगठनों) की जानकारी (पूर्णत: जानकारी 75% को, आंशिक जानकारी 66% को) तथा औसतन 89.53% वृद्धों (निदर्शितों) को इसकी बिल्कुल जानकारी नहीं है। प्रतिशतता की दृष्टि से सुस्पष्ट है कि वृद्धजन समाज सेवी संस्थाओं के प्रति अनभिज्ञ हैं एवं उनमें जागरूकता का अभाव पाया गया है। सर्वेक्षण के समय साक्षात्कार देते समय 4 वृद्ध सूचनादाताओं ने रहस्योद्घाटन किया कि–'इस क्षेत्र में वृद्धों के साथ मारपीट कर घर से निकाल दिया जाता है।' निधौली कलां वृद्धाश्रम पर शोधकर्त्ता ने जाकर इस सन्दर्भ में पूछताछ की तो विदित हुआ कि यहां पर '3 वृद्ध' ऐसे हैं जिनके साथ प्राय: मारपीट होती थी वे विवश होकर गेरुआ वस्त्र पहनकर इस आश्रम पर आ गए हैं जो अब यहां प्रसन्न है। तालिका 9.7 ऐच्छिक संगठनों के समाज कार्यों (जो इस क्षेत्र में विगत दो वर्ष की अवधि से किए गए हैं) पर संक्षिप्त प्रकाश डालती है–कि किस संस्था ने यहां क्या-क्या कार्य किए?

तालिका 9.7 प्राथमिक आकड़ों के विश्लेषण तथा तत्सम्बन्धित विवेचन से स्पष्ट होता है कि ऐच्छिक संस्थाएं तथा संगठन वृद्धजनों के लिए विभिन्न सेवा कार्य तथा सामाजिक पुनर्वास के विभिन्न प्रयास कर रही हैं। ऐसा सभी वृद्ध सूचनादाताओं ने स्वीकार किया है। लेकिन सेवा कार्यों के विवरणों के अन्तर्गत वृद्धजनों को सम्मानित करना/उनका अभिनन्दन करना, भोजन, फल, वस्त्र, शरद ऋतु में कम्बल वितरित करना, स्वास्थ्य रोगों एवं चिकित्सीय जांच कार्य नि:शुल्क कराना तथा ऐसे वृद्धों जिनके बच्चों परिवारीजनों व ग्रामीणों ने भूमि व सम्पत्ति पर जबरन अधिकार (कब्जा) करके उन्हें घर से बेघर कर दिया है उन्हें बकीलों के एक दल द्वारा कानूनी सहायताएँ प्रदान कराई गयी हैं।

10 निष्कर्ष एवं सुझाव

यह निसन्देह एवं निर्विवाद सत्य है कि वृद्धावस्था कोई बीमारी नहीं है, बल्कि मानव के जीवन चक्र की एक अनिवार्य शारीरिक दशा है जिसका प्रत्यक्ष सम्बन्ध आयु से है, जो भारतीय सन्दर्भों में सरकारी सेवारत व्यक्तियों के लिए 58+, लेकिन सामान्यजन इसे 60+ की आयु से आरम्भ मानते हैं। यह अवस्था सभी को आती है एवं आनी है। भारतीय संस्कृति में वृद्धों का स्थान सामाजिक संस्थाओं में सर्वोपरि रहा है, परम्परागत संयुक्त परिवार व्यवस्था, सामाजिक संगठन एवं वर्ण व्यवस्था इसके सम्पुष्ट तथा सशक्त प्रमाण हैं कि उनकी (वृद्धजनों) क्या दशाएँ थी, वृद्धों को कैसा सम्मान दिया जाता था तथा उनकी परिवार एवं समाज में प्रस्थिति कैसी थी? वह किसी से छिपी नहीं है। यह निर्विवाद सत्य है कि युवजन केन्द्रित, व्यक्तिवादी तथा भौतिकतावादी पाश्चात्य सभ्यता एवं संस्कृति ने 'कर्ता/मुखिया' के रूप में वृद्धों की सत्ता और शक्ति का ह्रास (पतन) ही नहीं किया है बल्कि वृद्धजनों की प्रस्थिति को भी कुप्रभावित किया है, यहाँ तक कि वर्तमान में तो वृद्धजनों का परिवारों पर प्रभाव लगभग शून्य रह गया है क्योंकि उनके हाथों से परिवार की सत्ता युवाओं के हाथ हस्तान्तरित जो हो गयी है। वह अलग-थलग सा होता जा रहा है आदर सम्मान खो चुका है, और वर्तमान परिवेश एवं परिस्थितियों में तो उसे पारिवारिक सामंजस्य (समायोजन) की समस्या जनित हो रही है उसके जीवन के लम्बे अनुभवों का लाभ लेना तो दूर, उनके नयी पीढ़ी के लोग परामर्श लेना तथा विचार-विमर्श करना तक पसन्द नहीं करते। वर्तमान परिवर्तनशील परिप्रेक्ष्य एवं विकास के इस संक्रमणशील दौर में नयी पीढ़ी के लोग पुरानी विचारधारा के लोगों को अब बिल्कुल पसन्द नहीं करते हैं। यहाँ तक कि रहन-सहन, खान-पान तथा जीवन शैली व अन्य बातों में जब 'वृद्धजन' दखल देते हैं या हस्तक्षेप करते हैं तो नई पीढ़ी के युवजन वृद्धों के विचारों की अवहेलना तथा उनकी उपेक्षा करते हैं, तब वृद्धजन इस उपेक्षा को सहन नहीं कर पाते हैं और

अपने को अपमानित व अलग-थलग महसूस करते हैं जिससे वृद्ध एवं युवा वर्ग में मानसिक तौर पर 'एक शीत संघर्ष' चलता रहता है जिससे मानसिक तनाव तथा बात-बात पर लड़ाई-झगड़े होते रहते हैं और पारिवारिक सुख शान्ति भंग हो जाती है। यह सत्य है कि वृद्ध किसी भी प्रकार के परिवर्तन से प्रसन्न नहीं होते क्योंकि वे परम्परावादी होते हैं और न ही वे परिवर्तन पसन्द करते हैं। यहाँ तक कि परिवर्तनशील परिस्थितियों में वे सामंजस्य तक नहीं कर पाते। इतना ही नहीं, उनके सम्मुख सामाजिक तौर पर विभिन्न समस्याएं यथाः समय व्यतीत करने मनोरंजन करने, भावात्मक, पर्यावरणीय, शारीरिक व चिकित्सा एवं स्वास्थ्य सम्बन्धी, अन्तःक्रियाओं सम्बन्धी, पारिवारिक सामंजस्य सम्बन्धी, पूंजी व सम्पत्ति की समुचित देखरेख (रख रखाव) सम्बन्धी, आर्थिक, मानसिक, मनो सामाजिक, आवश्यकताओं की पूर्ति, वृद्धों को परिवार में एकीकृत (समन्वित) करने इत्यादि समस्याएं प्रमुख हैं। इन रूपों में वृद्धावस्था एक मानवीय अनिवार्यता, स्वाभाविक जैविकीय तथा सांस्कृतिक परिवर्तन की प्रक्रिया है जिसमें वह शेष जीवन के प्रति उपेक्षित दृष्टिकोण विकसित कर लेता है जिसके कारण वह विघटित तथा दवा हुआ महसूस करने लगता है। इस रूप में समाज शास्त्रीय दृष्टिकोण से वृद्धों की प्रमुख समस्या, परिवार व समाज के साथ उचित समायोजन सामंजस्य न कर पाने की है। इन्हीं उपरोक्त समस्त तथ्यों की मौलिक, वस्तुनिष्ठ, तथ्यपरक एवं वैज्ञानिक जानकारी के लिए प्रस्तुत अनुसन्धान कार्य एक लघु प्रयास है, जिसके अन्तर्गत वृद्धजनों की समस्याओं का समाजशास्त्रीय दृष्टिकोण से विवेचन तथा अनुशीलन किया जायेगा।

अध्ययन के उद्देश्य

शोधकर्त्ता अध्ययन के उद्देश्यों में वृद्धों के बारे में सामान्य जानकारी प्राप्त करना, उनके परिवार की सामाजिक व आर्थिक स्थिति के बारे में जानकारी प्राप्त करना, उनकी आदतों, विचारों, व्यवहारों के बारे में पता लगाना, उनकी विविध समस्याओं की जानकारी करना, समस्याओं के कारणों को जानना तथा समस्याओं के निवारण के सरकारी व स्वयंसेवी संगठनों द्वारा किये जाने वाले प्रयासों का मूल्यांकन करना तथा समस्याओं के निदान के लिए सुझाव प्रस्तुत करना आदि प्रमुख हैं तथा निम्न विचारणीय प्रश्न हैं-

1. वृद्धावस्था अपने आप में समस्या क्यों है?
2. बूढ़ी पीढ़ी उपेक्षा का शिकार क्यों है?

3 बूढ़ी पीढ़ी में उपेक्षित होने का भाव क्यों आ रहा है?

4. बूढ़े लोग क्या परिवार में बोझ समझे जा रहे हैं?

5. यह हीन भावना उनमें क्यों घर करती जा रही है?

6 समाज से बड़े-बूढ़े क्या अपेक्षा रखते हैं?

उपरोक्त प्रश्नों के उत्तर प्राप्त करना ही शोधकर्त्ता के अध्ययन का मुख्य उद्देश्य रहा है।

शोधकर्त्ता ने प्रस्तुत शोध समस्या के अध्ययनार्थ उत्तर प्रदेश के एटा जनपद को अध्ययन क्षेत्र के रूप में चुना है जिसमें पाँच तहसील (एटा, कासगंज जलेसर, पटियाली, अलीगंज) हैं तथा 10 (दस) विकास खण्ड (ब्लाक एटा, कासगंज, अलीगंज, पटियाली, सोरों, अमापुर, मारहरा, निधौली कलां, गंजडुंडवारा, सहावर) हैं।

एटा जनपद में 5 तहसीलों के अन्तर्गत कुल 266311 परिवार निवास कर रहे हैं। पांचों तहसीलों के अन्तर्गत 60 से अधिक आयु के 6457 पुरुष व 5287 महिलाएं कुल 11744 हैं। 2.5% निदर्शन के आधार पर प्रत्येक विकास को समान भार प्रदान करते हुए प्रत्येक तहसील से 60-60 तथा प्रत्येक विकास खण्ड से 30-30 अर्थात् कुल 300 वृद्धों का चयन; स्तरीय निदर्शन तथा संयोग निदर्शन की लॉटरी पद्धति द्वारा किया गया है ताकि समग्र में से विभिन्न जातियों, उम्र, लिंग, शैक्षिक स्तरों, वैवाहिक स्तरों, तथा सामाजिक-आर्थिक स्तरों के सूचनादाताओं का चयन सम्भव हो सके। प्राथमिक आंकड़ों का संकलन व क्षेत्रीय कार्य पूर्व परीक्षित व संरचित 'साक्षात्कार अनुसूची' द्वारा साक्षात्कार की प्रत्यक्ष पूछताछ प्रणाली एवं असहभागी अवलोकन प्रविधि द्वारा किया गया है। वृद्धजनों की मनोवृत्तियों का मूल्यांकन 'लिकर्ट मनोवृत्ति मापक' द्वारा किया गया है ताकि वृद्धजनों की मनो सामाजिक समस्याओं की जानकारी तार्किक एवं वस्तुनिष्ठ रूप में जानना सम्भव हो सके। प्रस्तुत अनुसंधान कार्य आनुभविक तथा व्याख्यात्मक शोध अभिकल्प पर आधारित किया गया है जो 'सूक्ष्म अनुभवाश्रित समाजशास्त्रीय' प्रकृति वाला है।

अध्ययनार्थ चयनित कुल 300 वृद्ध हिन्दू सूचनादाताओं में जिनमें लैंगिक दृष्टि से 162(54%) वृद्ध तथा 138(46%) वृद्धाएं चुनी गयी हैं। इनमें आयु संरचना की दृष्टि से 60 से 70 वर्ष आयु के 128(42.66%) 70 से 80 वर्ष

आयु के 58(19.33%) तथा 80 आयु के मात्र 5(1.67%) सूचनादाता पाए गए हैं। निवास की दृष्टि से 237(79%) ग्रामीण, 6(2%) नगरीय तथा 57(19%) सूचनादाता ग्रामीण नगरीय परिवेश के हैं। सामाजिक श्रेणीगत आधार पर 61 (20.34%) सवर्ण जातियों, 167(55.66%) पिछड़ी जातियों तथा 72(24%) अनुसूचित जातियों व जनजातियों से चुने गये हैं इन सूचनादाताओं में से शैक्षिक दृष्टि से 97(32.33%) निरक्षर/अशिक्षित, 35(11.67%) मात्र साक्षर तथा शेष 150(50%) प्राइमरी से इण्टर तक शिक्षित और मात्र 18(16%) सूचनादाता उच्च शिक्षित चुने गये हैं। वैवाहिक स्थिति के अनुसार अविवाहित शून्य, विवाहित जीवनयापन करने वाले 290(96.67%), 5(1.66%) विधुर, 3(1%) विधवा तथा 2(0.67%) परित्यक्ता चुनी गयी हैं। व्यावसायिक संरचना की दृष्टि से 233(77.67%) कृषक, 28(9.33%) नौकरीपेशा में, 9(3%) व्यवसायी, शेष 30(10%) दस्तकार श्रमिक व अन्य चुने गये हैं पारिवारिक संरचना के अनुसार 150(50%) निदर्शित संयुक्त परिवारों तथा 150(50%) एकांकी परिवारों के हैं। इनमें से 54(18%) के आवास कच्चे, 93(31%) के आवास पक्के तथा 153(51%) के आवास कच्चे-पक्के मिश्रित पाए गए हैं, जिनमें से 175 (58.33%) निदर्शितों के सामाजिक-आर्थिक स्तर निम्न, 111(37%) के मध्यम तथा 14(4.67%) के उच्च पाए गए। सूचनादाताओं के परिवारों में औसतन 7 सदस्य तथा औसतन 5 बच्चे पाये गये हैं। निदर्शितों के परिवारों की औसतन मासिक आय/परिवार 2510 रुपये और औसतन मासिक व्यय/परिवार 1500 रुपये पाया गया है। आय से व्यय अधिक होने की बजह से वृद्धजनों के अच्छे रहन-सहन, पौष्टिक तथा सन्तुलित भोजन मिलने की बात सोचना हास्यास्पद प्रतीत होती है। कुल वृद्धों में से पारिवारिक सामाजिक-आर्थिक सन्दर्भो से 214(71.33%) असन्तुष्ट, 75(25%) उदासीन तथा 11(3.67%) सूचनादाता (अत्यन्त न्यून व उपेक्षणीय) सन्तुष्ट पाए गए हैं।

ग्रामीण परिवेश के संयुक्त परिवारों में आज भी सामूहिक तथा समष्टिवादी भावनाएं प्रभावी हैं किन्तु परिवारों की सत्ताएं वृद्धों से युवाओं के हाथ हस्तान्तरित हो रही हैं जिसका परिणाम यह हो रहा है कि परिवारों पर वृद्धों का प्रभाव शनैः शनैः कम होता जा रहा है, परिवार के सदस्यों के मध्य अन्तःक्रियाओं में स्वाभाविक तौर पर कमी हो जाने से पारिवारिक सम्बन्ध शिथिल हुए हैं ऐसा होने से उनकी प्रस्थिति गिरी है, उनकी स्थिति 'मुखिया' की जगह 'आश्रित' जैसी पायी गयी है, भले ही उनका परिवार तथा परिजनों से लगाव पूर्ववत है एवं

गतिविधयों भी पूर्ववत् हैं, वृद्धों का कहना है कि उनकी सन्तानें उनके अनुभवों का लाभ लेना तो दूर बातें करना भी नहीं चाहती हैं वृद्धों ने निसंकोच यह भी बताया है कि परिवारीजन उनकी इच्छाएं व आकांक्षाएं भी जानना नहीं चाहते, इसलिए वे मानसिक रूप से चिन्तित व तनावग्रस्त रहते हैं।

संयुक्त परिवार के विघटन का सर्वाधिक खामियाजा वृद्धों को ही उठाना पड़ रहा है।

एकल परिवारों के अस्तित्व में आने तथा परिवार का दायरा पति, पत्नी व बच्चों तक सीमित हो जाने के कारण शुद्ध समाज पारिवारिक परिदृश्य से लगभग ओझल हो गया है। वर्तमान में वृद्धजन अलग-थलग सा होता जा रहा है, आदर सम्मान खो चुका है और वर्तमान परिवेश एवं परिस्थितियों में तो उसके लिए पारिवारिक सामंजस्य की समस्या जनित हो रही है। उनके जीवन के अनुभवों का लाभ लेना तो दूर, उनसे नई पीढ़ी के लोग परामर्श लेना तक पसन्द नहीं करते। वर्तमान परिवर्तनशील परिपेक्ष एवं विकास के दौर में नई पीढ़ी के लोग पुरानी विचारधारा को अब बिल्कुल पसन्द नहीं करते हैं। अतः 'वृद्धजन' जब रहन-सहन, खान-पान व अन्य बातों में दखल देते हैं तो नई पीढ़ी के युवजन, वृद्धों की उपेक्षा करते हैं, तब वृद्धजन इस उपेक्षा को सहन नहीं कर पाते हैं और अपने को अपमानित महसूस करते हैं जिससे वृद्ध एवं युवावर्ग में मानसिक तौर पर शीत संघर्ष चलता रहता है। वृद्ध व्यक्ति किसी भी प्रकार के परिवर्तन से प्रसन्न नहीं होते, न ही परिवर्तन पसन्द करते हैं। यहां तक कि परिवर्तनशील स्थितियों में वे सामंजस्य तक नहीं कर पाते। इतना ही नहीं, उनके सम्मुख सामाजिक तौर पर विभिन्न समस्यायें यथा समय व्यतीत करने, घरेलू पर्यावरणीय, भावनात्मक, शारीरिक व स्वास्थ्य सम्बन्धी, आर्थिक व पूंजी के रखरखाव, मानसिक, मनोसामाजिक, पारिवारिक सामंजस्य, आवश्यकताओं की पूर्ति इत्यादि समस्यायें प्रमुख हैं। जबकि वृद्धावस्था एक मानवीय अनिवार्यता, स्वाभाविक जैविकीय प्रक्रिया एवं सांस्कृतिक प्रक्रिया का ही अंग है, जिसमें वह शेष जीवन के प्रति उपेक्षित दृष्टिकोण विकसित कर लेता है जिससे वह स्वयं को विघटित तथा दबा हुआ महसूस करने लगता है। समाजशास्त्रीय दृष्टिकोण से वृद्धजनों की प्रमुख समस्या, परिवार व समाज के साथ उचित समायोजन न करने की है।

- वृद्धजनों की समस्याएं सामान्यतः सामाजिक, आर्थिक, मनोसामाजिक, शारीरिक तथा स्वास्थ्य सम्बन्धी, पर्यावरणीय, समय व्यतीत करने एवं

मनोरंजन सम्बन्धी सम्पत्ति व पूंजी के उचित रख-रखाव तथा परिजनों के साथ सामंजस्य करने सम्बन्धी हैं।

- शारीरिक एवं स्वास्थ्य सम्बन्धी समस्याओं से 98% वृद्ध ग्रसित हैं।
- आर्थिक समस्याओं के कारण वृद्ध महिलाओं की तुलना में वृद्ध पुरुष अधिक मानसिक तनाव महसूस करते हैं एवं चिंताग्रस्त रहते हैं।
- नौकरी से सेवानिवृत्त वृद्धजन पर्यावरणीय समस्यायें भी अनुभव करते हैं।
- सेवानिवृत्त वृद्ध उस समय अपने को अधिक परेशान तथा असुरक्षित महसूस करते हैं जब आवश्यकता के समय उनकी आर्थिक सहायता करने वाला कोई परिवारीजन न हो।
- निसन्तान, अविवाहित एवं परिव्यक्त व जीर्ण-शीर्ण शरीर वाले वृद्ध रोगों के कारण भी अपने को असुरक्षित अनुभव करते हैं।
- प्रोपर्टी के प्रति वृद्धजनों का लगाव अत्यधिक है।
- अपनी सम्पत्ति के उचित रख-रखाव एवं देखरेख (सुरक्षार्थ) 77.67% सूचनादाता (वृद्ध) चिंतित पाये गये।
- वृद्धजन अपने परिजनों से ही एकाकीपन तथा अलगाव की अनुभूति करते हैं।

जो मनुष्य वृद्धावस्था की वास्तविकता को स्वीकार कर लेते हैं वे समाज में सफलतापूर्वक संयोजन कर लेते हैं अधिकांश वृद्ध स्वास्थ्य के गिरने, नौकरी के हट जाने और आमदनी में कमी आने आदि के कारण काफी मानसिक तनाव महसूस करने लगते हैं, जिनके कारण इन व्यक्तियों में निराशा, कुण्ठा, नकारात्मक व्यवहार तथा उत्तेजना आदि की भावनाएं पनप जाती हैं जो समाज से सही समायोजन में बाधक होती हैं।

बूढ़ों में आर्थिक, पारिवारिक, सामाजिक तथा भावात्मक चिंताएं बढ़ने से वे अपने को न केवल उपेक्षित महसूस करने लगे हैं अपितु भोजन, वस्तु, स्वास्थ्य तथा आश्रय जैसी सामाजिक मूलभूत समस्याओं के कारण आज जिंदगी के प्रति उनका मोह भी भंग होता जा रहा है।

- वृद्धजनों की समस्याओं के कारणों में संयुक्त परिवारों का विघटन भौतिक सुख-सुविधा में वृद्धि, नई और पुरानी पीढ़ी के बीच फासला औद्योगीकरण, नगरीकरण, व्यक्तिगत स्वार्थ, धन का महत्व आदि पाये गये।

- वृद्धजनों की उपेक्षा एवं शोषण, आर्थिक मानसिक एवं शारीरिक रूप में देखने में आया।

- वृद्धजनों का परिवार के सदस्यों के साथ कुसामंजस्य या टकराव व्यक्तिगत कारणों से जिसमें जीवन का विपरीत दर्शन, दृष्टिकोण में परिवर्तन, आर्थिक आधारों में भिन्नता, सामाजिक मामले में भिन्नता, धार्मिक मामले में भिन्नता, राजनैतिक मामलों में भिन्नता, विरोधी स्वभाव, आयु में विषमता, व्यक्तिगत व्यवहार प्रतिमान, स्थिति प्राप्त करने की आशंका, शिक्षा सम्बन्धी परिस्थितियाँ, असंतुष्ट इच्छाएं पारिवारिक कारण, वैवाहिक भूमिका, यौन सम्बन्धों में असंतुष्टि, अनावश्यक हस्तक्षेप, पारिवारिक निर्णय, पारिवारिक अनुशासनहीनता आदि से था।

समस्याओं के समाधान हेतु प्रयास

सरकारी तथा स्वयंसेवी संगठनों की भूमिकाओं के अन्तर्गत कल्याण सेवाओं के सम्बन्ध में वृद्धजनों में जानकारी तथा जागरूकता का नितांत अभाव पाया गया है। शासन ने वृद्धों की सहायतार्थ विभिन्न योजनाएं क्रियान्वित कर रखी हैं जिनके तहत वृद्धों को विभिन्न प्रकार की सहायताएं प्रदान की जाती हैं। शासकीय योजनान्तर्गत लाभान्वित न होने सम्बन्धी उत्तरदायी कारण के अन्तर्गत–

1. वृद्धों को योजनाओं की जानकारी न होना।
2. योजनाओं में व्याप्त विभिन्न दोष।
3. आवेदन पत्रों की खानापूर्ति न कर पाना।
4. भ्रष्टाचार का बोलबाला तथा लिए-दिए बिना कुछ काम न होना।
5. शासन की कथनी तथा करनी में अन्तर।
6. शासकीय योजनाएं सफेद हाथी के समान मात्र छलावा तथा दिखावा।

7. समाजसेवी संगठनों/संस्थाओं के सम्बन्ध में भी वृद्धजनों में जानकारी नितांत अभाव देखने को मिला है।

अनुसंधान के उद्देश्यों की पूर्ति एवं प्राप्ति हेतु जो उपकल्पनाएं निर्मित की गयी थी। अध्ययन में उनकी सत्यता एवं सार्थकता की जांच भी की गयी है जिससे प्राप्त निष्कर्ष इस प्रकार हैं–

1. पैसा वृद्धजनों की उपेक्षा का एक बड़ा कारण है, उपकल्पना सत्य एवं सार्थक पायी गयी है।
2. वृद्धों की समस्यायें अधिकतर उनका स्वाभिमान आहत होने से पैदा होती है, यह उपकल्पना भी सत्य एव सार्थक पायी गयी है।
3. आधुनिक सभ्यता और संस्कृति की टकराहट संयुक्त परिवार के विघटन के लिए उत्तरदायी है। संयुक्त परिवार का विघटन ही वृद्धों की समस्याओं का एक कारण है। यह उपकल्पना भी सत्य एवं सार्थक पायी गयी है।

अन्य उपकल्पनाएं भी सत्य एवं सार्थक पायी गयी, जो निम्नवत हैं :

1. आधुनिक परिवर्तनों के कारण वृद्धजनों में परिवार के साथ सामंजस्य करने का नितांत अभाव पाया जाता है।
2. वृद्धजनों को परिजन भार समझकर उनके साथ उपेक्षापूर्ण व्यवहार करते हैं तथा उनसे छुटकारा पाना चाहते है।
3. वृद्धावस्था में चिड़चिड़ापन, आलस्य, एकांतप्रियता तथा निराशा आ जाती है।
4. मनुष्य में वृद्धावस्था में शारीरिक तथा मानसिक परिवर्तन होने से उसके मन में चिन्ता का सिलसिला शुरू हो जाता है।
5. परिजन अपने वृद्धजनों के लम्बे अनुभवों का लाभ लेना नहीं चाहते।
6. अधिक उम्र के वृद्धजन सामाजिक जीवन में दबाब एवं स्वयं को उपेक्षित अनुभव करते हैं।
7. आधुनिक भौतिकवादी संस्कृति तथा तीव्र गति से बदलता सामाजिक पर्यावरण वृद्धजनों के लिए समस्यायें उत्पन्न कर रहा है।

8. बढ़ती हुई सामाजिक गतिशीलता वृद्धजनों के लिए सबसे बड़ी समस्या है।
9. वृद्ध महिलाएँ अपना समय हमेशा की तरह घर में व्यस्त रहकर काट लेती हैं जबकि वृद्ध पुरुष प्रायः चितिंत व बैचेन रहते हैं।
10. वृद्धावस्था में व्यक्ति प्रायः निराशावादी प्रवृत्ति का हो जाता है।

सुझाव

शोधकर्त्ता ने वृद्धों की समस्याओं का अध्ययन किया उस अध्ययन के द्वारा उनकी समस्याओं को नजदीक से जाना व देखा। इन समस्याओं को दूर करने के कुछ उपाय शोधकर्त्ता ने स्वयं सोचे हैं जो निम्नलिखित हैं–

1. एक न एक दिन हर व्यक्ति को वृद्धा अवस्था से होकर गुजरना पड़ता है। इसलिए परिवार में बड़े-बूढ़ों के प्रति स्नेह और सम्मान देने के संस्कारों का बीजारोपण होता रहना चाहिए।
2. वृद्धों को सहानुभूतिपूर्वक आवश्यक सुविधायें दी जाएं। ये निशुल्क चिकित्सा, निवास, पौष्टिक आहार, सन्तानों को रोजगार, बच्चों की शिक्षा व्यवस्था, अनिवार्य कानून जिसमें यदि सन्तानें आर्थिक सहयोग न करें तो गुजारे के लायक कागजी तौर पर कुछ नियमित सहयोग ले सकें तथा पेंशन आदि भी मिलनी चाहिए।
3. वृद्धों को जवानों के मध्य रहकर उनको समझना और उनसे घुलमिल कर रहना चाहिए तथा जवान लोगों की हरकतों में बुराई ढूंढने की बजाय उनके साथ उनकी कार्यकला का रस स्वयं भी चखना चाहिए।
4. बुढ़ापे में सदाचारी एवं व्यवहारिक होना बहुत जरूरी है यदि आप जवानों या बच्चों को अधिकतर या प्रायः किसी न किसी काम के लिए डांटते रहेंगे तथा उनके खेलने, बोलने, घूमने, नाचने, गाने, बजाने में अपनी अप्रसन्नता दिखाते रहेंगे तो वे आप को धीरे-धीरे पूछना ही बन्द कर देंगे और आपको बोझ समझने लगेंगे। इसलिए वृद्धों को भी बच्चों के साथ खेलना, घूमना, नाचना, गाना आदि में हिस्सा लेना चाहिए हर काम में उन्हें टोकना नहीं चाहिए।
5. वृद्धों के लिए संस्थान, अयोजन और राष्ट्रीय योजना बनाई जाए।

6. आर्थिक स्थिति में सुधार पेंशन तथा सामाजिक सुरक्षा कार्यक्रम का विस्तार किया जाये।

7. वृद्धों द्वारा प्रौढ़ शिक्षा तथा विशेष आवास सेवायें दी जायें।

8. परिवार में बिना वजह डॉमिडेट करने का प्रयास न करें। भले ही आप कितने ही कड़क मिजाज क्यों न रहे हों। अब बेटों, बहुओं व उनके बच्चों से मित्रतापूर्वक व्यवहार करें तभी उन्हें आपका स्वभाव अच्छा लगेगा। इससे वे लोग आपका सम्मान करेंगे व सेवा सत्कार भी करेंगे।

9. बेटे-बहू के जीवन में बिना वजह हस्तक्षेप न करें। उनकी किसी बात से असहमत होते हुए भी तब तक कोई न बोले जब तक आप पर कोई असर न पड़ रहा हो। याद रखिये जिन्दगी उनकी है उन्हें अपनी मर्जी से जीने का पूरा हक है।

10. वृद्धावस्था की दहलीज पर तीन बातों पर चिन्तन-मनन करना जरूरी है। वह है नौन, मौन, कौन का सिद्धान्त। नौन का मतलब है भोजन में मीन मेख न निकालें, मौन का अर्थ है कम से कम बोलें। कौन का अर्थ है आने जाने वालों की अधिक टोका-टोकी न करें। तभी आपकी वृद्धावस्था समस्याओं से दूर रह सकती है।

11. घर के छोटे-मोटे काम जैसे-पेड़, पौधों में पानी लगाना, साग सब्जी लाना, बच्चों को कहानी-किस्से सुनाना आदि कार्य वृद्धों को करने चाहिए। बिल्कुल उन पर निर्भर नहीं होना चाहिए। इन कार्यो को करने से परिवार में टकराव नहीं होता है।

12. वृद्धों की समस्या के निराकरण हेतु डेकेयर सेन्टर, परिवार परामर्श, दादा दादी अपनाओ, रैन बसेरा, वृद्धाश्रमों की स्थापना की जानी चाहिए।

13. वृद्ध समाज व परिवार की आधारशिला होते हैं। वृद्धों की सेवा का उत्साह महिलाओं में होना चाहिए। क्योंकि पुरुष तो अधिक समय घर से बाहर रहता है। महिलाओं को अपने बुजुर्गो की सेवा हार्दिक स्नेह से अपना कर्त्तव्य समझकर करनी चाहिए।

14. बुढ़ापे को कड़वा सच समझने से पहले ही तमाम छोटी-बड़ी भावनात्मक समस्यायें सिर उठाती हैं। जैसे-जीवन के सहजक्रम में

व्यक्ति बचपन, जवानी, प्रौढ़ता को स्वीकार करता जाता है, खुद को हर नई परिस्थिति के हिसाब से बदलता जाता है वैसे ही यदि इन्सान वृद्धावस्था को अपने जीवन का विश्रांतिकाल मानकर सहज ही स्वीकार कर ले तब कोई समस्या ही नहीं रहे।

15. बचपन, यौवन व दाम्पत्य के उतार-चढ़ाव से गुजरकर वृद्धावस्था तक पहुंचते-पहुंचते पूरी तरह थक जाने वाले लोगों के शान्तमय जीवन के लिए नई पीढ़ी यदि थोड़ी सी उदार हो जाये तथा अपनी बात मनमाने की प्रतिष्ठा से न जोड़े तो यह कार्य काफी आसान हो जाता है। 'बुरा आया' के मिथक को तोड़ने के लिए जरूरी है कि बहू-बेटा, पोता-पोती व अन्य सम्बन्धी उनकी आवश्यकताओं को नजरअन्दाज न करें। उनके खान-पान, पूजा, स्नान, वस्त्र, आराम, दु:ख-सुख तथा मान सम्मान का पूरा ध्यान रखें। इतना ही नहीं अपने मृदु व्यवहार व सेवाभाव से यह भी जता दें कि यह घर उन्हीं का है तथा परिवार में आज भी उनका वही स्थान है जो कल था।

16. आज जमाना तेजी से बदल रहा है। वृद्धों को ये महसूस करना आवश्यक है कि आजकल के जवान वैसे नहीं हो सकते जैसे आप जवानी में थे। इसके लिए आपको अपना नजरिया तथा अपने विचारों को बदलने की कोशिश करनी चाहिए।

17. वृद्धों को सेवानिवृत्ति के बाद परिवार के कामों में दखलंदाजी करने की बजाय समाज पत्रिका व अन्य पत्रिका, टेलीविजन, रेडियो आदि के द्वारा अपने को व्यस्त रखना चाहिए।

18. पारिवारिक सम्बन्धों को मजबूत करना व बच्चों में सामाजिक शिक्षा का आयोजन होना चाहिए।

19. वृद्धों के लिए परामर्श सेवाएं एवं मनोरंजन तथा सांस्कृतिक सेवाओं का आयोजन होना चाहिए।

20. वृद्ध व्यक्तियों को सामुदायिक सेवाओं में योगदान जैसे--बाल विकास, प्रौढ़ शिक्षा, परिवार कल्याण आदि देना चाहिए।

21. स्वास्थ्य सेवाओं का आयोजन व स्वैच्छिक संस्थाओं द्वारा सामाजिक सेवाओं का आयोजन वृद्धों के लिए होना चाहिए।

22. परिवार पर आधारित वृद्ध सेवायें व दिवसीय देखभाल की जानी चाहिए।

23. वृद्धों को कुण्ठाग्रस्त दशा से बचाने के लिए अपने स्वभाव को बहुमुखी बनाना चाहिए। उसे अपने अवगुणों को तथा कमियों को भी उतनी सहजता से लेना चाहिए जितनी सहजता से वह अपने गुणों तथा विशेषताओं को लेता है।

24. परिवार के सभी सदस्यों को वृद्धों की परेशानी का सामूहिक रूप से समझना चाहिए व उसे दूर करने का प्रयास करना चाहिए।

25. परिवार के सभी निर्णय बेटों को स्वयं न करके वृद्धों से पूछकर व परिवार की सहमति पर ही लेना चाहिए।

26. समस्याओं एवं मानसिक वेदनाओं से दूर रहने के लिए वृद्धों को हंसमुख स्वभाव का होना चाहिए। कितना भी प्रयास करने पर सभी आवश्यक व ऐच्छिक चीजों को नहीं पाया जा सकता। इस पर रोष व्यक्त करने व दु:खी होने के स्थान पर तथा घर में तिरस्कार होने पर भी अगर उसे हंसी में टाल दिया जाये तो बहुत सी समस्याओं का निदान हो सकता है।

27. परिवार में व समाज में एक निश्चित आचार संहिता का होना अनिवार्य है। इस सन्दर्भ में प्रत्येक सदस्य को अपने से बड़ों का, वृद्धों का आदर करना चाहिए।

28. शिक्षा समाप्त होने के बाद जीविकोपार्जन प्रत्येक युवा को करने देना चाहिए तथा खुद कमाते हैं इसलिए अपने वृद्धों को लज्जित व अपमानित नहीं करना चाहिए।

29. घर की स्त्रियों को चाहिए कि वे वृद्धा का या सास का उचित सम्मान करें। उनकी बात पर जबाव न दें व झुंझलायें नहीं।

30. परिवार में वृद्ध व बच्चों की आवश्यकतायें भिन्न-भिन्न होती हैं। अपनी आर्थिक स्थिति के अनुसार आवश्यकता की पूर्ति करनी चाहिए। आर्थिक स्थिति से अधिक नहीं।

31. वृद्धजन युवाओं के समान प्रगति नहीं कर सकते, ऐसी परिस्थिति में वृद्धजनों से ईर्ष्या नहीं करनी चाहिए।

32. वर्तमान युग भौतिकवादी युग, गति व व्यस्त्त रहने वाला युग भी है जो कि वृद्धों की समस्याओं को उत्पन्न करता है। वृद्धों को इन समस्याओं से कदापि हार नहीं मानना चाहिए, चाहे वे सामाजिक हों या आर्थिक सब का सामना करना चाहिए।

33. बहुत से वृद्ध ऐसे होते हैं जिनमें शारीरिक या मानसिक हीन भावना आ जाती है। ऐसे वृद्धों को प्रोत्साहित कर अन्य क्षेत्रों में प्रगति द्वारा उस कमी को छिपाने के लिए प्रेरित करना चाहिए।

34. प्रतिद्वंदिता के स्थान पर सहयोग न केवल वृद्धों के परिवार में टकराव हेतु निदान का कार्य करता है, वरन् वृद्धों की परिवार की प्रगति हेतु भी सहायक सिद्ध होता है।

35. अनुकूलन के प्रयासों में प्रत्येक वृद्ध को स्वयं पहल करनी चाहिए। युवाओं से यह अपेक्षा नहीं करनी चाहिए कि वे हमारी तरह बनें वरन् स्वयं यह प्रयास करना चाहिए कि हम उनकी तरह बन सकें।

36. किसी भी वृद्ध को ऐसा कार्य नहीं करना चाहिए जिससे परिवार व समाज को हानि हो, वृद्धों को आराम से समझाना चाहिए, आक्रोश से नहीं, शाब्दिक तथा शारीरिक उत्पीड़न ऐसी परिस्थितियों में परिवार व समाज का और भी अहित हो सकता है।

37. वृद्धों के अधिकार व कर्त्तव्यों को नहीं छीनना चाहिए, जिससे मानसिक क्लेश वृद्धों में पनपता है।

38. असफलतायें जीवन का अभिन्न अंग होती हैं। किसी भी कार्य में असफल सिद्ध होने पर वृद्ध को कुण्ठा नहीं पालनी चाहिए वरन् कुछ समय के लिए उसे भूलकर, फिर और सदस्यों की सहायता लेकर उसका सामना करना चाहिए। इससे सफलता अवश्य प्राप्त होगी।

39. धन को वर्तमान आवश्यकता मानना चाहिए, अनिवार्य नहीं। यदि आर्थिक दशा आवश्यकताओं के लिए पर्याप्त है तो संतुष्ट रहना चाहिए। किन्तु बिना सामाजिक तथा राजकीय नियमों को क्षति पहुंचाये वृद्ध अपनी आय बढ़ा सकते हैं, तब वृद्ध अपनी कार्यक्षमता का पूर्ण उपयोग व्यवहारिक रूप में कर सकते हैं।

40. शोधकर्त्ता ने देखा कि बहुत से वृद्ध यौन इच्छाओं की अतृप्ति के कारण भी मानसिक समस्याओं से घिरे रहते हैं। वृद्धों को अपनी वासनाओं को नियन्त्रित रखना चाहिए। मर्यादा में रहकर ही उनकी संतुष्टि करनी चाहिए। इसी में सुख व समस्याओं का हल है। वृद्ध अमर्यादित होकर समाज में व्यभिचार को एवं असंतोष को ही बढ़ावा देता है इससे समाज में बुरी प्रवृतियाँ ही उत्पन्न होती हैं व वृद्धों को अपमान भी सहना पड़ता है। युवा पीढ़ी के लोग भी वही सीखते हैं जो कि वृद्ध स्वयं करते हैं। इस प्रकार वृद्धों के इस यौन असन्तोष से उत्पन्न होने वाली समस्याओं व कठिनाइयों पर वृद्ध संयम और मर्यादा से ही नियन्त्रण रख सकते हैं।

41. प्रायः परिवार में बेटे-बहू के झगड़ने से वे वृद्धों के प्रति भी विरोधी स्वभाव के हो जाते हैं।

42. शोधकर्त्ता ने अनुभव किया कि समस्याओं का कारण शैक्षिक दृष्टिकोण भी है। जीवन में विपरीत दर्शन, दृष्टिकोण में परिवर्तन पाश्चात्य सभ्यता पारस्परिक व्यवहार शिक्षा के माध्यम से ही बनते हैं। यदि वृद्धों एवं परिवार के सदस्यों के शैक्षिक क्रम व्यवहार, विषय एवं दृष्टिकोण को बदल दें तो जीवन के विचारों में भी परिवर्तन हो सकता है। शिक्षा उद्देश्य केवल शब्दों का किताबी ज्ञान न देकर मस्तिष्क को परिपक्व एवं पूर्ण शिक्षित करना होता है जिससे उदार वृत्तियाँ जागें। अच्छी एवं नैतिक शिक्षा के द्वारा पारस्परिक व्यवहार या वृद्धों के प्रति व्यवहार सुधर सकते हैं।

43. वृद्ध महिलाओं तथा विधवाओं की पेंशन व अस्पतालों में वृद्धों की बीमारियों के प्रति विशेष विभाग एवं वार्ड की व्यवस्था होनी चाहिए।

44. वृद्ध पेंशन की राशि में बढ़ोतरी करना और उसकी वितरण प्रणाली को सरल बनाना चाहिए।

शोधकर्त्ता ने वृद्धों की समस्याओं को समाप्त करने के लिए उपरोक्त सुझाव दिये हैं। शोधकर्त्ता को पूरी आशा है कि इस प्रकार वृद्ध सुझावों के व्यवहारिक प्रयोग द्वारा अपनी समस्याओं को दूर करेंगे।

उत्तरदाताओं के अनुसार वृद्धावस्था की समस्या को न्यूनतम करने हेतु सुझाव

1. यह स्पष्ट देखने में आया कि 65 से 75 की आयु के आस-पास मनुष्य अपने आपको असहाय एवं बेकार और असमर्थ महसूस करता है तथा उसे सहायता की आवश्यकता होती है। इस समय उसे परिवार, समाज, सरकार द्वारा सहायता मिलनी चाहिए।

2. वृद्ध के सामने जैसी परिस्थिति है, उससे समायोजन करना एवं यथाशक्ति दूसरों की मदद करनी चाहिए। वृद्ध चाहते हैं कि उन्हें सम्मान मिले घर तथा बाहर के किसी भी कार्य में उनके अनुभवों का लाभ एवं परामर्श अवश्य लेना चाहिए।

   कुछ वृद्धों का कहना है कि यदि कोई सलाह ले तो ठीक न ले तो ठीक। परन्तु वृद्धों को कुछ न कुछ महत्व तो अवश्यक दिया जाना चाहिए। सामाजिक उत्सवों में रिश्तेदारों में उन्हें अनिवार्य रूप से समय-समय पर बुलाना चाहिए, क्योंकि इस आयु में समय अधिक मिलता है। अत: लोगों से चर्चा करने की, हर जगह जाने की, लोगों से सम्पर्क करने की इच्छा बनी रहती है इससे अकेलापन भी महसूस नहीं होता।

3. कुछ वृद्धों का कहना है कि हमें तो अपने परिवार में ही अच्छा लगता है अन्य कहीं जाने का मन नहीं करता। अपने परिवार के सदस्यों की जिम्मेदारी निभाना एवं उन्हें उचित सहयोग करना ही उनका प्रमुख कार्य है। इस तरह सहयोग करने से भी समस्यायें कम हो जाती हैं।

4. कुछ वृद्ध बाहरी सम्पर्क को अधिक महत्व देते हैं। परन्तु घर परिवार को महत्व देने वाले वृद्धों को न्यूनतम पाया जाता है।

5. कुछ वृद्ध नाराज होकर कहने लगे कि हमारे बच्चे हमें चाहते हैं, कहीं और क्यों जायें। अगर वे नाराज होते हैं तो फिर हमें अपना भी लेते हैं।

6. वृद्धों का सुझाव है कि यदि सरकार को वृद्धों से सहानुभूति है और सहयोग करना चाहती है तो उन्हें चाहिए कि वे परिचय पत्र जारी करें एवं राशन कार्ड की तरह उस परिचय पत्र के द्वारा चिकित्सा सुविधा, यातायात, सार्वजनिक समारोह प्रवेश, खाने-पहनने की सामग्री एवं निवास सम्बन्धी सुविधायें मुफ्त उपलब्ध कराये।

7. वृद्ध अवस्था में वृद्धों को खाली समय में बेकार परिवार, समाज, सरकार अथवा मंहगाई के प्रति आक्रोश व्यक्त करने के बजाय जिनमें आर्थिक स्थिति सुधरे व शारीरिक श्रम बहुत कम करना पड़े जैसे–लिफाफा बनाना, अगरबत्ती बनाना, धार्मिक वस्तुएं बेचना, मदिर में धार्मिक ग्रन्थ पढ़ना, बीमारों से सहानुभूतिपूर्ण व्यवहार करना, अनाथालयों में जाकर बच्चों के साथ रहना व परिवार का वातावरण बनाना, बाल अपराधियों को नैतिक शिक्षा देना और शिशु पालन, ट्यूशन आदि के सभी कार्य ऐच्छिक हैं। वृद्धों को इसमें अपनी इच्छा एवं सुविधानुसार सहयोग करके अपने आपको व्यस्त रखना चाहिए। इसके बदले में कुछ न कुछ आर्थिक सहयोग उन्हें मिलना चाहिए।

8. वास्तव में जो वृद्ध बेसहारा हैं तथा शारीकि रूप से असमर्थ हैं एवं परिवार की ओर से भी कोई ध्यान नहीं दिया जाता है। स्वयं वृद्ध भी जाना चाहते हैं सिर्फ ऐसे ही वृद्धों को आवासगृह में सभी आवश्यक सुविधायें दी जानी चाहिए।

9. आठ से अठारह वर्ष तक के बालक, किशोरों को बुजुर्ग लोग ज्ञान–विज्ञान, यात्रा आदि की रुचिकर जानकारी बतायें, काम में लगाएं, कोई खेल सिखायें। महिलायें सिलाई–कढ़ाई, पाक कला सिखा सकती हैं। इसी प्रकार बागवानी भी सिखाई जा सकती है इससे वृद्धों का अकेलापन दूर होगा।

10. इस प्रकार के केन्द्र से दो प्रकार के लाभ सम्भव हैं। पहला तो वृद्धजनों का मन लगेगा व व्यर्थ, एकांकी अनुभव नहीं करेंगे, दूसरी ओर बच्चों के समय का सदुपयोग होगा व उदासी और एकाकीपन और उसके परिणाम में आये भटकाव से बच जायेंगे। भावनात्मक रूप से तुष्ट बच्चे अपराध, द्रव्य सेवन आदि से बचे रहेंगे।

इस प्रकार से इन सब सुझावों पर अमल करने या मानने से कुछ समस्याओं का समाधान हो सकता है।

शोधकर्त्ता का सुझाव है कि वृद्धों के सामाजिक पुनर्वास हेतु शासकीय स्तर पर और भी अधिक विभिन्न प्रयास किये जाने चाहिए तभी वृद्धजनों का कल्याण सम्भव है, साथ ही–(1) जन चेतना जाग्रत करने के अधिकाधिक प्रयास किए

जाएं। (2) गैर सरकारी/स्वैच्छिक संगठनों एवं संस्थाओं को भी और अधिक सक्रिय होकर भूमिकाएँ निर्वाह करनी चाहिए। इसके लिए स्कूली बच्चों की सहायता से जागरण रैलियाँ आयाजित की जाएं, नुक्कड़ सभाएं आयोजित की जाएं और यदि सम्भव हो विचार मंचों की सहायता से वृद्धजनों की विभिन्न समस्याओं के भिन्न-भिन्न प्रकरणों पर संगोष्ठियाँ आयोजित कर वृद्धों के कल्याणार्थ सुझाव मांगकर उन पर प्रभावी कदम उठाए जाएं। (3) जो लोग अपने वृद्धजनों का तिरस्कार व अपमान करते हैं, उनके विरुद्ध सामाजिक स्तर पर उनकी आलोचना तथा भर्त्सना कर, समाज से उन्हें बहिष्कृत किया जाए ताकि भविष्य में अन्य लोग भी इससे सबक ले सकें।

वृद्ध सूचनादाताओं के वृद्धों के लिए सुझाव

1. वृद्धों को भरपूर सम्मान दिया जाना चाहिए ताकि वे अपमानित महसूस न करें।
2. वृद्धों के प्रति सहानुभूतिपूर्ण व दयालुतापूर्ण व्यवहार किया जाना चाहिए।
3. वृद्धों की बौद्धिकता, उनकी क्षमताओं, दक्षता एवं अनुभवों का लाभ लेना चाहिए।
4. कोई भी नया कार्य आरम्भ करने से पूर्व एवं विषम परिस्थितियों में वृद्धों से परामर्श व विचार-विमर्श करना चाहिए। उनके विचार उपयुक्त/उचित हो सकते हैं।
5. वृद्धों की इच्छाओं तथा आकांक्षाओं के अनुरूप उनसे व्यवहार किये जाएं।
6. उनके साथ बेहद सम्मानजनक व्यवहार किया जाएं ताकि वे उपेक्षित/तिरस्कृत अनुभव न करें अपितु गौरवान्वित महसूस करें।
7. उनकी अनिवार्य आवश्यकताओं की पूर्ति एवं मनोरंजन आदि का विशेष ध्यान रखना चाहिए ताकि वे ऊब की अनुभूति न करें।
8. उनके स्वास्थ्य तथा चिकित्सीय आवश्यकताओं पर विशेष ध्यानाकर्षित करें ताकि वे रोगग्रस्त अनुभव न करें बल्कि स्वस्थ्य रहकर जीवन जी सकें।

9. उनके साथ परिजनों द्वारा सामंजस्य स्थापित करने के अधिकतम प्रयास किये जाने चाहिए जिससे उनके आशीर्वाद सदैव ही मिलते रहें।
10. भले ही परिवार के कुछ मुद्दों पर उनके तथा आपके विचार मेल न खाते हों फिर भी विरोध न जताएं ताकि उन्हें तनाव जनित न हो।
11. उनके जीते जी उनकी भूमि, भवन, पूंजी तथा सम्पत्ति का न बंटबारा करें और न ही उसे बर्वाद करें ऐसा करने से उन्हें मन: शान्ति की प्राप्ति होगी।
12. उनको कभी भी ऐसा ऐहसास न होने दें कि परिवार की सत्ता हस्तान्तरित हो जाने से उनका परिवार पर प्रभाव कम हो गया है, इत्यादि।

सन्दर्भ-सूची

Alfred J.K. R.N.; Social Research and Statics, Vivek Prakashan, Jawahar Nagar, New Delhi, 1990, p. 256.

Quoted form, Samvel Stauffer; The Desing of Social Research in Social Work Research the Free Press Lencae Inc Halt, New York, 1962, p. 73.

Mukharji R.N.; Social Research and Statistics, Vivek Prakashan, Jawahar Nagar, New Delhi, 1990, p. 256.

Goode W.J. and Hatt P.K.; Methods in Social Research, Mc.Grow Hill Book Co., New York, 1952, p. 5.

["Techniques are thought as comprising the specific procedures by which the sociologist gathers and orders his data prior to their logical or statistical manupulation."]

Bogardus E.S.; An Introduction to Social Research, Angles & Sutton House Publications, New Delhi, 1968, p. 45.

Goode W.J. and Hatt. P.K., Methods in Social Research McGrow Hill Book Co., New York, 1952, p. 5.

Lundberg G.A.; Social Research, Green and Lingman's Publishing Co. Pvt. Ltd, New York, 1951, p. 11.

Young P.V.; Scientific Social Surveys and Research, Prentice Hall of India (Pvt. Ltd.), New Delhi, 1975, p. 102.

Young P.V.; Scientific Social Surveys and Research, Asia Publishing House, Bombay, 1960, p. 44.

Samuel Stouffer; The Design of Social Research in Social Work Research, The Free Press. Glencoe, Inc. Holt, New York, 1962, p. 73.

गुडे डब्ल्यू.जे. एण्ड हाट पी.के.; मैथड्स इन सोशल रिसर्च, मैक ग्रो हिल बुक कं., कोगाकुशा, न्यूयार्क, 1960, पृ. 57

गुडे डब्ल्यू.जे. एण्ड हाट पी.के.; पूर्वोक्त 1960, पृ 57

गॉल्टुंग जॉन; थ्योरी एण्ड मैथड्स ऑफ सोशल रिसर्च, मैक ग्रो हिल बुक कम्पनी, कोगाकुशा न्यूयार्क, 1967, पृ. 310

यंग पी.वी.; साइन्टिफिक सोशल सर्वेज एण्ड रिसर्च, प्रिंटस हाल ऑफ इण्डिया (प्रा.लि.), दिल्ली, 1960, पृ. 96

यंग पी.वी.; साइन्टिफिक सोशल सर्वेज एण्ड रिसर्च, प्रिंटस हाल ऑफ इण्डिया (प्रा.लि.), दिल्ली, 1960, पृ. 131

एकॉक आर.एल.; डिजायन ऑफ सोशल रिसर्च, अमेरिकन सोशियोलॉजिकल रिव्यू, 1965, पृ. 27

सिंह एस.डी.; वैज्ञानिक सामाजिक अनुसंधान एवं सर्वेक्षण के मूल तत्व, कमल प्रकाशन, इन्दौर (म.प्र.), 1980, पृ. 51

घोष एम.के. एण्ड चौधरी एस.पी.; स्टेटिस्टिक्स, थ्योरी एण्ड प्रेक्टिस, साहित्य भवन प्रकाशन, आगरा (उ.प्र.), 1993, पृ. 94

सैक्रिस्ट एच.पी.; ऐन इन्ट्रोडक्शन टू स्टेटिस्टीकल मैथड्स, लॉस एंगिल्स सट्टन हाउस (प्रा. लिमि.), न्यूयार्क, 1960, पृ. 18

वन्दनारानी; वृद्धों की स्थिति–अतीत से वर्तमान तक, प्रकाशित शोध-पत्र 'सामाजिक सहयोग', राष्ट्रीय त्रैमासिक शोध-पत्रिका, श्रीकृष्ण शिक्षण संस्थान, उज्जैन (म.प्र.), वर्ष-2, अंक-8, 1987

बन्दना रानी; वृद्धों की पारिवारिक स्थिति, सामाजिक विज्ञानों की अर्द्धवार्षिक शोध-पत्रिका, राधा कमल मुकर्जी : 'चिन्तन परम्परा' समाज विज्ञान विकास संस्थान, चान्दपुर, बिजनौर (उ.प्र.), वर्ष-1, अंक-1, जनवरी-जून, 1999, पृ. 67, 70

रानी वी.के.; नेशनल सेम्पिल सर्वे रिपोर्ट-1998, ऐन आर्गनाइजेशन ऑफ गवर्नमेण्ट ऑफ इण्डिया, नई दिल्ली, पृ. 12

सिंह एस.डी.; वृद्धजन-सेवानिवृत्त एवं साधारण–एक सामाज वैज्ञानिक विश्लेषण 'जन सहयोग' समाजशास्त्रीय शोध-पत्रिका, पंजाब यूनीवर्सिटी, चण्डीगढ़, 1995, पृ. 7-10

स्वामीनाथन डी.; इण्टिग्रेशन ऑफ दि एज्ड इन्टू दि डेवलपमेण्ट प्रोसिस इन इण्डिया, वाल्यूम-2, नं. 2, 1996, इण्डियन जर्नल ऑफ रिसर्च एण्ड डेवलपमेण्ट, नई दिल्ली, पृ. 20

सरकारी प्रकाशन; रिपोर्ट ऑफ नेशनल सेम्पिल सर्वे ऑर्गनाइजेशन, (N.S.S.O.), सर्वे ऑफ (42वाँ) इण्डिया, 1989

पचौरी जे.पी.; वृद्धावस्था : एक सामाजिक विवेचन, समाज कल्याण, वर्ष-37, अंक-7, फरवरी 1992, पृ. 20, केन्द्रीय समाज कल्याण बोर्ड (मासिक पत्रिका) नई दिल्ली।

स्टाउफर ए.जे.; 'गिव दैम देयर ड्यू' सोसल वैलफेयर केन्द्रीय समाज कल्याण बोर्ड (मासिक पत्रिका) नई दिल्ली, वाल्यूम-29, नं. 1-8, अक्तूबर-नवम्बर 1962, पृ. 20

चौधरी डी. पाल; वृद्धावस्था की समयाएं-50 वृद्धाओं का सर्वेक्षण प्रकाशित शोध-पत्र, गृह विज्ञान संस्थान द्वारा प्रायोजित राष्ट्रीय शोध संगोष्ठी, हैदराबाद विश्वविद्यालय, 1997 स्मारिका, पृ. 207

असरानी आर.सी.; 'फैक्ट्स एबाउट द एज्ड' मन्थली न्यूज लैटर ऑफ विज्ञान प्रसार 'ड्रीम' पब्लिश्ड बाई इन्स्टीट्यूशनल एरिया, नई दिल्ली, दिसम्बर-1998, पृ. 47

सिलावट एस.एस.; वृद्धावस्था की समस्याएं, प्रकाशित शोध पत्रि: 'सामाजिक सहयोग' राष्ट्रीय त्रैमासिक पत्रिका, वर्ष-4, अंक 14, 1995, पृ. 11

राजौरिया सीमा; 'वृद्धजनों की स्वास्थ्य समस्याएं-एक अध्ययन' प्रकाशित शोध-प्रबन्ध, डीम्ड विश्वविद्यालय दयालबाग, दयालबाग वि.वि. प्रकाशन, आगरा (उ.प्र.) 1998, पृ. 138-139

जाफरी एम.ए.; राष्ट्रीय नीति: 1999 बाजपायी सरकारी 'सीनियर सिटीजन्स' शासकीय परिपत्र, भारत सरकार, नई दिल्ली-1999, पृ. 3

कौर कुलदीप; शरीर-विज्ञान : सक्षम व अक्षम वृद्धजन, साहित्य भवन प्रकाशन, आगरा (उ.प्र.), 1997, पृ. 371

सिंह शम्भूनाथ; वृद्धावस्था प्रमुख समस्या के रूप में अभिशाप 'समाज कल्याण' केन्द्रीय समाज कल्याण बोर्ड, समाजकल्याण भवन, नई दिल्ली, जनवरी, 1978, पृ. 42

गजेन्द्र गटकर; डिस-एबिल इन इण्डिया, गोखले इन्स्टीट्यूट ऑफ पॉलटिक्स एण्ड इकोनामिक्स, पुणे, 1988, पृ. 105

प्रसाद सुरेन्द्र; कान्सेप्ट ऑफ हैल्थ एण्ड डिजीस : आशीस बोस एण्ड ब्रदर्स, पब्लिशिंग कारपोरेशन (प्रा.लि.), दिल्ली, 1990, पृ 217

वसु एस.के.; हैल्थ एण्ड न्यूट्रिशनल प्रॉब्लम्स ऑफ एज्ड, नेशनल इन्स्टीट्यूट ऑफ हैल्थ एण्ड फेमिली वेलफेयर, मानक पब्लिशर्स प्रकाशन, नई दिल्ली, 1994, पृ. 302

मुकर्जी आर.एन.; दि ज्वाइन्ट फेमिली-ए. क्रिटिकल ऐनालाइसिस, ऐन आर्टिकिल इन सोशियोलॉजिकल बुलेटिन, वाल्यूम-5, नं. 2, सितम्बर 1956, पृ. 148, प्रकाशन, नई दिल्ली-7

पटेल शिर्शा; 'बदलते परिवेश में संयुक्त परिवार एवं सामाजिक शक्तियां', एफ. डी. पब्लिकेशन्स एण्ड डिस्ट्रीब्यूटर्स बुक सेण्टर (प्रा.लि.), प्रथम संस्करण, नई दिल्ली, 1999-2000, पृ. 52-53

Karl Pearson; The Grammar of Science, Book Basil & Co. (Pvt. Ltd.) London, 1911, p. 1. "There is no short cut of truth, no way to gain knowledge to the Universe, except, through the gateway of scientific method".

Kretch & Crutchfield; Theory and Problems of Social Psychology, Mc Grow Hill Book Co. New York, 1948, p. 152.

Ramamurthy V.S.; Dream-2001; Monthly Newsletter of Vigyan Prasar, March 2001, Vol. 3, New Delhi, p. 40.

Goyal Sunil (et.al.); Problems of the tribal aged; Need to integrate them into the family; Samajic Sahayog, National quarterly research journal; Publishedd by Research Management (Sri Krishna Shikshan Sansthan, Ujjain (M.P.), Vol. 21(6), Jan. Feb. March 1997, p. 45.

Sudha S. Silawat; The problem of aged, *Ibid.*, 1995, pp. 13-14.

Stuart Chase; The proper study of mankind, Harper & Brothers, London 1965, p. 96. "Science goes with the method, not with the subject matter".

करलिंगर एफ.एन.; फाउन्डेसन्स ऑफ बिहेवियरल रिसर्च, रिनेहार्ट एण्ड विन्सटन प्रेस हॉल्ट, न्यूयार्क 1964, पृ. 4, 27, 63, 275, 298

शाह विमल; 'रिसर्च डिजाइन एण्ड स्ट्रेटेजीज, दि फ्री प्रेस ग्लैनको हाल्ट, न्यूयार्क 1962, पृ. 73-74

यूनिसेफ समाचार (पश्च लेख)–2000 (द्वारा-बोट्टन एफ.जी., प्रॉब्लम्स ऑफ रूरल ऐज्ड एण्ड देयर वैलफेयर, अंक-10, संख्या (1) भाग-2, परिशिष्ट 3, पृ. 7, जिनेवा-2000)

भट्टाचार्य बी.एन.; वृद्धों के प्रति, हमारे कर्तव्य 'समाजकल्याण' केन्द्रीय समाज कल्याण बोर्ड, जीवनदीप, संसद मार्ग, नई दिल्ली, वर्ष-28, अंक-1, अगस्त 1982, पृ. 34

सिन्हा एस.सी.; ग्रामीण वृद्धों की आर्थिक समस्याएं, 'जन सहयोग राष्ट्रीय अर्द्धवार्षिक शोध पत्रिका समाज विज्ञान संकाय, पंजाब यूनिवर्सिटी चण्डीगढ़, जनवरी, 1996, अंक 6(23), पृ. 27

चौधरी डी. पाल; वृद्ध एवं अशक्त व्यक्तियों के लिए कल्याण सेवायें एक अध्ययन प्रकाशित शोध प्रबन्ध डी.ए.बी.वी. प्रकाशन (प्रा.लि.), इन्दौर (म.प्र.) 1997, पृ. 205

जनगणना (प्रतिवेदन) वर्ष-1971 (उद्घृत-वृद्धों के प्रति हमारा उत्तरदायित्व गांधियन इन्स्टीट्यूट 'शोध पत्रिका' मराठवाड़ा यूनिवर्सिटी, औरंगाबाद (महाराष्ट्र) वर्ष 1998, पृ. 86-87)।

समाज कार्य संस्थान; दिल्ली-सर्वेक्षण (प्रतिवेदन) 'वृद्धजनों की समस्याएं' (समाज कार्य संस्थान) प्रकाशन, दिल्ली 1977, पृ. 124

समाज कार्य संस्थान; मद्रास 'वृद्धावस्था' अध्ययन दल सर्वेक्षण रिपोर्ट-1982 (विशेषांक) समाज कार्य विभागीय पत्रिका, पृ. 436

समाज कार्य विभाग, लखनऊ विश्वविद्यालय, लखनऊ विभागीय पत्रिका-1975, प्रकाशित प्रतिवेदन, पृ. 55

टाटा इंस्टीट्यूट ऑफ सोसल वर्क; बॉम्बे 'भारतीय वृद्ध' ग्रामीण परिप्रेक्ष्य में एक सर्वेक्षणात्मक विश्लेषण, अध्ययन दल प्रतिवेदन 1998, पृ. 67 (उद्घृत: विज्ञान प्रसार की मासिक पत्रिका 'ड्रीम' मार्च 2001, खण्ड-3, अंक-6, पृ. 11, प्रकाशित कुतुब इन्स्टीट्यूशनल एरिया, नई दिल्ली)।